AF559144

Melanie Kirchlechner

Reparieren, Renovieren, Restaurieren

von Holzoberflächen

Impressum

„Reparieren, Renovieren, Restaurieren von Holzoberflächen"
2. Auflage 2024

Fotos: Johannes Kirchlechner
Fotos Seite 17 oben: © „Haus der Berge", Berchtesgarden
Piktogramme und Zeichnungen: Mascha Greune

Produktion: PrintMediaNetwork, Oldenburg
Printed in Europe

ISBN 978-3-7486-0372-6
Best.-Nr. 21447

HolzWerken
Ein Imprint von Vincentz Network GmbH & Co. KG
Plathnerstr. 4c
30175 Hannover
www.holzwerken.net

Das Arbeiten mit Holz, Metall und anderen Materialien bringt schon von der Sache her das Risiko von Verletzungen und Schäden mit sich. Autor und Verlag können nicht garantieren, dass die in diesem Buch beschriebenen Arbeitsvorhaben von jedermann sicher auszuführen sind. Vor Inangriffnahme der Projekte hat der Ausführende zu prüfen, ob er die Handhabung der notwendigen Werkzeuge und Maschinen beherrscht. Autor und Verlag übernehmen keine Verantwortung für eventuell entstehende Verletzungen, Schäden oder Verlust, seien sie direkt oder indirekt durch den Inhalt des Buches oder den Einsatz der darin zur Realisierung der Projekte genannten Werkzeuge entstanden.

Die Wiedergabe von Gebrauchsnamen, Warenbezeichnungen und Handelsnamen berechtigt nicht zu der Annahme, dass solche Namen ohne Weiteres von jedermann benutzt werden dürfen. Vielmehr handelt es sich häufig um geschützte, eingetragene Warenzeichen.

Weitere Materialien kostenlos online verfügbar!

http://www.holzwerken.net/bonus

Ihr exklusiver Bonus an Informationen!
Zusätzlich zu diesem Buch bietet Ihnen *HolzWerken* Bonus-Material zum Download an.
Scannen Sie den QR-Code oder geben Sie den Buch Code unter www.holzwerken.net/bonus ein und erhalten Sie kostenfreien Zugang zu Ihren persönlichen Bonus-Materialien!

Buch-Code: TE1091

WERKSTATTWISSEN FÜR **HOLZWERKER**

Melanie Kirchlechner

Reparieren, Renovieren, Restaurieren

von Holzoberflächen

HolzWerken

Reparieren, Renovieren, Restaurieren – die handwerklich pragmatische Methode

Holz macht glücklich!

Holz ist ein wunderbares, lebendiges Material, das durch die passende Oberflächenbehandlung erst so richtig zur Geltung kommt. Die Geschmeidigkeit satt geölten Massivholzes oder einer mit Schellack polierten Holzoberfläche schmeicheln nicht nur dem Auge, sondern auch dem Tastsinn. Kein Wunder, denn Holz ist eines der schönsten Naturmaterialien überhaupt! Der Autor J.B. Priestley schwärmt: „Holz – dieses Material hat Regen und Sonne in sich aufgenommen – es hat gelebt. Und ein verborgender Teil lebt immer noch. Man bedenke nur, wie wenige Menschen unglücklich sind, die mit Holz arbeiten."

In der Tat, das Arbeiten mit Holz beglückt immer mehr Menschen. Holzkurse sind permanent ausgebucht und in den heimischen Werkstätten wird gesägt und gehobelt, dass die Späne fliegen. Und nach der konstruktiven Arbeit wird dann das Bauprojekt mit der passenden Oberflächenbehandlung veredelt, um möglichst lange Freude daran zu haben.

Was aber tun, wenn die einst schöne Oberfläche später irgendwann beschädigt ist? Wenn der schmückende Überzug durch altersbedingte Abnutzung, fehlerhafte Behandlung oder Feuchtigkeitseinfluss Schaden genommen hat?

Schönheit und Funktion

Dieses Buch möchte Ihnen helfen, häufige Schönheitsfehler an Holzoberflächen zu beheben, aber auch die Funktionstüchtigkeit bzw. Schutzfunktion einer Oberflächenbeschichtung wiederherzustellen. Das bedeutet, dass auf viele Arten von Schäden an der Oberfläche wie Verfärbungen, Flecken, Dellen, Kratzer und Löcher eingegangen wird. Aber auch konstruktive Mängel, die sich an der Holzoberfläche bemerkbar machen, Risse im Holz, fehlende Teile, abgehobenes und -geplatztes Furnier können repariert, renoviert und restauriert werden.

Die verschiedenen Schadensarten werden so exemplarisch erklärt, dass Sie dieses Buch wie ein Nachschlagewerk nutzen können. Denn es ist eher unwahrscheinlich, dass Ihr defektes Stück die identischen Schäden aufweist wie die hier vorgestellten Holzprojekte. Eine detaillierte Beschreibung aller Arbeitsschritte an einem bestimmten Stück würde Ihnen daher nur bedingt nützen. Vielmehr werden typische Vorgehensweisen so dargestellt, dass sie auch auf andere Möbel und Materialarten anwendbar sind. Zudem zeigen die differenzierten Anleitungen mehr als eine Möglichkeit auf, einen Schaden zu beheben. Und Sie erfahren auch, unter welchen Bedingungen die unschönen Stellen entstanden sind und was gegen ihr erneutes Auftreten getan werden kann.

Die Schutzfunktion einer Oberflächenbehandlung geht naturgemäß im Laufe von Jahrzehnten, bzw. Jahrhunderten verloren, einfach durch den täglichen Gebrauch und die auf ein Holzobjekt einwirkenden Umwelteinflüsse. Daher geht es zunächst darum, einen Schaden zeitlich einzuordnen und die Art der beschädigten Oberflächenbehandlung zu erkennen. *Näheres dazu in Kapitel 2 (Bestandsaufnahme)*

Reparieren, Renovieren, Restaurieren

Wenn Sie ein altes Stück, eine ramponierte Holzoberfläche wieder hübsch machen wollen, geht es um mehr als nur den optischen Eindruck.

Reparieren bedeutet, ein defektes Stück in einen funktionsfähigen Zustand zurück zu versetzen. Dazu muss z. B. ein vom Holzwurm zerfressenes Stuhlbein mit neuem Holz ergänzt werden. In den Kapiteln 6 (Löcher, Dellen, Kratzer) und 13 (Ergänzungen) erfahren Sie, dass es dazu mehr als eine Methode gibt.

Unter **Renovierung** versteht man das Beseitigen von Schäden, die durch Abnutzung, also ganz gewöhnlichen Gebrauch entstanden sind. Man stellt dabei möglichst den ursprünglichen oder einen noch besseren, d. h. vor allem funktionstüchtigen Zustand her. Dabei hilft beispielsweise das Wissen, welche Funktion klassische Holzverbindungen haben. *Mehr dazu siehe Kapitel 3 (Risse und Konstruktion)*

Beim Begriff **Restaurierung** wird hier bewusst zwischen zwei Arten, der **akademischen** und der **handwerklichen** Restaurierung unterschieden.

Die **akademisch museale** Arbeitsweise verfolgt das Ziel, durch auf ein Minimum beschränkte Eingriffe die Erhaltungsbedingungen eines Holzobjektes zu verbessern. Dazu muss der/die professionelle Restaurator/in vor dem eigentlichen Arbeitsprozess Objekt-

forschung betreiben, die Geschichte des Möbels untersuchen und erst dann entscheiden, welche Teile erhaltenswert sind oder unangetastet bleiben. Die Reversibilität, d. h. das Rückgängigmachen von restauratorischen Eingriffen ist hier das oberste Gebot. Wann immer möglich werden die Maßnahmen so durchgeführt, dass jederzeit der vorige Zustand wiederhergestellt werden könnten.
Eine solche wissenschaftlich fundierte Vorgehensweise hat durchaus ihre Berechtigung, vor allem wenn es sich bei einem Möbel um ein wertvolles Zeitzeugnis der Geschichte handelt. Für Sie als Holzhandwerker/in, die Sie wohl eher ein Erbstück mit ideellem und emotionalem Wert restaurieren möchten, ist sie in ihrem Absolutheitsanspruch aber sowohl zu zeitaufwändig als auch zu schwer zu erlernen und anzuwenden.
Und hier setzt das Buch an: Die **handwerklich pragmatische Methode** habe ich in jahrzehntelanger Praxis mit unzähligen Kursteilnehmern/innen entwickelt. Neben historischen sind hier auch moderne Techniken gestattet, um einen besseren Zustand eines alten Stücks zu erreichen. Arbeitsweisen im Holzhandwerk haben sich im Laufe der letzten Jahrhunderte stark weiterentwickelt, technisch oft sogar verbessert.
Oberstes Gebot ist und bleibt für mich die **optimale Funktion** eines renovierten und restaurierten alten Stückes. Vor allem, wenn es sich dabei um ein Gebrauchsmöbel handelt, nützt die Herstellung des früheren **Originalzustandes** wenig ohne eine entsprechende Funktionstüchtigkeit.
Dazu ein historisches Beispiel: große, breite Schubladen von Kommoden aus der Zeit des Biedermeier wurden meist nur mit Hilfe eines mittig sitzenden Schlüssels herausgezogen und geschlossen. Sie hatten aus Gestaltungsgründen keine Griffe. Dabei wurde das hölzerne Schlüsselschild, was großen Zugkräften ausgesetzt war, im Lauf der Jahrzehnte meist schwer beschädigt bis völlig zerstört.
Für mich als pragmatische Restauratorin ist es legitim, die Funktionalität solch antiker Schubladen durch symmetrisch angebrachte Griffe zu verbessern, auch wenn das nicht dem Stil der Herstellungszeit entspricht.
Sie als Holzwerker/in haben erfahrungsgemäß weniger den Anspruch, Stilikonen für ein Museum zu restaurieren, als das geliebte Gebrauchsmöbel wieder in einen ansehnlichen, funktionstüchtigen Zustand zu versetzen. Wer will, kann sich ja trotzdem um möglichst originalgetreue Beschläge aus der jeweiligen Epoche bemühen. Außerdem ließen sich solche Griffe wieder jederzeit entfernen und deren Spuren durch eine geeignete Retuschierung *(siehe Kapitel 14)* verbergen. So könnte man dem musealen Anspruch der Reversibilität trotzdem gerecht werden.
Selbst das edelste Material auf Holz – **Blattgold** – lässt sich mit einer modernen Methode verarbeiten. In Kapitel 15 (Gold) erfahren Sie, wie.

Schellack mit Herz

Und ein weiteres Beispiel des pragmatischen Restaurierens: statt der sehr zeitaufwändigen, klassischen **Schellackpolitur**, so wie sie jahrhundertelang üblich war, arbeite ich lieber mit einer einfacher zu verarbeitenden **Schellackmattierung**. Diese ist im Ergebnis von einer klassischen Politur, wenn sie perfekt gemacht ist, eigentlich nicht zu unterscheiden.
Schellack polieren als Königsdisziplin unter den Oberflächentechniken liegt mir besonders am Herzen. Aber statt einen übermäßigen Respekt vor dieser altehrwürdigen Technik aufzubauen, möchte ich Sie ermuntern, diese Schritt für Schritt und ohne Scheu zu erlernen.

Holzenthusiasten

Ich wende mich mit diesem Buch eher an fortgeschrittene Holzenthusiasten als an Anfänger/innen. Handwerkliche Grundkenntnisse in Sachen Oberflächenbeschichtung helfen Ihnen, die detaillierten Anleitungen besser umzusetzen. Auch fällt es mit etwas Erfahrung leichter, die im Laufe der Zeit entstandenen Schäden an Holzoberflächen entsprechend einzuschätzen, zu bewerten und zu beheben.
Checklisten in einigen Kapiteln geben zusätzlich einen Überblick über die Gesetzmäßigkeiten von Erfolg versprechenden Techniken beim Instandsetzen alter Stücke.

Viel Spaß und Erfolg beim Reparieren, Renovieren und Restaurieren!

Kapitel 1

Nützliches Holzwissen

Eigenschaften, Formveränderung, Maßhaltigkeit und Resistenzklassen

Um Holzoberflächen erfolgreich reparieren, renovieren und restaurieren zu können, sollte man über den Werkstoff Holz und seine Eigenschaften gut Bescheid wissen. Denn die Entstehung eines Schadens kann viele Ursachen haben, kann sowohl am spezifischen Holzmaterial, einer falschen Verarbeitung oder einfach nur am Alter liegen. Wenn Sie über ein gewisses Grundwissen verfügen, hilft Ihnen das, sich für die sinnvollste Erneuerungsmethode zu entscheiden.
Wenden wir uns also dem wunderbaren Material Holz und seinen Eigenschaften zu:
Holz lebt und arbeitet – so sagt man jedenfalls. Selbstverständlich ist ein gefällter Baum kein lebender Organismus mehr, weil das Durchtrennen des Stammes den Wassertransport, die Nährstoffaufnahme und Wachstumsfähigkeit beendet. Der Baum stirbt, um es plastisch auszudrücken, aber sein Holzmaterial reagiert weiterhin auf den jeweiligen Feuchtigkeitsgehalt seiner Umgebung. Tatsächlich ist Holz ein Material, dass sich permanent verändert. Dieser Wechsel äußert sich in einem nie endenden Quellen und Schwinden der Holzfasern, die mal mehr, mal weniger mit Feuchtigkeit gesättigt sind. Selbst die geschlossene Schicht eines Oberflächenmittels verhindert die Anpassung an den Feuchtegehalt der Luft nicht, diese fällt jedoch bedeutend geringer aus.
Die feuchten oder eben trockenen Fasern sind der Grund, wieso Holz arbeitet, schwindet, quillt oder sich verzieht und dabei Risse und Löcher entstehen. Den Prozess der Volumenänderung der Holzmasse bezeichnet man als Arbeiten des Holzes. Holz lebt und arbeitet also doch, aber eher im übertragenen Sinne. 1 2

1

2

Holz wächst in Röhren und Ringen

Ein Holzstamm als sogenanntes lebendiges Material ist keine homogene Masse, sondern besteht aus mehreren ringförmig angeordneten Schichten, die alle voneinander abweichende Eigenschaften haben.
Die kleinsten Einheiten, die Holzzellen sind hohl, d.h. sie bestehen aus einem Zellrand und einem Hohlraum, der entweder mit Zellsaft oder Luft gefüllt ist. Die überwiegende Zahl der Zellen sind vertikal angeordnet, sie bilden in langen Ketten die Holzfasern in der Längsrichtung eines Stammes. 3

3

4

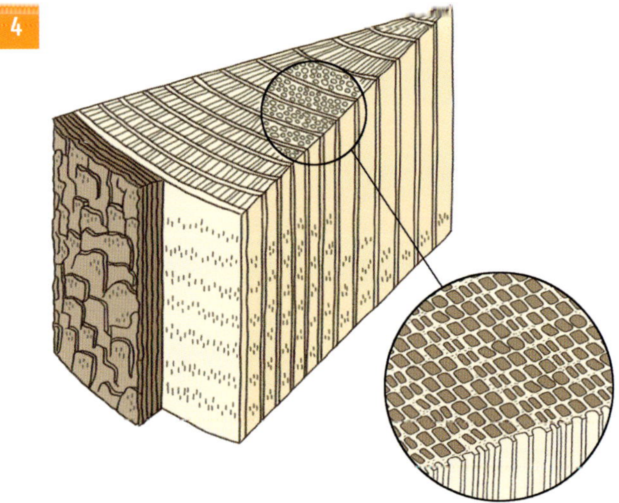

Um das Aufnahmevermögen von Holzfasern besser zu verstehen, hilft es, sie sich als Röhren vorzustellen, in deren Innerem Wasser und Nährstoffe transportiert und gespeichert wird. Ein Baumstamm ist im Grunde, je nach Stammumfang, ein mehr oder weniger dickes Röhrenbündel, dessen einzelne Fasern in Ringen um den Kern angeordnet sind.

5

Bei Leimholz stechen die unterschiedlichen Richtungen der Faserbündel besonders ins Auge, denn hierbei werden relativ wahllos Holzstäbe einer Holzsorte miteinander verleimt. Da die einzelnen Leisten hier nicht gezielt zusammengestellt werden, liegen angeschnittene Fasern (offene Röhren) und parallel zur Oberfläche verlaufende Fasern direkt nebeneinander. Die Folge ist eine unterschiedlich starke Aufnahme von Anstrichmitteln. Dort, wo die Holzfasern eher parallel zur Oberfläche verlaufen, wird weniger Flüssigkeit d.h. auch weniger Farbstoff aufgenommen als in den Bereichen, wo die Fasern eher senkrecht angeschnitten sind.

Frühholz und Spätholz

Das einen Baum umgebende Klima bestimmt das Wachstum jeder einzelnen Faser in Farbe und Struktur. Folglich wachsen im Frühjahr und Sommer entsprechend der milden Witterung hellere und weichere Jahresringe. Die Kälte und größere Trockenheit in Herbst und Winter bringt dunkle, feste Jahresringe hervor. So werden die hellen Jahresringe auch als **Frühholz** und die dunklen als **Spätholz** bezeichnet. Zusammen ergeben sie jeweils einen Jahresring. Da in unseren gemäßigten Zonen die Temperaturen stark zwischen Sommer und Winter schwanken, ist der Unterschied zwischen hellen und dunklen Jahresringen wesentlich deutlicher als in Zonen mit tropischem Klima. Besonders gut zu beobachten ist das an einheimischem **Nadelholz** wie Fichte, Kiefer oder Lärche. 6 **Tropenholz** dagegen wächst unter völlig anderen klimatischen Bedingungen, seine Dichte- und Härteunterschiede in den Jahresringen sind deutlich geringer, die Farbunterschiede ebenso. Was hier fast weiß erscheint, ist der einweiß- und nährstoffreiche Splint von einem Stück Paduk, der zur Verarbeitung entfernt werden müsste. 7

6

7

Da tropische Hölzer in ihrer Struktur dichter sind als einheimische Holzsorten, nehmen sie in der Regel weniger Überzugsmittel auf, was man bei der benötigten Menge an Oberflächenmitteln berücksichtigen sollte.

Holz hat (manchmal) Markstrahlen

Manche Baumarten verfügen über eine besondere Art von Zellverbänden, die sogenannten **Markstrahlen**. Dabei handelt es sich um radial verlaufende Gewebestränge vom Kern bis zur Rinde, die der Versorgung mit Wasser und Nährstoffen von außen nach innen dienen. Bei einigen Holzsorten (Eiche, Buche) sind sie deutlich als silbrige, leicht glänzende Streifen zu erkennen und werden folglich auch als „Spiegel“ bezeichnet. 8 Eine Qualitätsveränderung des Holzes ergibt sich durch die Markstrahlen nicht.

Markstrahlen oder Spiegel nehmen kaum färbende Stoffe auf, d.h. sie bleiben nach jeder transparenten Oberflächenbehandlung (Öl, Lack) deutlich als silbrige Streifen oder Flecken sichtbar.

Holz ist inhomogen

Holz ist **inhomogen**, d.h. Rinde, Splint und Kern haben eine jeweils unterschiedliche Struktur. Der Außenbereich eines Stammes, das aktive Splintholz, ist für den Transport von Nährstoffen und Wasser im Baum zuständig. Hier sind die Poren weich und saugfähig und damit auch deutlich feuchter. Splintholz ist auch harzhaltiger als Kernholz. 9 Zur Mitte hin werden die Fasern zunehmend härter und dichter, da sie für die Tragfähigkeit des Stammes verantwortlich sind. Diese Zellen verstopfen und verfestigen sich im Laufe eines Baumlebens, um den Stamm stabil zu halten. Man erkennt dieses **Kernholz** auch an der meist dunkleren Färbung, die durch einen erhöhten Harzanteil entsteht, der der Festigkeit der Holzfasern dient.

Die Folge ist, dass Farb- und Überzugsmaterialien vom dichten Kernholz weniger aufgenommen werden als von dem offenen Splintholz.

Holz ist chemisch unterschiedlich zusammengesetzt

Alle Zellen der verschiedenen Stammbereiche wie Rinde, Splint und Kern sind chemisch unterschiedlich zusammengesetzt. So ist Splintholz deutlich eiweiß- und nährstoffreicher als Kernholz und wird darum von Insekten und Pilzen bevorzugt angegriffen. 10 **Beispiel:** Eichenholz hat einen weißlichen, besonders eiweißreichen Splint, den Holzwürmer sehr mögen. Frühere Generationen bekamen dieses weiße Eichenholz normalerweise nicht zu Gesicht, da Eiche per Verordnung nur als splintfreies Kernholz in den Handel kommen durfte. Die heute übliche künstliche Trocknung von Holz tötet aber sämtliche Insekten, so dass die Verwendung des weißen Splintholzes heute kein Problem mehr darstellt.

8

9

10

Holz speichert Wasser

Solange ein Baum in der Erde verwurzelt ist, macht Wasser ca. 40% seiner Masse aus. Holzfasern und Zellhohlräume sind von Natur aus für die Aufnahme, Speicherung und den Transport von Wasser aus dem Boden bis in die entferntesten Ästchen und Blätter konzipiert. Diese Kirschbaumscheibe stammt von einem frisch geschlagenen Baum. 11

11

12

13

In dem Zusammenhang spricht man von **freiem** und **gebundenem Wasser**. Das freie Wasser ist die Menge, die fortlaufend in den Zellhohlräumen transportiert wird und den Baum mit Feuchtigkeit versorgt. Das gebundene Wasser befindet sich in den Zellwänden.

Holz trocknet

Wird nun ein Baum gefällt und damit sein wasserleitender Faserverbund gekappt, entweicht zuerst recht schnell das freie und daraufhin sehr viel langsamer das gebundene Wasser. Während der Abgabe des freien Wassers ändern sich Form und Volumen der Holzfasern nicht. Diese Kirschbaumscheibe trocknet seit geraumer Zeit. 12

Erst bei Abgabe des gebundenen Wassers verringert jede Faser, jede Zelle ihre Form und ihr Volumen. Das verursacht das Arbeiten bzw. Schwinden des Holzes.

Unter natürlichen Bedingungen zieht sich der gesamte Trocknungsprozess über ein paar Jahre hin und erfolgt so lange, bis kein Feuchtigkeitsgefälle mehr zwischen Holz und Umgebungsfeuchte herrscht. Völlig trockenes Holz mit 0% Holzfeuchte bezeichnet man als **darrtrocken**. Dies ist allerdings ein theoretischer Wert, da die umgebende Luftfeuchtigkeit ja auch nie 0% beträgt. Für die mathematische Bestimmung der richtigen Holzfeuchte ist er allerdings recht hilfreich.

Holz ist hygroskopisch

Da viele Holzzellen nicht nur der Speicherung, sondern auch dem Transport von Wasser dienen, saugen sie Feuchtigkeit regelrecht an, um sie von den Wurzeln bis in die Blattspitzen weiterzuleiten. Selbst nach dem Fällen eines Baumes bleibt jede Holzart auch im getrockneten Zustand immer **hygroskopisch**, d. h. wassersuchend. Das macht sich besonders an den waagrecht angeschnittenen Fasern, dem sogenannten **Hirn- oder Stirnholz** bemerkbar, was Unmengen an Feuchtigkeit aufsaugen kann.

Wer schon einmal versucht hat, an einer Hirnholzschnittfläche eine geschlossene Lackschicht zu erzielen, weiß, wie viel mehr man dort auftragen muss als in Richtung der Holzfasern.

Hirnholz nimmt vor allem im unbehandelten Zustand mehr Feuchtigkeit und daraus folgernd auch mehr Anstrichmittel auf als die Längsfasern, die als **Längsholz** bezeichnet werden. Wenn Holz transparent behandelt wird, erscheint das Hirnholz durch die verstärkte Aufnahme deutlich dunkler als das Längsholz. 13

Tipps & Tricks

Wenn Sie vor einer Behandlung mit wasserhaltigen Oberflächenmitteln wie beispielsweise Wasserbeize die Hirnholzflächen mit Wasser befeuchten, lässt sich dort die Farbaufnahme an Beize reduzieren. Das wiederum verringert den Farbunterschied zwischen Hirn- und Längsholz.

Holz schwindet

Da Holzzellen und -fasern keine homogenen Gebilde sind, ist der Schwund je nach Ausrichtung der Holzfasern verschieden stark ausgeprägt. 14

Während des gesamten Trocknungsprozesses geht die Speicherfähigkeit der einzelnen Holzzellen nicht verloren. Sie bleiben weiterhin hygroskopisch, nehmen ständig Feuchtigkeit aus der Umgebungsluft auf und geben sie wieder ab, wenn die Luftfeuchtigkeit sinkt.

In **Jahresringrichtung**, also **ringförmig** um den Kern ziehen sich die Holzfasern am stärksten zusammen, je nach Holzsorte bis zu 10%. Haben die Jahresringe aber keine Möglichkeit, sich zu verkürzen, weil sie noch kreisrund in einem ganzen Stamm geschlossen sind, können sie gar nicht anders reagieren, als zu reißen. Diese Risse ziehen sich dann als radiale Linien von der Rinde bis zum Kernbereich des Stammes. 15

Der zweitgrößte Volumenverlust zeigt sich mit ca. 5% in der sogenannten **Holzstrahlrichtung**, d.h. radial zwischen Rinde und Kern. Er wiederum ist verantwortlich für die Reduzierung des Umfanges eines Stammes. 16 17

Und der geringste Volumensverlust findet mit ca. 1% in der **Längsrichtung** der Holzfasern statt und ist damit eher zu vernachlässigen.

14

Diese Schwundmaße sind in der Praxis von untergeordneter Bedeutung, da Holz normalerweise mit einer passenden Holzfeuchte in den Handel kommt.

Sie sollten jedoch nie vernachlässigen, dass alle Holzkonstruktionen weiterhin auf die sie umgebende Feuchtigkeit in der Luft reagieren. Sie verändern dabei ihre Form und ihr Volumen, wenn auch in geringerem Maße als oben dargestellt. Möbel, die beispielsweise lange Zeit in feuchten Schuppen, Kellern oder

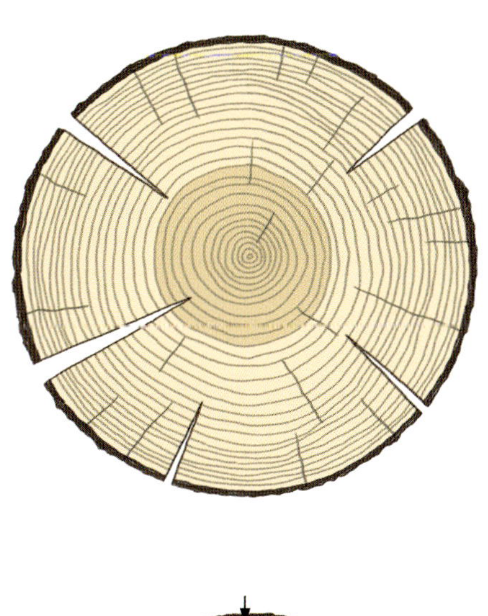
15

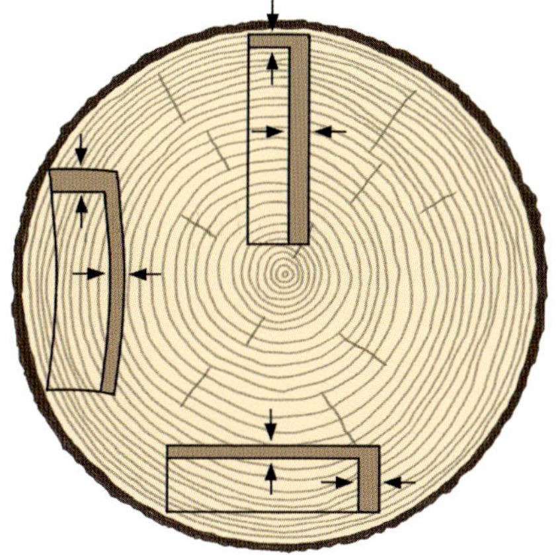
16

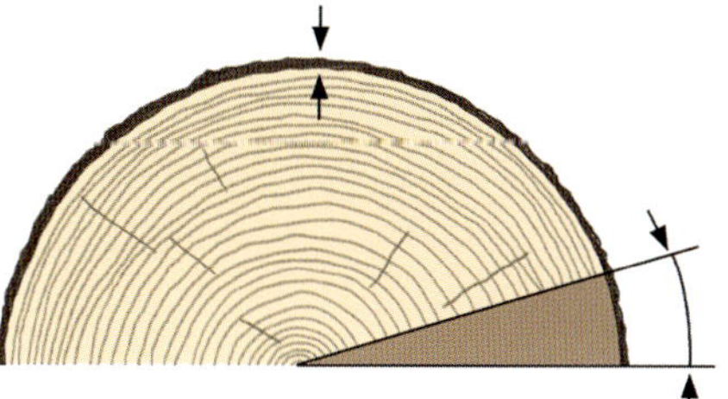
17

Lagern gestanden haben, können reißen und sich verziehen, wenn sie plötzlich trockener Wohnraumluft ausgesetzt sind. 18

Wie wirkt sich die Holztrocknung auf den Querschnitt von Hölzern aus?

Während des Trocknungsprozesses reagiert, reißt und schwindet Holz unabhängig von seiner äußeren Form annähernd gleich stark. Aber der jeweilige Holzquerschnitt hat entscheidenden Einfluss auf die Veränderung der gesamten Form. Abhängig ist diese Formveränderung von der Lage und Vollständigkeit der Jahresringe.

Tipps & Tricks

Wenn Sie Massivholz mit der passenden Holzfeuchte gekauft haben, geben Sie ihm trotzdem vor der Verarbeitung noch 8–10 Tage Zeit, sich klimatisch an seine neue Umgebung anzupassen. Lagern Sie es vorübergehend in einem Raum (z. B. ihrer Werkstatt), in dem ein vergleichbares Raumklima herrscht wie an seinem späteren Bestimmungsort oder idealerweise direkt dort. 19

Die Lage der Jahresringe in Brettern oder Kanthölzern ist das wichtigste Kriterium für seine Qualität als Konstruktionsholz, denn Bretter mit **stehenden Jahren** (Herzbrett und Mittelbretter) schwinden in der Dicke, Bretter mit hauptsächlich **liegenden Jahren** (Seitenbretter) werfen sich.

Balken mit Kern reißen sternförmig, ohne Kern schwinden sie rautenförmig oder verringern gleichmäßig ihren Querschnitt. 20 21

Brettware oder Kanthölzer reagieren ebenso, der Trocknungsprozess verursacht hier aber auf Grund des Einschnittes ein Werfen der rechteckigen Querschnitte. Da die Jahresringe nicht kreisrund geschlossen, sondern angeschnitten sind, können sich Bretter ungehindert zusammenziehen und reagieren mit Verwerfen bzw. Verziehen.

Bretter mit stehenden Jahren haben keine **rechte** oder **linke** Seite, sie verändern ihre Form kaum und haben das beste „Stehvermögen".

18

20

19

21

22

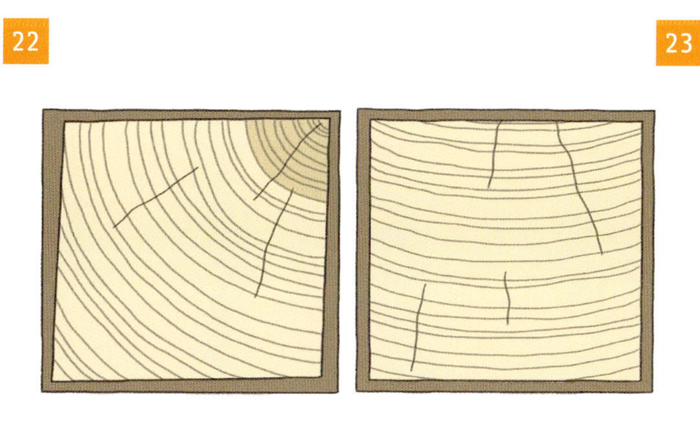

23

Die braunen Bereiche zeigen den ursprünglichen Holzquerschnitt.
links: Balken, deren Jahresringe diagonal verlaufen, schwinden rautenförmig;
rechts: Wenn die Jahresringe in etwa parallel zu den Kanten verlaufen, schwinden sie gleichmäßiger.

24

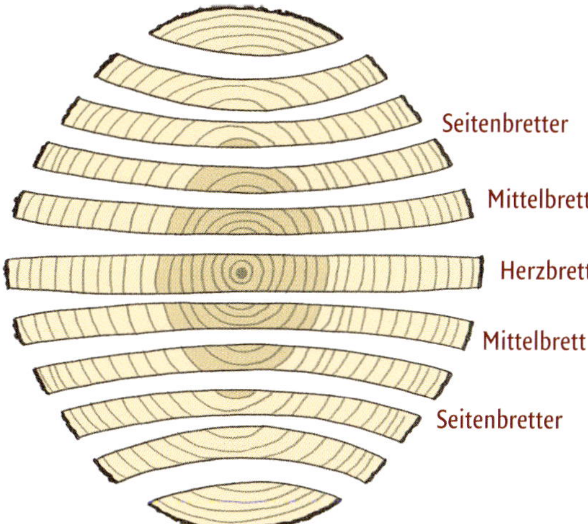

25

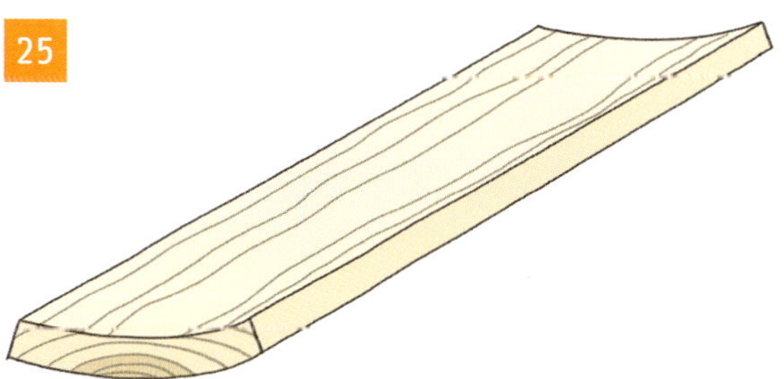

liegende Jahre(sringe)

26

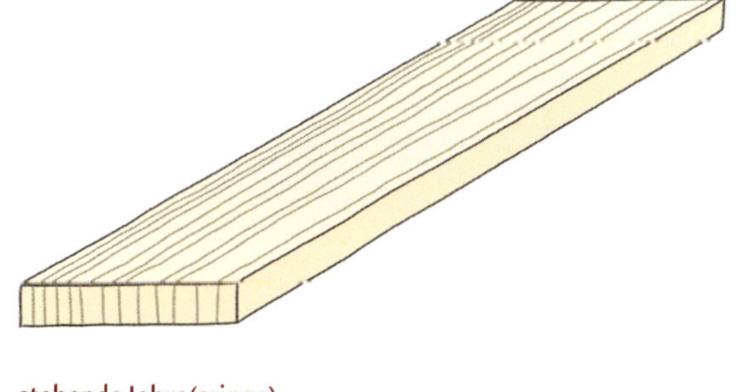

stehende Jahre(sringe)

27

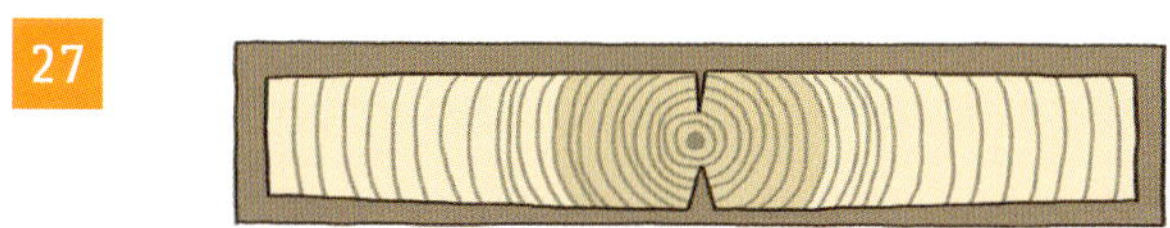

Herzbretter aus der Mitte eines Stammes besitzen fast nur stehende Jahresringe. Sie schwinden und quellen nur in der Dicke.

rechte Brettseite = dem Stamminnern zugewandt
linke Seite = der Außenseite zugewandt

28

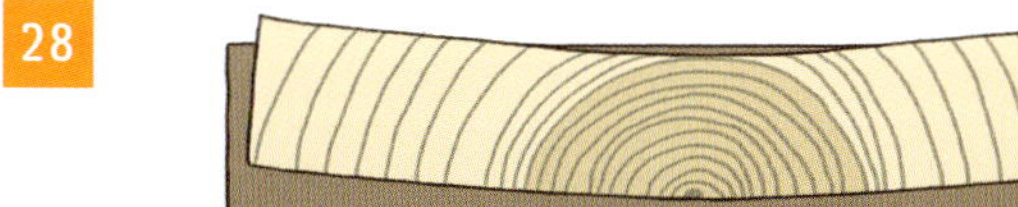

Mittelbretter werfen sich im Bereich der liegenden Jahresringe und nehmen bei den stehenden Jahresringen in der Dicke ab. Deswegen kann sich ein deutlicher Knick zwischen den Zonen abzeichnen. Sie mittig aufzutrennen und rechtwinkelig abgerichtet wieder zu verleimen, schafft Abhilfe.

29

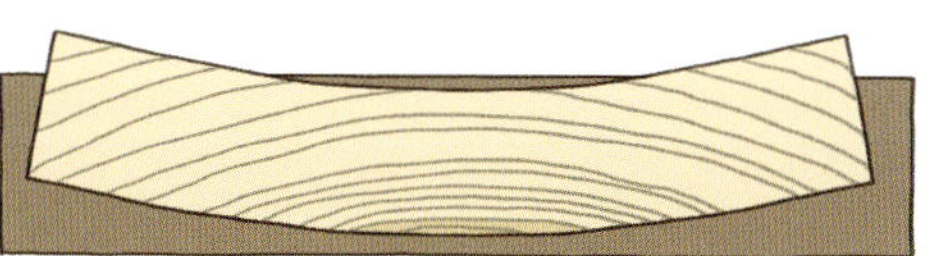

Seitenbretter haben den größten Anteil an liegenden Jahresringen und ziehen sich daher besonders stark zusammen. Die rechte Seite wird dabei rund, die linke hohl.

Was sind Äste?

Äste kann man sich wie kleine Stämme vorstellen, die aus einem dicken Baumstamm herauswachsen. 30 Sie zeichnen sich durch dieselben Eigenschaften wie der eigentliche Holzstamm aus, d.h. jeder einzelne Ast trocknet, arbeitet, schwindet und reißt unabhängig vom Hauptstamm. Dazu kommt, dass Astholz mehr Lignin enthält als der übrige Stamm, was es härter und spröder macht und bei Trocknung noch stärker schwinden lässt als das sonstige Holz. Äste sollten in tragenden Konstruktionen wie z. B. Fenstern vermieden werden. 31

Jede Holzart hat Äste, manche mehr, manche weniger. Während des Wachstums werfen vor allem Laubbäume ihre unteren Äste ab, die dann vom umgebenden Holz überwallt werden. Aus diesem Grund haben ältere Bäume oft mehrere Meter astfreie Stämme.

Was ist Astreinheit?

Bei besonders geraden Nadelholzbäumen werden die unteren, meist dürren Äste in der Forstwirtschaft entfernt, um möglichst viel astfreies Stammholz zu erzielen. Solch hochwertiges Nadelholz wird entweder zu Furnieren oder im Instrumentenbau verarbeitet. Um Astreinheit zu erreichen, werden Bäume außerdem sehr eng gepflanzt, sie wachsen dann schnell dem Licht entgegen, ohne Äste im Mittelstamm auszubilden. Astreinheit gilt als Qualitätsmerkmal für Konstruktionsholz.

Da um Äste herum vermehrt Spannungen im Holz auftreten, sollte Fenster- und Türenholz möglichst astfrei sein.

Was bezeichnet man als Astigkeit?

Holzsorten mit vielen Ästen werden als „astig" oder „ästig" bezeichnet. Das ist vor allem dann ein Holzfehler, wenn es sich um lockere „Ausfalläste" handelt. *Zur Reparatur (vgl. Kapitel 6 Löcher)* Aber Äste werden auch als Schmuck empfunden: schön gemaserte astige Hartholzsorten werden zu hochwertigem Furnier verarbeitet. Das wertvolle Holz von Vogelaugenahorn ist ein anschauliches Beispiel für einen gefragten Holzfehler. Und die Zirbelkiefer gilt gerade wegen ihrer harzhaltigen dunklen Äste als hochwertiges Bau- und Möbelholz. 32

31

30

32

Wie wählt man Holz richtig aus?

An erster Stelle bei der Planung eines Holzbauprojektes steht die Entscheidung für die passende Holzsorte oder das richtige Plattenmaterial. Denn nicht alle Konstruktionen lassen sich mit jedem beliebigen Holzmaterial verwirklichen. I. d.R. orientiert man sich bei einer Renovierung am vorhandenen Holzmaterial und wählt für Ergänzungen ein möglichst ähnliches. Danach stellt sich die Frage, ob sich das Material entsprechend den eigenen Vorstellungen Oberflächen behandeln lässt. Und zu guter Letzt spielt der Preis des Materials, daß in einem vernünftigen Verhältnis zum Arbeitsaufwand und späteren Nutzen des Projektes stehen sollte, eine nicht ganz unerhebliche Rolle.

Außerdem gibt es unabhängig von der Holzart noch weitere Auswahlkriterien, die nicht auf den ersten Blick offensichtlich sind:

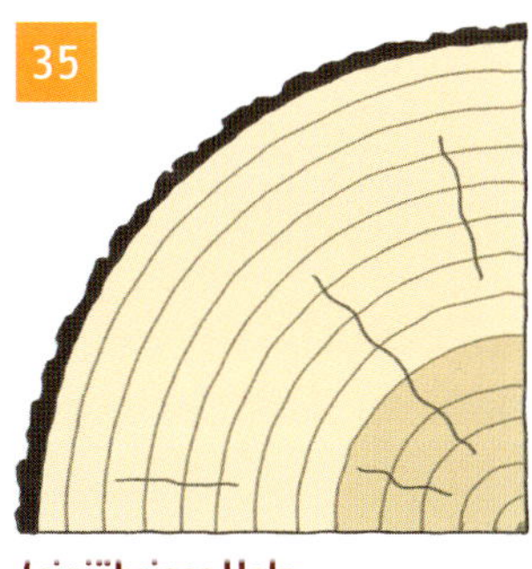

feinjähriges Holz

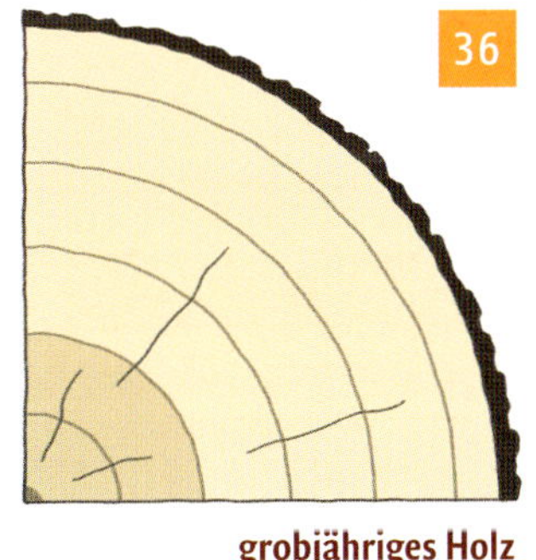

grobjähriges Holz

Wo stand der Baum?

Da wären zum einen die früheren Wuchs- und Standortbedingungen des geschlagenen Baumes: ist er schnell oder langsam gewachsen? Stand er in einem Wald oder war er ein Solitär? Denn dieselbe Holzart kann je nach Standort und Wuchsbedingungen fein- bis grobjähriges Holz hervorbringen. 33 34

Erkennen kann man die Qualität von Holz an der Dichte seiner Jahresringe: **feinjähriges** Holz ist i.d.R. langsamer gewachsen als **grobjähriges.** 35 36 Ein Vorteil von Bäumen, denen Zeit zum Wachsen gegeben wurde, ist, dass sie gleichmäßiger gewachsenes und weniger verzugsanfälliges Holz hervorbringen.

Ein Nadelholzbaum beispielsweise, der in gemäßigten Temperaturen und mit ausreichend Platz langsam wachsen kann, produziert hochwertigeres Holz als einer, der unter ungünstigen klimatischen Bedingungen in einer engen Plantage schnell dem Sonnenlicht entgegenstreben muss.

Die Bezeichnung „**nordisch**" bedeutet bei Nadelholz, dass es aus Skandinavien stammt.

Das deutlich kältere Klima lässt Bäume langsamer und gleichmäßiger wachsen als solche aus südlicheren Breiten.

Feinjähriges Holz neigt auf Grund seiner dichten gleichmäßigen Struktur weniger zum Verziehen. Es eignet sich besonders für bewitterte Konstruktionen im Außenbereich und für den Bau und die Renovierung von Fenstern und Türen.

Wie unterscheiden sich Baumbereiche?

Neben dem Standort spielt der Bereich des Baumes, aus dem die Bretter oder Bohlen stammen, eine bedeutende Rolle. Wie wir bereits wissen, besteht jeder Stamm aus Kern- und Splintbereich, die jeder für sich unterschiedlich auf Feuchtigkeitsschwankungen in der Luft reagieren und entsprechend stark arbeiten. Und wir erinnern uns: kernnahes Holz ist dichter, fester und trockener und arbeitet daher weniger als das des Splintbereiches. Daraus folgt, dass kernnahes Holz (in Brettform sind es die sogenannten Mittelbretter ohne Kern), bevorzugt für Konstruktionen verwendet wird, die sich wenig bis gar nicht verziehen dürfen. 37

Hartholz und Weichholz

Man teilt unsere einheimischen Holzarten grundsätzlich in Hart- und Weichhölzer ein. Als Eselsbrücke kann man sich merken, dass Harthölzer meist Laubhölzer (mit Ausnahme von Linde, Pappel und Weide, diese Hölzer sind eher weich) und Weichhölzer meist Nadelhölzer sind.

Muss Holz maßhaltig sein?

In diesem Zusammenhang muss der Begriff **maßhaltig** einmal genau erklärt werden: maßhaltige Bauteile bestehen aus Holz, dessen Dimensionen sich unter Witterungseinflüssen nicht nennenswert verändern dürfen. Das ist besonders der Fall, wenn es sich um langsam gewachsenes, feinjähriges, kernnahes, im Winter geschlagenes Holz handelt.
Im Handel wird Maßhaltigkeit in 3 Kategorien unterschieden:
Nicht maßhaltige Holzbauteile sind Zäune, Palisaden, Pergolen, Schindeln und Holzverkleidungen, bei denen die Konstruktion und Funktion nicht leidet, wenn sie quellen und schwinden. 38
Begrenzt maßhaltige Holzbauteile sind Konstruktionen an Holzhäusern, Dachuntersichten und Verbretterungen aus Nut und Feder. Hier spielt die geeignete Holzauswahl schon eine bedeutendere Rolle. 39
Maßhaltige Holzbauteile sind Fenster und Türen. Volumen und Maße dürfen sich bei diesen Bauteilen nur geringfügig verändern. Am besten fertigt man maßhaltige Bauteile für den Außenbereich aus Holz einer höheren Resistenzklasse. 40

37

39

38

40

Möbel kann man aus Hölzern aller 3 Kategorien fertigen, wenn man ihr Schwundverhalten bei der Konstruktion bzw. den Holzverbindungen berücksichtigt.

Wie wirken sich Witterungsbedingungen aus?

Gerade Bauteile, an die hohe Anforderungen gestellt werden, weil sie extremen Witterungsbedingungen (Außentemperaturen, Sonneneinstrahlung, Bewitterung im Gegensatz zu eher gemäßigten Bedingungen innen) 41 ausgesetzt sind, dürfen sich nicht permanent verändern. Sonst würden Fenster und Türen im Sommer klemmen und im Winter klappern.

Da Splintholz bei Feuchtigkeits- und Temperaturschwankungen stärker arbeitet als Kernholz, ist es für die Konstruktion maßhaltiger Bauteile (z. B. Fenster und Türen) nicht geeignet. Zudem hat Hartholz eine dichtere Holzstruktur als Weichholz und quillt weniger bei Feuchtigkeitsaufnahme.

Je maßhaltiger ein Holzbauteil ist, desto besser behält es bei Sonne, Feuchtigkeit und Temperaturschwankungen seine Form und sein Volumen.

Wie passt die Holzauswahl zur Konstruktion?

Konsequenterweise muss maßhaltiges Holz dann aber auch so verarbeitet werden, dass sich sein Arbeiten nicht negativ auf die Konstruktion auswirken kann.

In rechteckigen Leisten und Friesen z. B. bei **Fenster-** und **Türrahmen** sollten die Jahresringe möglichst stehen. Da Holz, wie schon mehrfach erwähnt, sich hauptsächlich in Richtung der Jahresringe ausdehnt und zusammenzieht, verändert sich eine Konstruktion am wenigsten, wenn die Jahresringe im Holzquerschnitt stehen. Stehendes Holz arbeitet nur in der Stärke des Querschnittes, nicht in der Breite. Veränderungen in der Breite eines Fenster- oder Türfrieses würden sich negativ auf die Passgenauigkeit des gesamten Fensters oder der Tür auswirken 42 *(Näheres zu Schlitz-und-Zapfen Verbindungen in Kapitel 2).*

42

41

41

43

Um den hohen Anforderungen an Standvermögen und Verwitterungsresistenz zu genügen, wird massives Fenster- und Türenholz nicht nur aus maßhaltigem Holz gefertigt, sondern zusätzlich aus drei Schichten gekontert zusammengesetzt. Dabei darf nur die mittlere Schicht aus keilverzinktem Massivholz bestehen, da Leimfugen im Außenbereich zu vermeiden sind. Denn jede Schnittstelle ist besonders anfällig für das Eindringen von Feuchtigkeit und Schädlingen. 43

Für **Holzkonstruktionen im Außenbereich** gelten die **Resistenzklassen** von 1–5, geprüft nach der Din 68364 gegen holzzerstörende Pilze und Insekten.

1 **sehr dauerhaft** ist keine einheimische Holzart, aber viele tropische wie Afzelia, Kambala, Bongossi und Teak
1–2 **dauerhaft bis sehr dauerhaft** ist Robinie
2 **dauerhaft** sind europäische Eiche und Edelkastanie und importierte Red Cedar
3 **mäßig dauerhaft** sind europäische Lärche und Douglasie
3–4 **wenig dauerhaft bis mäßig dauerhaft** ist Kiefer
4 **nicht dauerhaft** sind Fichte, Tanne und importiertes Hemlock
5 **vergänglich** sind Buche, Birke, Erle, Pappel, Esche, Rosskastanie und Platane

Holz ab der Klasse 3–4 sollten durch Lasuren und Holzschutzfarben geschützt und regelmäßig renoviert werden.

Ob Holz **senkrecht** (z. B. als Verschalung) oder **waagrecht** (z. B. als Terrasse) verarbeitet wird, macht einen großen Unterschied für die Dauerhaftigkeit einer Konstruktion. Längere Feuchtigkeitsperioden sind die Voraussetzung für das Eindringen von holzzerstörenden Pilzen und Insekten, was naturgemäß bei einer Terrasse viel stärker zutrifft als bei einer Holzverschalung.

Was besagt das FSC Siegel?

Gartenmöbel, vor allem aus Tropenholz, werden nur selten den ökologischen und sozialen Mindeststandards bei der Herstellung gerecht. Viele im Handel erhältliche Tropenholzartikel tragen ein von den Händlern und Herstellern selbst entworfenes und wenig aussagekräftiges Label. Einige Anbieter können keinerlei Auskunft über die Herkunft das Holzes geben.

Das FSC Siegel der weltweit aktiven Organisation Forest Stewardship Council schafft Abhilfe durch garantierte Standards für eine umwelt- und sozialverträgliche Forstwirtschaft. Bei Gartenmöbeln mit dem FSC-Siegel kann die Kette vom Verkauf über die Verarbeitung bis zur Holzgewinnung lückenlos zurückverfolgt werden. Statt Raubbau soll nachhaltige Waldbewirtschaftung betrieben werden. 44

Achten Sie beim Kauf von Gartenmöbeln auf das FSC-Zertifikat! Aus ökologischer Sicht ist es aber noch besser, europäische Arten wie Lärche, Douglasie oder Robinie zu bevorzugen.

44

Das kleine, aber feine Holzlager von „SchreibMeister“, einer Manufaktur für edle Schreibgeräte

Kapitel 2

Bestandsaufnahme – Oberflächen erkennen

Wer die Oberfläche eines Möbels oder sonst eines Holzobjektes reparieren, renovieren oder restaurieren möchte, sollte zunächst die beschädigte Beschichtung einordnen können.
Dabei stellen sich folgende Fragen an die Eigenschaften des alten Überzugsmittels: 1

- Ist es farblos, farbig lasierend oder deckend?
- Sind mehrere unterschiedliche Mittel übereinander aufgetragen, z. B. Beize und Lack?
- Ist die Beschichtung ehemals glänzend, seidenmatt oder matt gewesen?
- Wie stark ist die Oberfläche beschädigt?
- Wie ist die Oberfläche beschaffen? – Glatt? Rau? Gebürstet?
- Aus welchem Material besteht der Holzuntergrund?
- Aus welcher Zeit stammt das alte Stück?

1

Original oder Veränderung?

Des Weiteren stellt sich die Frage, ob das Stück wieder in den Originalzustand zurückversetzt oder farblich verändert werden soll. Soll der Originalzustand erneuert und ergänzt werden, ist das Wissen, um welchen Überzug es sich ehemals handelte, entscheidend. Ebenso die Basis des Mittels und womit es gegebenenfalls verdünnt war. Denn es besteht die Möglichkeit, dass beispielsweise eine aggressive Verdünnung wie Nitro den alten Überzug anlöst und eine Verbindung von alt und neu behindert. Auch die Haftung des Originalmittels mit dem neuen Überzug muss gewährleistet sein. Selbst wenn grundsätzlich dasselbe Mittel wie früher wieder aufgetragen werden soll, kann es zu Unverträglichkeiten kommen, weil sich zwischenzeitlich die Bedingungen geändert haben oder das alte Stück mit problematischen Stoffen in Berührung kam oder damit gepflegt wurde.
Die zeitliche Einordnung des Möbelstücks hilft außerdem, den Orginalauftrag erneuern zu können. Jede Zeit hatte ihre bevorzugten Oberflächenmittel. Bis 1900 beispielsweise wurden Möbel ausschließlich mit natürlichen Produkten behandelt, die da waren: Öle, Wachse, Pigmente und Farbstoffen, farbig gefasst auf der Basis mit Eitempera, Kalk und Gips. Oder die hochwertigeren teilweise furnierten Hartholzmöbel waren mit Schellack auf Hochglanz poliert. *(siehe Kapitel 12 Schellack/Nitropolitur)* Erst mit Beginn der Industrialisierung und der Entdeckung des Phenolharzes ca. um 1900 hat sich das Spektrum der Oberflächenmittel enorm erweitert. Daher ist die Rekonstruktion der Behandlung von Möbeln vor der Jahrhundertwende 1900 einfacher als danach. 2 3

2

3

Typische Oberflächenbeschichtungen vor 1900

Alle Möglichkeiten aufzählen zu wollen, mit denen Möbel aus unseren Breiten früher behandelt wurden, würde deutlich zu weit führen. Aber ein grober Überblick der Behandlungsmöglichlkeiten vor 1900 kann helfen:

- Bäuerliche helle Weichholzmöbel wurden i. d. R. mit Bienenwachs eingelassen.
- Farbig gefasste bäuerliche Möbel waren mit Farben bemalt, die i. d. R. alkohollöslich waren. Die gipshaltige Grundierung darunter lässt sich i. d. R. nur mechanisch, d. h. durch Schleifen entfernen.
- Farbige Küchen- und sonstige Gebrauchsmöbel wurden ebenso gipshaltig grundiert und mit Öllacken behandelt (nur mit Abbeizer oder mechanisch zu entfernen).
- Dunkle Hartholzmöbel, die einen gewissen Glanz aufweisen, waren i. d. R. gebeizt und mit Schellack poliert (Test mit Alkohol durchführen).
- Dunkle Hartholzmöbel aus dem südeuropäischen oder angelsächsischen Raum wurden eher mit gefärbtem Wachs eingelassen (Test mit Wachsentferner/Waschbenzin durchführen).
- Helle Hartholzmöbel, z. B. aus Kirschbaum aus der Biedermeierzeit waren i. d. R. ebenfalls mit Schellack poliert. (Alkoholtest)
- Wirtshaustische aus hellem Ahornholz wurden i.d.R. nur mit Seife geschrubbt. *(siehe Seite 65)*
- Furnierte Möbel waren i. d. R. mit Schellack poliert.
- Farbige Fenster und Türen wurden mit pigmentiertem Leinöl oder farbigen Öllacken behandelt (am ehesten mechanisch zu entfernen). 4 5 6 7

4

6

5

7

Oberflächen einschätzen und vorbereiten

Die Qualität einer neuen Oberflächenbehandlung hängt außerdem von dem Wissen um die Eigenschaften des Untergrundes und den vorbereitenden Maßnahmen ab. Jede Holzart und jedes Holzmaterial verfügt über unterschiedliche Eigenschaften, was die Holzfarbe, Härte, Struktur, Dichte und ihre Inhaltsstoffe angeht. *(siehe Kapitel 1 Holzwissen)* Und jedes alte Möbel hat zudem seine eigene Geschichte, die sich evtl. in vielen Pflege- und Erneuerungsmaßnahmen niedergeschlagen hat.

Mängel in der Vorbereitung und Verarbeitung, Art und Aufbau des Trägermaterials, verwendete Klebstoffe und vieles mehr können die neue Oberflächenbeschichtung beeinträchtigen. Und wer sich die Mühe sparen möchte, die Verarbeitungshinweise und Richtlinien der Hersteller heutiger Produkte zu befolgen, muss sowieso mit einer fehlerhaften neuen Oberfläche rechnen. Da die nachträgliche Beseitigung von Auftragsfehlern mit einem erheblichen Zeitaufwand und Kosten verbunden ist, lohnt sich eine gute Vorbereitung und genaue Analyse der Oberfläche in jedem Fall.

Räumliche und klimatische Bedingungen

Haben Sie herausgefunden, mit welchem Oberflächenmittel Ihr altes Stück behandelt wurde, gibt es noch andere Punkte für die optimale Erneuerung zu beachten? Die passenden räumlichen und klimatischen Gegebenheiten beispielsweise sind auch ausschlaggebend dafür, ob man sein Holzprojekt überhaupt zum geplanten Zeitpunkt behandeln kann oder nicht. Es macht nämlich einen Unterschied, ob man draußen oder drinnen, bei Wärme oder Kälte, mit Absaugung oder ohne arbeiten muss. Optimalerweise werden Möbel bei Temperaturen zwischen 18° und 23° C neu oberflächenbehandelt. Technische Reparaturen können auch bei niedrigeren Temperaturen durchgeführt werden, aber die Verarbeitung von Leimen und Klebern erfolgt optimalerweise bei der eben genannten Raumtemperatur.

Eine normale Raumluft-Feuchtigkeit, wie sie in Wohnräumen üblich ist, ist gleichermaßen die beste Voraussetzung für eine geglückte neue Oberflächenbeschichtung. 8 9

8

9

Checkliste Oberflächen vorbereiten:

- Alle Flächen müssen sauber, trocken und staubfrei sein. Das bedeutet, dass sie frei von Öl-, Wachs-, Fett und sonstigen Flecken sein sollten, damit eine gleichmäßige Benetzung des neuen Mittels mit der alten Oberfläche überhaupt möglich ist.
- Die Raumtemperatur sollte optimalerweise zwischen 18° und 23° C betragen. Ist es kälter, ist das Mittel evtl zu zähflüssig und trocknet schlecht. Ist es zu warm, trocknet es zu schnell und ergibt gegebenenfalls keine gleichmäßige Oberfläche.
- Das Oberflächenmittel und das zu behandelnde Objekt sollten ungefähr dieselbe Temperatur haben. Das erreicht man dadurch, dass man beides über mehrere Tage vor der Behandlung im selben wohl temperierten Raum lagert.
- Im Außenbereich sollte man nicht unter 14° C in einer windgeschützten und staubfreien Umgebung arbeiten. Die Trocknung verzögert sich sonst.
- Oberflächenmittel sollten nicht in der prallen Sonne auftragen werden. Sie trocknen sonst schon während des Auftrags und fließen ungenügend ineinander.

So arbeiten Handwerker in Marokko 10 11

Hier folgt nun ein **grober Überblick**, welche **Oberflächenmittel** auf welche Untergründe grundsätzlich aufgetragen werden können. Dabei wird in dieser Tabelle von **neuem Holzmaterial** ausgegangen.

	innen	innen	innen	innen	innen	innen	innen	innen	außen	außen	außen
rohe/s	**Weichholz**	**Hartholz**	**Furnierplatte**	**Leimholz**	**Sperrholz**	**MDF**	**Spanplatte**	**OSB**	**Weichholz**	**Hartholz**	**Tropenholz**
Beize	x	x	x	x							
Hartöl einziehend	x	x	x	x	x			x			
Öl schichtbildend	x	x	x	x	x			x			
Terassenöl schichtbildend	x	x	x	x	x			x			
Hartwachsöl schichtbildend	x	x	x	x	x			x	x	x	x
Öl pigmentiert	x	x		x	x			x			
Lasur Naturharz	x	x		x	x			x	x	x	x
Lasur Kunstharz	x	x		x	x				x	x	x
Wachs	x	x	x	x	x			x			
Lack transparent	x	x	x	x	x			x			
Lack deckend	x	x		x	x	x	x	x	x	x	x
Schellack		x	x								

Verträglichkeit und Vorbehandlung

Was bei einer Neubehandlung von Holzoberflächen mehr oder weniger selbstverständlich ist, muss bei der **Instandsetzung einer alten Oberflächenbeschichtung** um einige Punkte erweitert werden:

- Oberflächentechniken lassen sich oft nicht mischen, d. h. dass beispielsweise kein Öl auf eine ehemals lasierte Oberfläche aufgetragen werden kann.
- Die Verträglichkeit der Mittel miteinander und die Haftung aufeinander muss vor einer Renovierung geprüft werden.
- Viele Mittel, die unterschiedlich basiert sind, vertragen sich nicht miteinander. Agressivere Verdünnungen können harmlosere anlösen und den Schichtaufbau stören.
- Unerwünschte chemische Reaktionen sind selten vorhersehbar.
- Eine Garantie für die Dauerhaftigkeit einer „kreativen" Mischung kann niemand geben.
- Dickschichtlasuren können auf Dünnschichtlasuren aufgetragen werden, umgekehrt nicht
- Helle Beschichtungen können dunkler überarbeitet werden, umgekehrt i.d.R. nicht.
- Dickflüssiges Material kann dünnflüssiges überziehen, umgekehrt i.d.R. nicht.

Fazit: Am sichersten überarbeitet man eine schadhafte Oberflächenbeschichtung wieder mit demselben Mittel. Selbst wenn vermeintlich alle Spuren der alten Beschichtung durch Abbeizen und Schleifen beseitigt wurden, kann kein Hersteller die Garantie geben, dass sich unterschiedlich basierte Mittel vertragen.

Exemplarische Reihenfolge bei einer Renovierung bzw. Restaurierung

Die Wiederherstellung eines ramponierten Möbelstückes kann man grob in zwei Arbeitsbereiche unterteilen: die technische Reparatur und die Renovierung der Oberflächenbeschichtung. Auch wenn sie beide voneinander abhängen und i.d.R. zunächst die technischen Mängel beseitigt werden müssen, bevor die Oberfläche neu behandelt werden kann, so sind beide Arbeitsbereiche stark miteinander verwoben.

Arbeitsschritte.

An dieser restaurierungsbedürftigen Kommode, deren Platte aus massivem Kirschbaum und alle anderen sichtbaren Teile aus mit Kirschbaum furniertem Fichtenholz bestehen, sollen exemplarisch alle anfallenden Arbeitsschritte in eine nachvollziehbare Reihenfolge gebracht werden:

Bestandsaufnahme: Hier ist vor allem das Furnier beschädigt, insbesonders an der untersten Schublade fehlen viele Furnierstückchen. Da allein die Ergänzung dieses kleinen Teilbereiches mehrere Stunden in Anspruch nehmen würde, fiel zusammen mit der Auftraggeberin die Entscheidung, die Gestaltung insoweit zu verändern, als dass der ramponierte Bereich von einer massiven Leiste verdeckt werden soll. Dabei wurde sowohl auf passende Proportionen des neuen Sockels aus Kirschholz geachtet, als auch auf die entsprechende Holzauswahl. Will man die Gestaltung an einem alten Stück verändern, sollen solche Bereiche möglichst wenig auffallen. Dabei hilft, die Formensprache der angrenzenden Teile zu übernehmen wie hier die seitliche Rundung der Sockelleiste, die der angrenzenden Säule entspricht. 12 13 14 15

12

14

13

15

16

19

17

20

18

Füße ergänzen bzw. erneuern: Oft sind bei solch alten Stücken die Füße besonders besonders stark abgenutzt. Die vorderen Fußenden sind hier gedrechselt und können mit einer Kugel aus Hartholz (Buche) unauffällig ergänzt werden. Alter Fuss und neue Halbkugel werden mit kleinen Dübeln miteinander fixiert und der Übergang mit einem gerundeten Schnitzeisen angepasst.
Die hinteren quadratischen Füße sind so stark von Holzwürmern zerfressen, dass sie nicht mehr genügend Stabilität bieten. Hier ist ein Totalaustausch sinnvoll. Die Originalfüße sind aus Fichte gefertigt, die neuen bestehen nun aus Zirbelholz, lassen sich farblich aber ohne Probleme an den Kirschbaum-Farbton des gesamten Möbels anpassen. 16 17 18 19 20

21

22

Reinigung: Bevor fehlende Furnierstücke ergänzt werden können, muss die Farbe des alten Furniers ermittelt werden. Jahrzehnte alte Beschichtungen und der Schmutz der Zeit verändern immer auch die Holzfarbe. Die Entfernung des alkohollöslichen Schellacks wird ausführlich in Kapitel 12 Schellack beschrieben. Die Gründlichkeit der Reinigung sollte zum Schluß noch mit etwas Feuchtigkeit überprüft werden. Wenn sich keine Flecken und Farbunterschiede in zusammenhängenden Flächen mehr zeigen, ist der Schellack genügend entfernt. 21 22

Verleimen losen Furniers: Nun ist die Furnierfarbe geklärt und das neue Furnier kann entsprechend ausgesucht werden. Dabei ist vor allem auf die Holzart mit einer möglichst ähnlichen Struktur und eine eher hellere Holzfarbe, als das Originalfurnier es hat, zu achten. Wie man Furnier geschickt ergänzt, entnehmen Sie bitte dem Kapitel 7 Furnier. 23

23

24

24

25

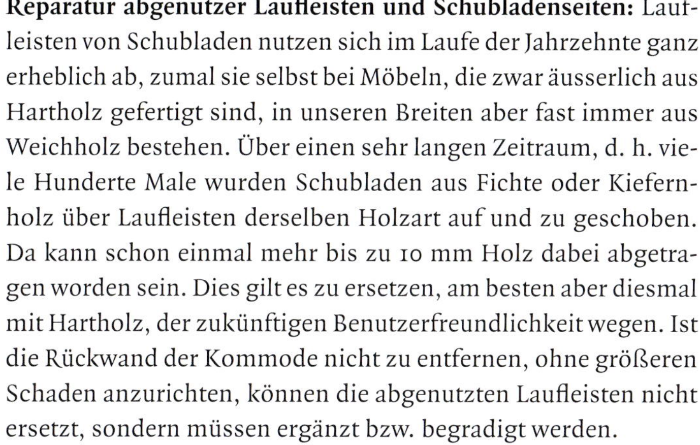

Reparatur abgenutzer Laufleisten und Schubladenseiten: Laufleisten von Schubladen nutzen sich im Laufe der Jahrzehnte ganz erheblich ab, zumal sie selbst bei Möbeln, die zwar äusserlich aus Hartholz gefertigt sind, in unseren Breiten aber fast immer aus Weichholz bestehen. Über einen sehr langen Zeitraum, d. h. viele Hunderte Male wurden Schubladen aus Fichte oder Kiefernholz über Laufleisten derselben Holzart auf und zu geschoben. Da kann schon einmal mehr bis zu 10 mm Holz dabei abgetragen worden sein. Dies gilt es zu ersetzen, am besten aber diesmal mit Hartholz, der zukünftigen Benutzerfreundlichkeit wegen. Ist die Rückwand der Kommode nicht zu entfernen, ohne größeren Schaden anzurichten, können die abgenutzten Laufleisten nicht ersetzt, sondern müssen ergänzt bzw. begradigt werden.
In unserem Fall hängt zudem der Verlust der Furnierteile rechts und links unter den Schubladen direkt mit der Abnutzung der Laufleisten zusammen, da sich die Schubladenseiten ins Holz „gegraben" haben. Eine Ergänzung des fehlenden Furniers macht ohne die bestmögliche Funktion der Schubladen gar keinen Sinn, da es sofort wieder weggerissen werden würde. Hier überschneiden sich also die technische Reparatur mit der Ergänzung/Erneuerung der Oberfläche und ihrer Beschichtung. 25 26

26

Risse ausspänen: Bevor man Risse im Korpus ausspänt, sollte die Oberfläche gereinigt sein. Das ergänzende Holz aus möglichst derselben Holzart darf heller, sollte aber möglichst nicht dunkler als das alte Holz sein. Eine genaue Anleitung finden Sie im Kapitel 3, Risse und Konstruktion. 24

27

28

Schubladenseiten ergänzen: Die Seiten der Schubladen sind vor allem hinten stark abgenutzt. Diese bucklige Oberfläche gilt es vor der Ergänzung mit Hartholzleisten einzuebnen. Das kann an der Kreissäge erfolgen, ist aber insofern problematisch, weil man nicht die Seiten vollständig am Sägeblatt vorbeischieben kann, sondern vor der Front stoppen muss. Besser hobelt man also die Seiten mit einem kleinen Putz- oder Einhandhobel von Hand und stemmt den Bereich vor der Front mit einem Stemmeisen weg. Nun können passend gehobelte Hartholzleisten aufgeleimt werden. Ist die Fläche wirklich eben geworden, kann man dazu Glutin- oder Weißleim verwenden. Ich gehe lieber auf Nummer sicher und arbeite mit einkomponentigem PUR-Kleber. Nach der Trocknung eben gehobelt müssten die Seiten schon wesentlich besser auf den alten Laufleisten hinein und hinaus zu schieben sein als vorher. 27 28

Abnutzungsgrad ermitteln und beheben: Parallel zur Arbeit an den Schubladenseiten gilt es die durch Abnutzung entstandenen Schrägen oder Wellenlinien an den Laufleisten im Korpusinneren wieder zu annähernd rechtwinkeligen Geraden zu ergänzen. I.d.R. fehlt bei den Laufleisten hinten mehr Holzmaterial als vorne. Eine Möglichkeit, die tiefen Rinnen zu beheben, besteht darin, sie mit Spachtelmasse zu füllen. So erhält man wieder annähernd glatte Flächen. Jetzt sollten die alten Laufleisten mit dünnen neuen Laufleisten aus Hartholz aufgedoppelt werden. Die Dicke ermittelt man aus dem Abstand, den die Schubladenfronten vorne im Korpus haben. Das sind i.d.R. vorne nur wenige Millimeter, hinten schon deutlich mehr. Um Abhilfe zu schaffen, hobelt man die dünnen Laufleisten von Hand konisch und klebt sie mit ein- oder zweikomponentigem PU-Kleber auf den Laufleisten fest. Diese Laufleisten, fest mit den Innenseiten des Korpusses verbunden, sind so umständlich und nur von Hand zu bearbeiten, so dass es fast unmöglich sein dürfte, völlig plane Leimflächen herzustellen. Dafür Weißleim oder historisch korrekt Glutinleim zu verwenden, könnte zu einem unbefriedigenden Ergebnis führen. 29 30 31

Schubladenfronten einpassen: Die Schubladenhöhe verändert sich zwangsläufig durch das Aufdoppeln der Seiten. Es kann notwendig sein, die Schubladenfront etwas schmaler zu hobeln, damit sie wieder in den Korpus passt. 32

29

31

30

32

33

35

36

34

37

Säuberung beenden: Nun wird der gesamte Korpus samt neu befestigtem Furnier überall vom alten Schellack befreit und fein geschliffen *(siehe Kapitel 12 Schellack)*. 33

Beizen: Hier soll möglichst der ursprüngliche Farbton wiederhergestellt werden. Dazu wird sowohl neues wie altes Furnier mit einer wasserlöslichen Beutelbeize im Farbton Kirschbaum gebeizt. *(siehe Kapitel 10 Oberflächenmittel)* 34 35

Tipps & Tricks

Passen die Schubladen nun wieder in den Korpus, kann man die Gleitfähigkeit noch durch einreiben mit Kerzenwachs oder einem Stück Seife verbessern.

Grundieren: Die gebeizten Holzflächen werden mit Schellack Sanding Sealer grundiert *(siehe Kapitel 12 Schellack)*.

Kleine Löcher füllen: Jetzt ist der richtige Zeitpunkt, störende kleine Löcher und Risse mit farblich passendem Weich- oder Hartwachs zu füllen *(siehe Kapitel 6 Löcher)* 36 37

Mattieren: Zu guter Letzt werden die sichtbaren Außenflächen mit Schellack poliert *(siehe Kapitel 12 Schellack)*.

Beschläge: Nun müssen nur mehr die Beschläge befestigt werden. Fertig!

links die ramponierte Kommode vor der Restaurierung, rechts danach in neuem Glanz.

Kapitel 3

Risse und Konstruktion

Vor der Entscheidung, ob es sinnvoll ist, Risse zu reparieren bzw. zu schließen, kommt das Wissen um deren Entstehung. Ob es sich nämlich um **Trockenrisse** oder **konstruktionsbedingte Risse** handelt, macht einen großen Unterschied. Und ob sie im Außen- oder Innenbereich auftreten.

Trockenrisse in Splint und Kern

Jeder Baumstamm besteht aus zwei Bereichen: dem dichten und festen **Kern-**, der vom lockeren, feuchteren, leichteren **Splintbereich** umgeben ist.

Da Feuchtigkeit bei einem gefällten Stamm von innen nach außen entweicht, trocknet der Splint schneller und stärker als der länger feucht bleibende Kernbereich. Meist bilden sich neben einem großen Riss, der sich bis in den Kern fortsetzt, viele radiale Trocknungsrisse im Splint. Bei der später einsetzenden Trocknung des Kernholzbereichs bilden sich dort dann auch noch einige radiale Risse. Meistens treten also im getrockneten Stamm/Rundholz mehr Risse im Splint auf als im Kernbereich. 1

Alle Risse, die während der Holztrocknung entstehen, hängen immer mit dem Arbeiten des Holzes zusammen. Sie bilden sich ganz natürlich durch das unvermeidbare Schwinden des Volumens der Holzmasse. I.d.R. schaden Trockenrisse der Holzsubstanz und ihrer Haltbarkeit nicht oder nur unter ungünstigen Bedingungen. *(siehe Kapitel 1 Holzwissen)*

1

2

Trockenrisse in Hirnholz

An den waagrechten Schnittflächen eines Stammes, am sogenannten **Hirnholz**, entweicht das Wasser besonders zügig, da es sich in der Längsrichtung, den röhrenartigen Fasern schneller bewegt und entweicht als in der Querrichtung. Die beschleunigte Trocknung verursacht zusätzliche **Hirnrisse** neben den üblichen Trockenrissen.

Tipps & Tricks

Auch massive Bretter aus dem Holzhandel oder Sägewerk weisen an beiden Enden meist Hirnrisse auf. Diesen Brettabschnitt können Sie nur bedingt für Ihr Holzprojekt verwenden. Rechnen Sie deswegen unbedingt einen großzügigen zusätzlichen Längenverschnitt mit ein. Gegen die vorzeitige Austrocknung über Hirn ist es sinnvoll, bei Holz, das in ganzen Stämmen trocknet, die Schnittstellen möglichst bald nach dem Holzeinschnitt zu versiegeln. Drechsler bestreichen sie mit Wachs (z. B. Anchorseal) oder anderen abdichtenden Stoffen, um später mehr rissfreies Holz zum Drechseln zur Verfügung zu haben.

Tipps & Tricks

Wenn man die Schnittstellen auch noch mit Datum und Holzart beschriftet, kann der Grad der Trocknung besser nachvollzogen werden. 2

3

4

5

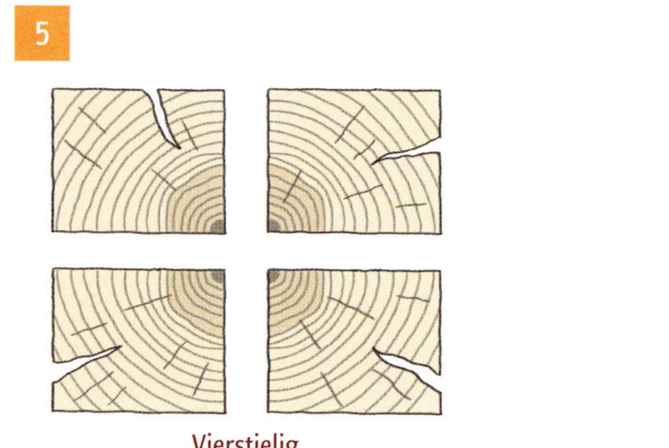
Vierstielig

6

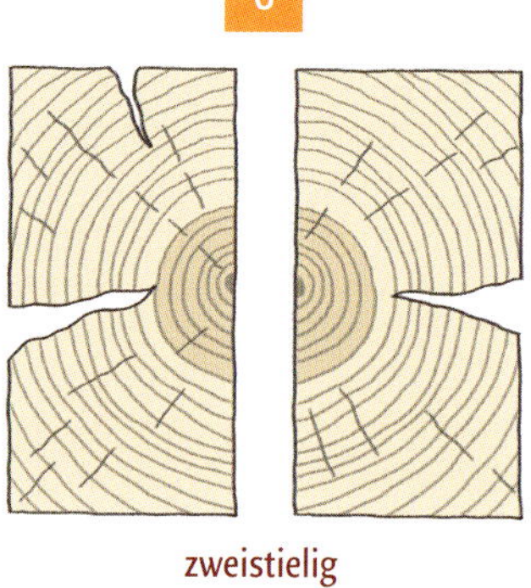
zweistielig

7

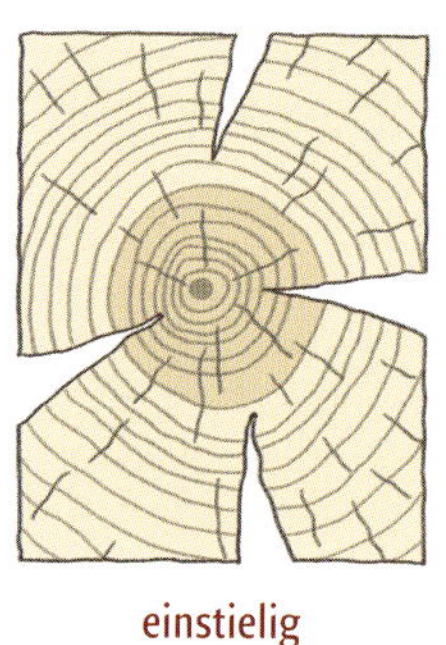
einstielig

Trockenrisse in Brettschichtholz

Brettschichtholz für den Innenbereich wird aus dünnen Brettern zu dicken Balken verleimt. Der Verbund vieler dünner Holzschichten erhöht die Elastizität und Tragfähigkeit der Balken und lässt sie große Spannweiten überbrücken.
Brettschichtholz wird bei der Produktion mit einer Holzausgleichsfeuchte von ca. 12–15% verarbeitet. Trocknet anschließend ein eingebauter Balken in einem Innenraum während einer Heizperiode auf ca. 6–8% Holzfeuchte herab, sind Schwindrisse in einzelnen Brettern unvermeidbar. Sie sind allerdings auf Grund der geringen Schichtdicke dieser Bretter auch sehr viel kleiner als in einem aus einem Stück bestehenden Balken. Und sie beeinträchtigen bis zu einer Tiefe von etwa 1/6 pro Schicht die Sicherheit der gesamten Konstruktion nicht. 3
Dasselbe gilt übrigens auch für Brettschichtholz im Außenbereich, das ja witterungsbedingt sowieso großen Feuchtigkeits- und Temperaturschwankungen ausgesetzt ist. 4

Wie lässt sich die Bildung von Trockenrissen verhindern bzw. reduzieren?

Bei Balken und Kantholz spielt der passende Schnitt des frisch geschlagenen Holzes die entscheidende Rolle. Er minimiert die Rissbildung von Anfang an, unabhängig davon, ob das Holz für eine spätere Nutzung im Innen- oder Außenbereich bestimmt ist. Grundsätzlich gilt: je größer ein Balken- oder Kantholzquerschnitt ist, desto höher ist auch die Gefahr von Rissbildung. Und umso größer, breiter und tiefer sind die Risse.
Weil um den Kern eines Stammes immer die meisten Spannungen herrschen, neigen Balken, die aus ganzen Stämmen geschnitten werden, sogenannte „einstielige" Balken, weitaus mehr zu tiefen radialen Rissen als halbe Stämme. Wird bei diesen „zweistieligen" Balken auch noch der Kern weggesägt, senkt das die Anzahl und Tiefe der Risse weiter. Am wenigsten verändern sich geviertelte Stämme, sogenannte „vierstielig" eingeschnittene Kanthölzer.

Tipps & Tricks

Spannungen im Holz entwickeln im und um den Kern bzw. die Markröhre ihre größte Kraft. Wenn möglich, sollte man für tragende Konstruktionen daher kernfreies Holz bevorzugen. 8

Konstruktionsbedingte Risse an Möbeln

Konstruktionsbedingte Risse bilden sich vor allem dann, wenn die Konstruktion eines Möbelstücks oder sonstigen Holzobjektes das Arbeiten des Holzes behindert.

Zum besseren Verständnis befassen wir uns zunächst mit Konstruktionen, die das Arbeiten des Holzes ermöglichen .

Alle klassischen Holzverbindungen im Möbelbau beruhen auf dem Prinzip, dass das Werkmaterial Holz selbst die Verbindung darstellt: Schlitz und Zapfen, Zinken, Überplattung, Gratleisten und Dübelungen haben das Ziel, möglichst große Kontaktflächen zur Verbindung der einzelnen Massivholzteile herzustellen. Meist sind sie im rechten Winkel miteinander fixiert bzw. verleimt und halten so die gesamte Konstruktion zusammen. Sie werden vor allem auch deswegen seit Urzeiten so ausgeführt, weil sie das Arbeiten der einzelnen Verbindungsteile nicht behindern. 9

Werden sie unsachgemäß ausgeführt oder wird unpassendes Holz dazu gewählt, fördert das die Rissbildung ganz erheblich!

8

9

Schlitz und Zapfen

Massive Rahmentüren sind aus Längs- und Querfriesen mit möglichst stehenden Jahren in Schlitz und Zapfen Verbindung verleimt. Sie sorgen für die Stabilität der Tür. Die massiven Füllungen in der Mitte werden lose eingenutet, d. h. sie sind mit dem Rahmen nicht fest verbunden. Aus optischen Gründen werden sie gerne aus fladrigem Holz mit einem Großteil an liegenden Jahren gefertigt und würden daher vermehrt zum Verziehen und Reißen neigen. Die lose Fassung in der Nut ermöglicht aber das ungehinderte Arbeiten in der Breite und verhindert gleichzeitig das unerwünschte Verziehen des Füllungsholzes.

Rahmentüren müssen immer so gestaltet sein, dass das Füllungsholz permanent breiter und schmaler werden kann und in der Nut sicher in Form gehalten wird. 12
Auch häufiges Überstreichen kann das Arbeiten des Holzes behindern und zu Rissen führen 13

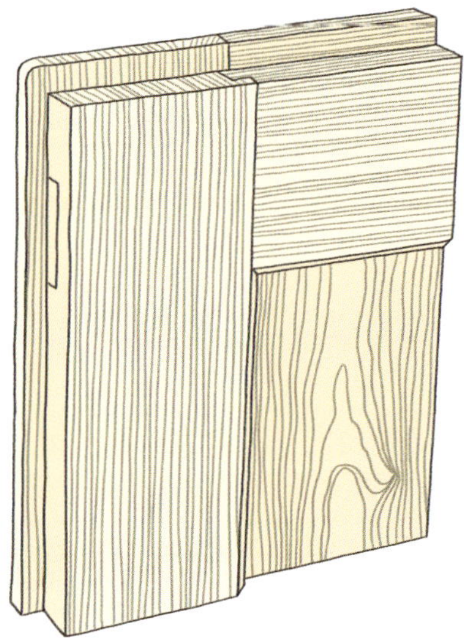

10 Richtige Holzauswahl und daher passende Maserung = stehende Jahresringe – schwinden und quellen nur in der Dicke des Türfrieses und die Füllung kann in der umlaufenden Nut arbeiten.

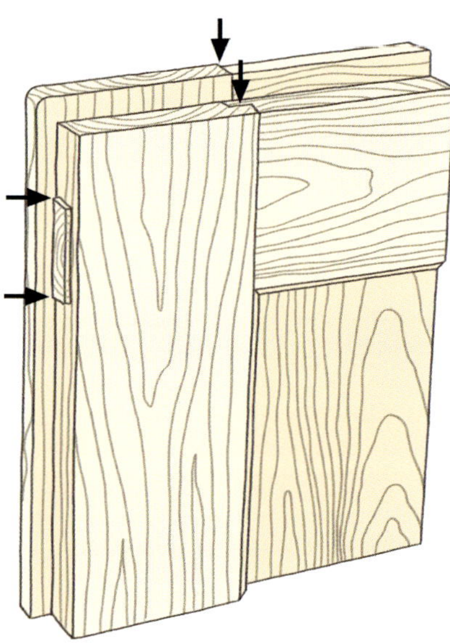

11 Falsche Holzauswahl und daher ungünstige Maserung = liegende Jahre verursachen einen Schwund in der Breite, als Folge tritt der Zapfen hervor und im Falz entsteht ein Absatz

12

13

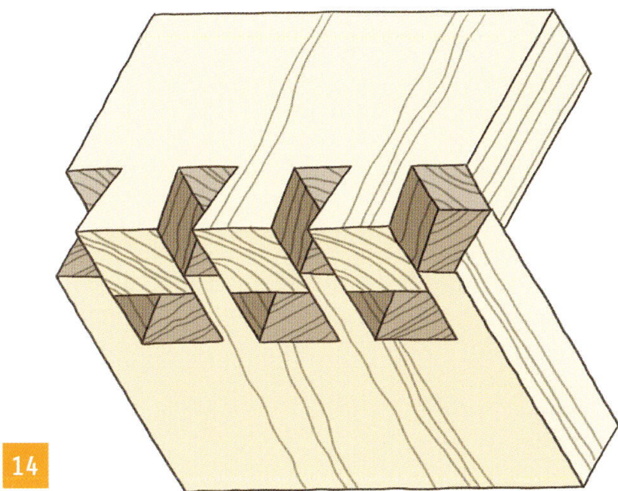

Zinken: traditionell gearbeitete Schubladenseiten werden durch Zinken miteinander verbunden, die konisch in der Form von Schwalbenschwänzen gearbeitet sind.
Andauerndes Auf- und Zuschieben der Schubladen kann ihnen nichts anhaben, da die konische Form ein Auseinanderziehen verhindert.
Gerade Zinken, auch Fingerzinken genannt, bieten diesen konstruktiven Schutz nicht. 14 15 16

gerade Zinken

neue Zinken

alte Zinken

Damit er nicht reißt, wird der Schubladenboden lose in einer Nut von hinten in den Schubladenrahmen eingeschoben und am rückseitigen Querholz festgenagelt. Diese Fixierung verursacht häufig im Laufe von Jahrzehnten in Verbindung mit dem Schwinden des Bodens einen mehr oder weniger breiten Spalt hinter der Schubladenfront. 17 18 19

Tipps & Tricks

Um den Spalt zu schließen, sollte man zunächst die Nägel mit Hilfe eines Nagelhebers ziehen und den Boden Richtung Frontbrett in die vordere Nut klopfen. Fixiert wird der Boden schlussendlich mit Nägeln oder Schrauben wieder auf – oder was eher machbar ist – hinter dem rückwärtigen Querholz.

18

17

19

20

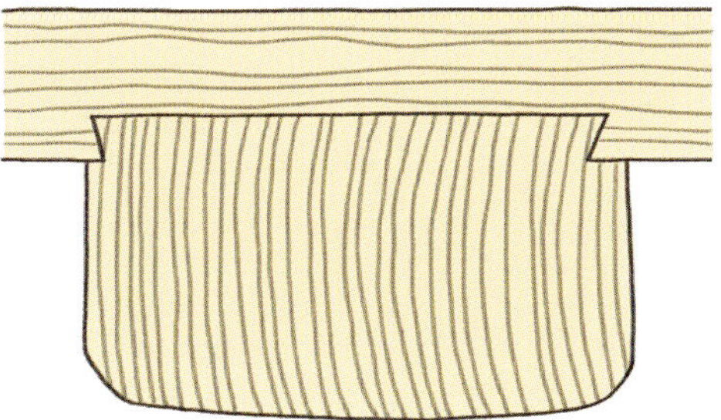

21

Gratleisten: Eine Gratung ist eine raffinierte rechtwinkelige Verbindung von Längs- und Querholz, die ein Arbeiten des Längsholzes ermöglicht und es gleichzeitig am Werfen hindert. Massive Fensterläden würden sich enorm verziehen, wenn sie nicht durch Gratleisten gerade gehalten würden. Konisch gearbeitet werden sie nur innen und in Nähe der Beschläge verleimt, damit das Längsholz des Ladens entlang des eingegrateten Querholzes quellen und schwinden kann. 20

Ist der Grat aus Holz mit liegenden Jahren gearbeitet, findet er nicht genügend Halt und schwindet aus der Gratnut. 21

Nut und Feder bzw. Spundung sind Holzverbindungen an Brettern, die an ihren Seiten mit Hilfe dieser Verbindungen zusammengesteckt werden. Massive Fußbodenbretter sind unverleimt mit einer Spundung in der Nut des nächsten Brettes verbunden, was jeder Diele den Platz lässt, sich bei Feuchtigkeitsschwankungen zusammenzuziehen oder auszudehnen. Diese Konstruktionsart reduziert das Reißen und Verziehen auf ein Minimum. Und zudem zeigen sich auf Grund geringerer Luftfeuchte im Sommer kleinere Fugen als im Winter. 22

Konstruktionsbedingtes Quellen, Schwinden und Reißen an Möbeln

Grundsätzlich gilt: gegen das Arbeiten von Holz etwas unternehmen zu wollen, ist schier unmöglich und auch nicht sinnvoll. Der Aufbau eines Möbels sollte also immer so gestaltet sein, dass Quellen und Schwinden auf Dauer möglich sind. Denn alles, was das Arbeiten des Holzes bzw. sein Bestreben, sich der Umgebungsfeuchte anzupassen erschwert, führt zu Rissen und weiteren Schäden.

Konstruktionen, die das Arbeiten des Holzes behindern

Wenn eine ungünstige Konstruktionsart das Arbeiten behindert, dem Holz damit die Möglichkeit genommen wird, sich der Umgebungsfeuchte entsprechend zu arbeiten, entstehen Spannungen in der gesamten Konstruktion. Risse und/oder Verzug sind die Folge. Ein oft zu beobachtender Fehler vor allem bei älteren Möbeln ist die feste Verbindung von Längs- und Querholz. Wir erinnern uns – Holz quillt und schwindet während der Trocknungsphase in Richtung der Jahresringe um mehrere Prozent und in Längsrichtung praktisch gar nicht. 23

Ein weiteres Problem stellt die mangelnde Symmetrie von Konstruktionen dar, vor allem bei furnierten Möbeln um bzw. vor 1900.

22

23

Einige Beispiele für mangelnde Symmetrie

Furnierte Kommoden sind häufig so gebaut, dass ihr Holz nicht spannungsfrei arbeiten kann. Die Korpusseiten sind nur auf der sichtbaren Außenseite furniert, die Innenseiten bleiben völlig roh, da sie, durch Schubladen verdeckt, nicht sichtbar sind. Die Folge davon ist, dass sich solche Seiten verziehen können. Auch moderne Werkstoffe bleiben davor nicht verschont: hier ist massives, keilverzinktes Leimholz aus Kiefer nur einseitig dick und deckend lackiert. 24 25

24

25

26

Furnier wurde oft nicht parallel zum Längsholz verleimt, sondern quer über Holzverbindungen. Arbeitet das Trägermaterial, muss das Furnier zwangsläufig reißen. Hier wurde Sägefurnier über eine genutete Verbindung geleimt und hat den Zugkräften nicht standgehalten. 26

Da i.d.R solche Konstruktionsfehler nicht rückgängig zu machen sind, müssen die schadhaften Stellen gut kaschiert werden.

Schmückende Profilleisten sind, ohne auf die Holzrichtung zu achten, rund um Platten von Kommoden und Tischen genagelt und/oder geleimt. Längsholz ist so mit Querholz fest verbunden, ohne ein mögliches Quellen und Schwinden zu berücksichtigen. In der Regel schwinden solche Deckplatten im Laufe der Jahrzehnte in der Breite, was zur Folge hat, dass die Profilleisten zu lang werden und abreißen oder sich an den Gehrungen öffnen.

Gründe für ungünstige Konstruktionen

Auf einen spannungsarmen Aufbau wurde früher offensichtlich weniger Wert gelegt als heute, vermutlich aus Sparsamkeitsgründen. Jede zusätzliche Arbeit, z. B. nicht sichtbare Innenseiten zu furnieren, wurde vom Auftraggeber nicht unbedingt vergütet. Messer- und Sägefurnier waren vor allem früher so teure Materialien, mit denen so sparsam umgegangen wurde, dass sie nur die sichtbaren Außenseiten schmückten.

Auch die Holzauswahl konnte aus nachvollziehbaren Gründen nicht immer optimal sein, da es kaum möglich ist, nur astfreie Bretter aus dem Mittelbereich eines Stammes mit möglichst stehenden Jahren als Trägermaterial zu furnieren. Bäume bestehen ja bekanntlich nicht nur aus den optimalen Mittelbrettern, sondern auch zu einem großen Teil aus Seitenbrettern mit den evtl. problematischen, liegenden Jahren. 27

Zur Rechtfertigung der alten Meister ist aber anzuführen, dass Wohnklima und Holzmöbel früher kompatibler waren. Nur einzelne Räume wurden mit Kaminen oder Kachelöfen beheizt, es war selten so warm und trocken, wie wir es heute gewohnt sind. Die Luftfeuchtigkeit in Wohnräumen war generell höher als bei unserer trockenen Zentralheizungsluft.

Schreiner vergangener Zeiten konnten zudem nicht vorhersehen, dass ihre aufwändig gestalteten Möbel einmal in Räumen stehen würden, die mit stark austrocknenden Fußbodenheizungen erwärmt werden. Man stelle sich nur einmal plastisch vor, eine auf die Umgebungsfeuchte reagierende Holzkonstruktion wird permanent von unten warm geföhnt. Dass diese Dauertrocknung Schwinden und Reißen zur Folge haben kann, ist kein Wunder.

27

28

Reparatur von konstruktionsbedingten Rissen

Zunächst sollten Sie klären, ob sich ein konstruktionsbedingter Riss durch Erneuern der Verleimung wieder verschließen lässt. I.d.R. muss man dazu die einzelnen Teile voneinander lösen, den alten brüchigen Leim entfernen und damit für eine saubere Leimfläche sorgen. Anschließend werden die Teile neu verleimt und der überschüssige Leim entfernt. Im Optimalfall, wenn sich einzelne Teile wieder ohne Spalt zusammenfügen lassen, sind das eigentlich dieselben Arbeitsschritte wie bei der Verleimung völlig neuer Teile. *(siehe Konstruktionsregeln Seite 40 ff.)*

Tipps & Tricks

Wenn Sie Trocknungsschäden an alten Möbeln minimieren wollen, schützen Sie sie vor praller Sonne und gegen Zugluft. Überheizen Sie die Räume nicht und benutzen Sie möglichst wirksame Luftbefeuchter. Bei Fußbodenheizungen empfiehlt es sich, in der Heizungsperiode Wasser gefüllte Schalen unter den Möbeln aufzustellen. 28

Einleimen einer Leiste

Obwohl sich bei folgendem Beispiel auch ein gerader Spalt zwischen zwei ehemals verleimten Brettern gebildet hat, liegt bei diesem Möbel der Fall doch etwas anders. Die gerissene Platte muss später in ihrer Funktion als Deckel eine ganz bestimmte Größe haben, um den Korpus exakt zu verschließen. Die fest mit dem Deckel verbundenen Querleisten haben während des Trocknungsprozesses im Deckel zu Spalten geführt. Würde man die Leisten entfernen, die einzelnen Bretter mit Hilfe einer Raubank oder Hobelmaschine wieder genau zusammenfügen und verleimen, würde die Deckelbreite insgesamt zu schmal werden. Daher muss eine zusätzliche Leiste derselben Holzart und möglichst ähnlicher Struktur und Farbe in den Spalt gefügt und geleimt werden. Die Breite der Leiste orientiert sich dabei an der Länge der Querleiste, die zum Schluss wieder mit der Platte verbunden wird (mit Nägeln oder Schrauben) und so einen sauber schließenden Deckel bildet. 29 30

Wie spänt man einen Riss aus?

Einen Riss, der sich durch die gesamte Dicke des Holzes zieht und mehrere Millimeter breit ist, sollte man möglichst ausspänen. Im Optimalfall steht dazu Holz derselben Sorte und ähnlicher Struktur dafür zur Verfügung. Dabei sollte das einzuleimende Holzteil auf keinen Fall dunkler sein als das alte Holz. 31 Hat man nicht exakt dieselbe Holzsorte zur Hand, sollte es zumindest eine ähnliche Struktur aufweisen. So kann man beispielsweise Buche, Birke oder Ahorn verwenden, um Risse in Nussbaummöbeln zu verschließen, da sie sich farblich gut anpassen lassen. Dieselben Holzsorten sind aber von Eiche in ihrer Struktur zu weit entfernt, um als Reparaturholz dienen zu können. Esche und Rüster (Ulme) sind mit ihrer grobporigen Holzstruktur Eiche sehr viel ähnlicher.
Hier wurde die Füllung einer Türe eines massiven Eichenschrankes fälschlicherweise in der Nut verleimt und ist deswegen in der gesamten Dicke gerissen. Zuerst sägt und hobelt man sich einen Span etwas dicker als Rissbreite zu. Dann zeichnet man sich die Form des Risses darauf nach und schleift den Span leicht konisch in Form. 32 Wenn der Span nicht gleich passt, kann man dicke Stel-

29

31

30

32

len mit Bleistift markieren und dort nachschleifen. Mit reichlich Weißleim bestrichen sollte sich der Span ca. 7 mm tief leicht in den Riß klopfen lassen. 33 Schlagen Sie nicht zu fest zu, da der konische Holzkeil den Riss noch weiter spalten könnte. Bei der Rückseite wird, wenn der Leim getrocknet ist, entweder genauso verfahren oder wenn wenig Platz da ist, mit Furnierstreifen ausgespänt.

33

Ist der Leim getrocknet, wird das überstehende Holz vorsichtig mit dem Stemmeisen entfernt und geschliffen. 34

Trotz sorgfältiger Holzauswahl muss der Streifen farblich angepasst werden. Das geschieht in diesem Fall mit einer hellen Rustikalbeize, mit der der Schrank vermutlich vor 35 Jahren behandelt wurde. 35 Anschließend füllt man die kleinen Lücken zwischen Span und Füllung mit farblich passenden Weichwachsstangen aus. 36 Sie halten allerdings weniger mechanischer Belastung und Hitze stand als Hartwachs, was in diesem Fall aber unerheblich ist. Die Überstände lassen sich leichter einebnen, was einen in den meisten Fällen zu Weichwachsstangen greifen lässt. Dazu wird das Wachs mittels eines Lötkolbens in den Riss getropft und mit dem Wachsspachtel sorgfältig eingeebnet. Überstände sollten mit einem Mikrolonband (Schleifvlies) abgerieben werden. Nun mit einem Lappen oder Pinsel etwas Schellack auf den Span geben.

Wenn die Farbangleichung immer noch nicht perfekt gelungen ist, kann man mit Holzretusche 250 von König nachmalen. 37 Dieser pigmentierte Decklack auf Acrylbasis, der mit Nitro verdünnt wird, bietet meiner Erfahrung nach die beste Möglichkeit, dunkle Stellen heller einzufärben und Holztöne genau zu treffen, da die

34

36

35

37

38

40

39

41

Retusche lasierend bis deckend eingestellt werden kann, je nachdem wie stark man sie verdünnt. 38 39

Risse treten z. B. auch dann auf, wenn Längs- und Querholz zwar korrekt miteinander verbunden wurden – hier in einer Nut, die das Arbeiten des Holzes eigentlich ermöglichen sollte. Aber nicht immer wird die Konstruktion so sauber ausgeführt, dass das Holz über Jahrzehnte hinweg reagieren kann. Hier war wohl die Nut einfach zu streng gearbeitet oder das Holz hat sich stärker als vorhergesehen verzogen. Auf alle Fälle ist über die Jahre ein unschöner, mehr als 3 mm breiter Riss entstanden, der ebenso ausgespänt wird wie in der vorangegangenen Beschreibung. Die Farbangleichung erfolgt in diesem Fall mit Nussbaum Körnerbeize und wasserlöslichen Filzstiften. 40 41 42

42

Wie lassen sich Trockenrisse im Außenbereich vermindern?

Konstruktiver Holzschutz im Außenbereich bedeutet, Holz so zu verarbeiten, dass Wind und Wetter, Wasser und Schnee, Sonne und Frost ihm möglichst wenig anhaben können. Dabei haben sich allgemein gültige Konstruktionsregeln seit Jahrhunderten bewährt.

Die Regeln des konstruktiven Holzschutzes verhindern bzw. vermindern Trockenrisse

Langsam gewachsenes Holz, am besten Kernholz, ist fester und nimmt damit weniger Feuchtigkeit aus der Luft auf. Es arbeitet und verzieht sich nicht so stark wie Splintholz und ist daher witterungsbeständiger *(siehe Kapitel 1 Holzwissen)*. 43

Die Holzfeuchte sollte dem jeweiligen Verwendungsort angepasst sein, d. h. im Außenbereich je nach Holzart und Klima 12–25% betragen.

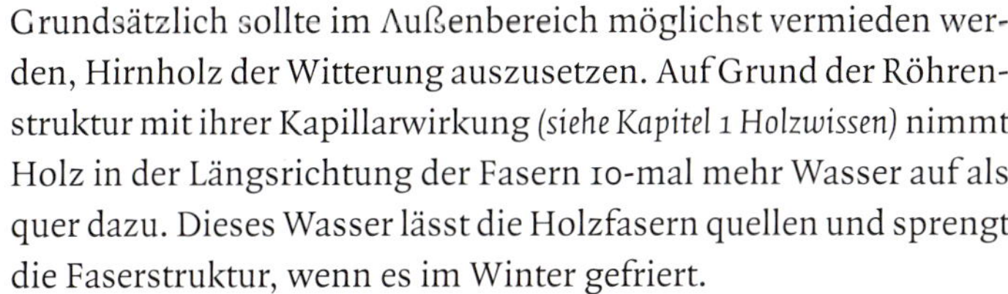

Grundsätzlich sollte im Außenbereich möglichst vermieden werden, Hirnholz der Witterung auszusetzen. Auf Grund der Röhrenstruktur mit ihrer Kapillarwirkung *(siehe Kapitel 1 Holzwissen)* nimmt Holz in der Längsrichtung der Fasern 10-mal mehr Wasser auf als quer dazu. Dieses Wasser lässt die Holzfasern quellen und sprengt die Faserstruktur, wenn es im Winter gefriert.

Wenn Feuchtigkeitskontakt auf Hirnholzflächen nicht zu vermeiden ist, sollte dieser so gestaltet sein, dass Wasser möglichst schnell abläuft. Daher sind bei Zaunpfosten beispielsweise die Spitzen normalerweise abgeschrägt. 44

Große Querschnitte, also dicke Bretter können zu Rissen im Holz führen, da das Quell- und Schwindverhalten auf Vorder- und Rückseite stark voneinander abweicht. Wenn möglich, plant man besser mit geringen Querschnitten bis 4 cm.

Waagrechte Holzflächen, auf denen sich Wasser ansammeln kann, sollte man besser vermeiden. Wenn es nicht anders geht, dann sollte man die rechte Seite nach außen bzw. oben verbauen.

Beim Terrassenbau lassen sich nahezu waagrechte Holzflächen nicht vermeiden, ein Gefälle von min. 2% vermeidet aber stehende Nässe. Die Terrassendielen sollte man nicht parallel zur Hauswand verbauen, sondern im rechten Winkel, damit Regenwasser in den Garten ablaufen kann.

Große Dachüberstände und Vordächer, die die Witterung von der Holzfassade abhalten, sind der beste Schutz vor andauernder Feuchtigkeit.

Holzfassaden müssen stets gut hinterlüftet sein, um schnell abzutrocknen. Staunässe dahinter führt zu Fäulnis und damit Holzabbau und Zersetzung.

Erdkontakt von Holzkonstruktionen ist grundsätzlich zu vermeiden. Bei Fassaden sollte der Mindestabstand zum Erdreich 15 cm, im Optimalfall 30 cm betragen. In der Regel schützt man Fassaden im Bodenbereich mit Zinkblech. 45

43

44

45

Im Außenbereich sollten Sie vorzugsweise helle Anstriche auftragen. Je dunkler Holz behandelt wird, umso mehr heizt es sich unter Sonneneinwirkung auf und reißt dadurch stärker als notwendig. 46
Renovierungsanstriche sollten Sie in regelmäßigen Abständen vornehmen, damit die Feuchtigkeitsaufnahme der äußeren Holzschicht gebremst wird.
Dichtmassen wie Silikon oder alle Arten von Holzkitt sollten im Außenbereich nicht verwendet werden. Sie verhindern den Abfluss von Regenwasser und bilden sogenannte „Feuchtenester“ Die Verwendung von Dichtmassen und Spachtel ist ein häufiger Grund für Schäden z. B. an Fachwerkfassaden.

Trockenrisse im Außenbereich

An unbehandelten Fassadenbrettern im Außenbereich sind Risse und ein Verzug der Bretter natürlich und damit unvermeidbar. I.d.R bestehen solche Boden-und-Deckel-Schalungen meist aus Seitenbrettern, bei denen das Zusammenziehen der Jahresringe während der Trocknung grundsätzlich ein Werfen der Bretter zur Folge hat. Die wechselnden Holzfeuchten im Zusammenhang mit dem jahreszeitlichen Klimawechsel verstärken den Effekt noch. Die Funktion als Fassadenschutz wird durch diese normalen Verwitterungserscheinungen in aller Regel nicht beeinträchtigt, wenn man diese sinnvolle Konstruktion wählt: 47

46

Rundhölzer im Außenbereich

Bei Rundhölzern im Außenbereich, vor allem als Palisaden, sind Trockenrisse ebenso unvermeidbar. Die Lebenserwartung dieser Hölzer ist wie immer im Außenbereich in erster Linie abhängig von der Konstruktion. Wenn Palisaden senkrecht mit waagerechten Schnittflächen in den Boden gegraben wurden, ist ihre Haltbarkeit wesentlich kürzer als bei waagerecht oder frei im Raum befindlichen Rundhölzern.

Vakuum – Kesseldruck imprägniertes Holz

Es sind vor allem dann negative Auswirkungen auf die Lebenserwartung von Vakuum – Kesseldruck imprägnierten Hölzern zu befürchten, wenn die Risse tiefer reichen als die durch Imprägnierung geschaffene Schutzzone. Üblicherweise wird dieses Verfahren erst nach der Trocknung und unvermeidlichen Rissbildung

Tipps & Tricks

Wenn man senkrechte Fassadenbretter mit der rechten Seite (Kernseite) nach außen montiert, bleiben die Fugen beim Werfen geschlossen. Der Druck auf die Brettkanten minimiert zusätzlich die Rissbildung.

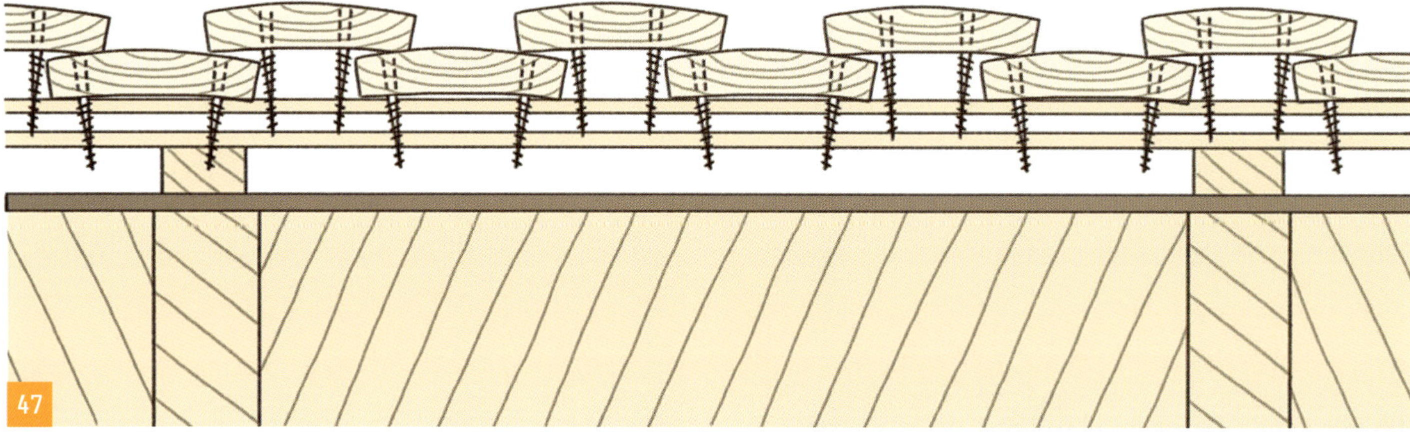
47

angewendet. So ist die gesamte Rundholzoberfläche auch auf den Risswänden geschützt. 48

Trockenrisse an Holzbauteilen im Außenbereich sollte man nicht reparieren

An Rundhölzern, Brettern und Bohlen entstehen unter Witterungseinflüssen immer Trockenrisse. Sie mit Keilen und Leim schließen zu wollen, macht im Außenbereich grundsätzlich keinen Sinn. Zum einen hätte das Holz keinen Platz mehr, wohin es sich bei wieder steigender Luftfeuchtigkeit ausdehnen könnte. Zum anderen würden an diesen Stellen, bedingt durch die feuchtigkeitsundurchlässigen Leimflächen eher Feuchtenester entstehen, die wiederum den Holzabbau beschleunigen würden.

48

Konstruktionsregeln

Will man sich sein Bauholz für Renovierungsarbeiten selbst herstellen, gibt es beim Verleimen ein paar wichtige Regeln zu beachten:

Handwerkliches Verleimen von Brettern zu Kantholz

Beim Verleimen von zwei Brettern zu einem Kantholz sollten möglichst die linken Seiten aufeinander geleimt werden.
Denn rechte Seiten zueinander verleimt neigen eher zum Aufreißen und bilden in der Folge Spalten. 49
Rechte Seite = dem Stamminnern zugewandt, linke Seite = der Außenseite zugewandt

Handwerkliches Verleimen von Leisten zu Brettern

Beim handwerklichen Verleimen von Leisten zu Brettern ist zunächst der Kernbereich zu entfernen. 50

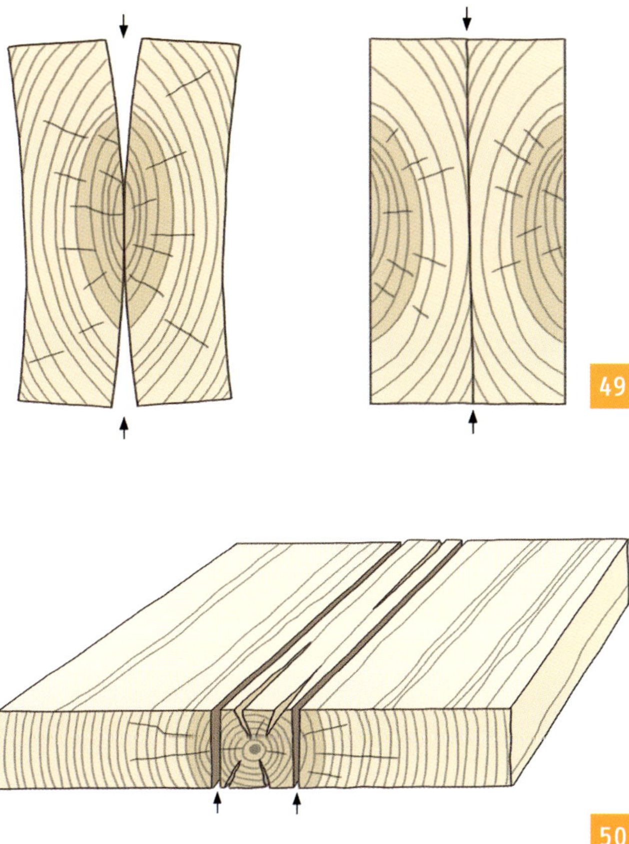

49

50

51

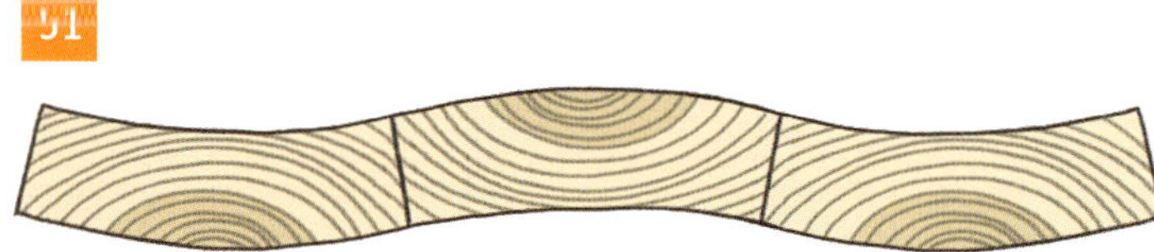

Liegende Jahre: Kern an Kern, Splint an Splint, rechte und linke Seite im Wechsel miteinander ergeben eine Wellenlinie

52

Liegende Jahre: Kern an Kern, Splint an Splint, die rechten Seiten oben, die linken unten ergeben einen Bogen

53

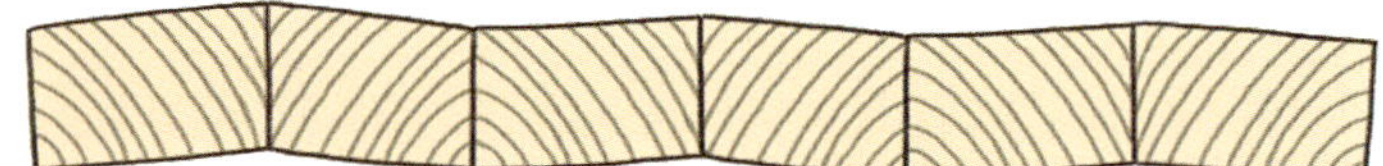

Annähernd stehende Jahre: Kern an Kern, Splint an Splint, die rechten Seiten oben, die linken unten ergeben eine Zickzacklinie

54

Stehende Jahre: Kern an Kern, Splint an Splint, die rechten und linken Seiten im Wechsel ergeben eine Gerade. Perfekt!

55

Beim Verleimen sollten die klassischen Verleimregeln beachtet werden:
Verleimen Sie möglichst stehende Jahresringe Kern an Kern und Splint an Splint, die rechten und linken Seiten im Wechsel miteinander. Wird diese Regel nicht beachtet, können sich verleimte Bretter folgendermaßen verformen: (etwas übertrieben dargestellt)

Industrielles Verleimen von Leisten zu Leimholz:

Leimholz ist eine wunderbares Material, das es auch passionierten Holzwerkern ermöglicht, unter vielen Massivholzarten auswählen zu können, ohne das Holz vorher selber zu Brettern verleimen zu müssen. Charakteristisch für Leimholz ist, dass die einzelnen Leisten nicht manuell ausgesucht, sondern zufällig maschinell zusammengefügt werden, was eine unruhige Holzstruktur zur Folge hat. Die klassischen Verleimregeln spielen im industriellen Prozess keine Rolle. Je nach Qualität und Holzsorte befinden sich also liegende, stehende, grobe und feine Jahresringe direkt nebeneinander. Die Wuchsrichtung der Holzleisten ändert sich jedenfalls auch andauernd, was beispielsweise beim Hobeln bewirken kann, dass eine Leiste aufreißt und die nächste nicht. Dennoch verzieht sich Leimholz in der Regel wenig, vor allem wenn es aus ganz schmalen Leisten besteht und fachgerecht kammergetrocknet wurde. 55

Grundsätzlich gilt: je schmaler die verleimten Leisten sind, desto geringer ist die Gefahr des Verziehens. Das gilt sowohl für selbstverleimte Bretter wie für Leimholz. Denn jeder Längsschnitt reduziert das Arbeiten des Holzes, weil er die Jahresringe in kurze Abschnitte trennt.

Konstruktionsregeln bei Plattenwerkstoffen

Unzählige Generationen von Schreinern haben sich mit dem Arbeiten des Holzes auseinandergesetzt und immer wieder neue Konstruktionen erdacht, um das Quellen und Schwinden in den Griff zu bekommen. Aber erst als man auf die Idee kam, dünne Holzschichten (Furniere) über Kreuz schichtweise zu Sperrholz zu verleimen, wurde ein grundlegender Fortschritt erzielt. Denn Sperrholz arbeitet deutlich weniger als Massivholz, es bleibt besser „stehen“, wie der Schreiner sagt.
Daher werden Plattenwerkstoffe heute von der Holzindustrie grundsätzlich aus einer ungeraden Anzahl an Schichten symmetrisch verleimt, weil das die Spannungen im Holz reduziert. Der Begriff Sperrholz ist wörtlich zu nehmen: das Arbeiten des Holzes wird abgesperrt, also praktisch unmöglich gemacht. 56
Für alle Plattenwerkstoffe gilt: je feiner und zahlreicher die Schichten sind, aus denen eine Platte besteht, umso geringer ist die Gefahr des Verziehens, umso größer ist ihr „Stehvermögen“.

Tipps & Tricks

Falls Sie vorhaben, selbst zu furnieren, machen Sie es wie die Industrie: belegen Sie den Plattenwerkstoff immer beidseitig mit Furnier.

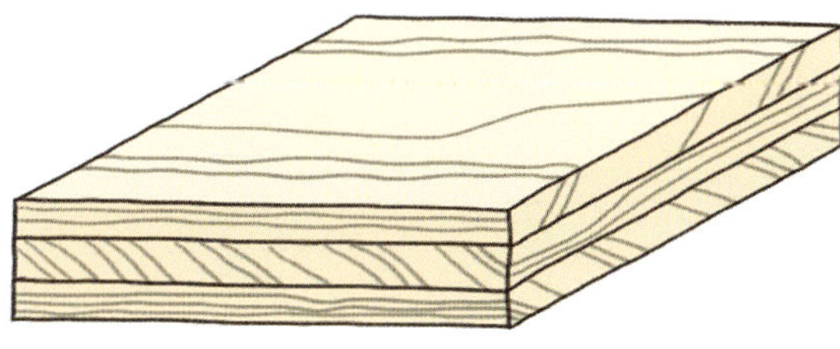

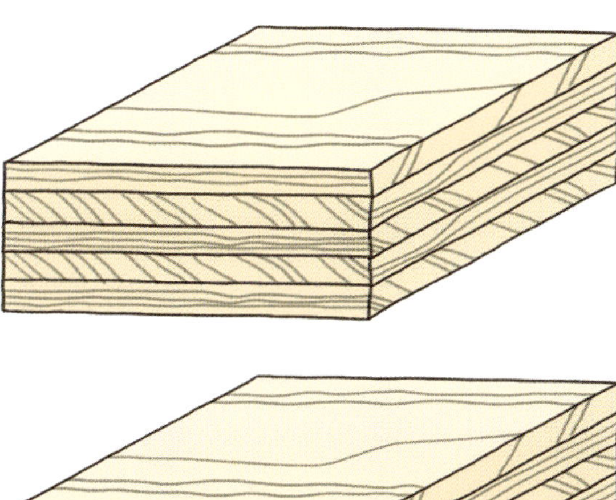

56

Kapitel 4

Flecken

Was verursacht Flecken?

Wasser, Rotwein oder Kaffee – behandeltes Holz reagiert empfindlich auf farbige und färbende Flüssigkeiten. Dabei handelt es sich um Farbreaktionen auf der Holzoberfläche, die durch unsachgemäße Benutzung, chemische Prozesse oder mechanische Abnutzung entstehen. Selbst intakte Beschichtungen verfärben sich, wenn sie über längere Zeit feuchten, chemischen und/oder färbenden Substanzen ausgesetzt sind. 1 2 Wie stark und in welchem Zeitraum Flecken auf und in Holzoberflächen entstehen, hängt von mehreren Faktoren ab:

- dem Ausgangsmaterial, d. h. der Holzart und ihrem Zustand
- der Qualität der Oberflächenbeschichtung, d. h. der Widerstandsfähigkeit, Schichtdicke und dem Abnutzungsgrad
- der Einwirkzeit der Flecken verursachenden Substanzen, d. h. ob kurz-, langfristig oder dauerhaft
- der chemischen Reaktion, bzw. der Unverträglichkeit verschiedener Materialien

Fleckentfernung

Auch wenn Lacke, Lasuren, Öle oder Wachse Holzoberflächen gegen das Eindringen von Flüssigkeiten schützen sollen, hält diese Barriere nur einen begrenzten Zeitraum stand. Ist die Oberflächenbeschichtung beschädigt, was über kurz oder lang eigentlich immer geschieht, dringen Wasser und andere Flüssigkeiten über Mikrorisse und schadhafte Stellen ein, lockern und verfärben die Beschichtung bzw. das Holz darunter. 3 4

1

3

2

4

Für alle Verunreinigungen und Verfärbungen gilt gleichermaßen, dass sie sich umso leichter entfernen lassen, je schneller man ihnen zu Leibe rückt.

Wasser

Wasser wirkt harmlos, weil es geruchslos und transparent ist, entfaltet aber auf Holz eine ungeahnte zerstörerische Kraft. Es hinterlässt, abhängig von der Oberflächenqualität und der Einwirkzeit, helle oder dunkle Flecken. Dabei sind i.d.R. die hellen, d. h. weißlichen bis gräulichen Flecken leichter zu entfernen als dunkle Verfärbungen, da diese durch nicht umkehrbare chemische Reaktionen entstanden sind.

Wasser und Schmutz auf transparenten Beschichtungen

Lack: Transparente Lackoberflächen werden von darauf stehendem Wasser nach einem gewissen Zeitraum unterwandert, was die Lackschicht vom Holzuntergrund trennt. Weiße Ringe und Flecken sind die Folge. Genau genommen sind diese weißen Bereiche also keine Flecken, sondern partiell vom Holzuntergrund getrennter Lack. Und weiße Flecken werden grau, wenn Schmutz und Abnutzung dazu kommen. 5 6

Wasserflecken auf lackierten Oberflächen

Die Renovierung einer lackierten Fläche verursacht i.d.R. mehr Aufwand als bei einem geölten Untergrund. Falls es sich beim beschädigten Lack um transparenten Nitrolack handelt, 7 kann man zunächst eine unaufwändigere Fleckentfernung probieren. Mit dem sogenannten „Grau Entferner“ (Clou) lassen sich weißliche Flecken bis zu einem gewissen Grad rückgängig machen. Zunächst sollten sie den gesamten Bereich mit Alkohol reinigen, 8 um nach dessen Trocknung die Flecken und die sie umgebenden Bereiche dünn mit dem Spray 9 zu besprühen. Flecken, die den Lack noch noch nicht beschädigt haben, verblassen durch die Behandlung. Stärker verfärbte Bereiche sind i.d.R. dadurch nicht zu entfernen, nur abzumildern. 10

5

7

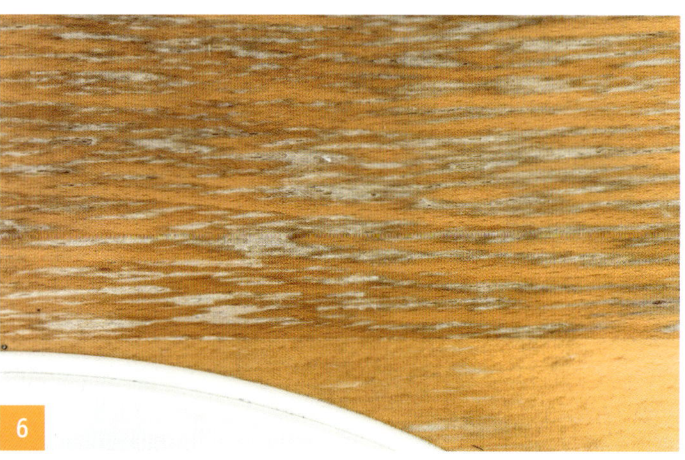

6

8

9

10

11

12

13

14

Wenn der Lack ab ist, muss er auch weg!

Stark beschädigter Lack muss, da er schichtbildend ist, normalerweise vollständig abgeschliffen werden, bevor die Oberfläche erneuert werden kann. 11 Zunächst sollten Sie die betroffenen Stellen und die ganze damit zusammenhängende Fläche so lange schleifen, bis kein Farbunterschied mehr zwischen ehemals fleckiger und unbeschädigter Oberfläche zu erkennen ist. 12 Das sieht nach viel Arbeit aus, ist aber i.d.R. weniger aufwändig, als nur die fleckigen Bereiche zu schleifen. Da sich die Oberflächenstruktur bei jeglicher Bearbeitung auch immer verändert, würde der Unterschied zwischen einzelnen erneuerten Stellen und unbeschädigten Gesamtflächen viel eher ins Auge springen. Außerdem soll diese massive Ahorntischplatte nicht wieder mit Lack, sondern neu mit Hartöl eingelassen werden. Die geschliffene Fläche mit Wasser abzureiben, dient einerseits als Wässern, um niedergedrückte Fasern wieder aufzustellen. 13 Andererseits ist es aber auch ein Test, ob die Fläche wirklich gleichmäßig geschliffen ist. Lackreste erscheinen befeuchtet in einem helleren Farbton als das sauber geschliffene Holz. Diese hellen Bereiche müssen dann noch entsprechend nachbearbeitet werden. 14

Wasser- und sonstige Flecken auf geöltem Holz

Wasser auf geölten Holzoberflächen verursacht eher weißliche Ränder **15**. Im Gegensatz zu lackierten Flächen reicht es bei geöltem Holz meist, vorsichtig solange zu schleifen, bis keine Wasserränder mehr erkennbar sind. Gehen Sie dabei nicht zu grob vor, je nach Feinheit der Oberfläche, mit Körnung 120 bis 240.

Evtl. reicht es auch schon, die unschönen Ränder mit einem mit Balsamterpentin befeuchteten Schleifvlies zu bearbeiten **16**. Hier wird die Fläche noch zusätzlich mit einem Fett und Wachs entfernenden Intensivreiniger gereinigt **17**, bevor sie mit Hartöl neu eingelassen wird. **18**

15

17

16

18

Wasserflecken und Vergrauung auf geöltem Gartentisch

Um die wetterbedingte Vergrauung rückgängig zu machen, können Sie das gereinigte Holz mit bleichender Oxalsäure behandeln **19**. Diese natürliche chemische Verbindung wird auch als Kleesäure bezeichnet und ist z. B. in Rhabarber enthalten. Auf dem Markt sind dazu fertig gemischte Flüssigkeiten in der entsprechenden Konzentration, die z. B. Antigrau oder Holzentgrauer heißen **20**.

Der chemische Reinigungsprozess wird verstärkt, wenn Sie den angelösten Schmutz mit einem nicht zu feinen Schleifvlies einreiben **21**. Nachdem die Säure mit reichlich Wasser abgewaschen wird **22**, muss das Holz vor dem erneuten Ölauftrag gut trocken sein. Sie haben die Wahl zwischen farblosem und farbig pigmentiertem Öl. Da farblose Öle kaum UV-Schutz bieten, also auch keinen Schutz vor Vergrauen, sind pigmentierte Öle wirkungsvoller **23**. Hier wird mit einem Terrassenöl (Natural) im Farbton Lärche der Teakholztisch wieder für einige Jahre wetterfest gemacht. **24**

19
22
20
23
21
24
NATURAL
Terrassenöl
NATURAL
holz
AUFFRISCHER
Anti Grau

25

27

26

28

Wasserflecken auf gewachstem Bauernschrank

Wasser auf gewachstem Holz hinterlässt zwar schneller helle Flecken als bei anderen Beschichtungen, da Wachs eine besonders geringe Wasserbarriere darstellt. Allerdings lassen sie sich auch leichter beheben als auf Öl- oder Lackoberflächen. Dazu reicht es meist, mit einem mit Balsamterpentin befeuchteten Schleifvlies so lange zu reiben, bis auch die Ränder der Flecken verschwunden sind. Anschließend wird mit einem transparenten oder im Holzfarbton gefärbten Antikwachs nachpoliert. 25 26 27 28

Bei gewachsten Flächen ist eine partielle Sanierung der Oberfläche, also nur im Bereich der Flecken, eher möglich als bei anderen Beschichtungen.

Was bewirkt Wasser auf farbigen Oberflächen?

Auf deckend gestrichenem Holz verursacht Wasser ähnliche Flecken wie auf transparenten Ölen oder Lacken. Die Farbe verändert sich weißlich, gräulich oder bleicht aus, wenn Wasser nur kurze Zeit auf der farbig behandelten Oberfläche stehen bleibt. Ein länger andauerndes Einwirken von Wasser zerstört die farbige Beschichtung und verfärbt das darunter liegende Holz aber genauso dunkel, wie es bei einem transparenten Überzug der Fall wäre. Die Sanierung erfolgt auf die gleiche Art wie bei transparent lackierten Flächen. 29 30

29

30

Wie gesäuberte Flächen neu lackiert werden, entnehmen Sie den Kapiteln Auftragsgeräte und Oberflächenmittel.

Fleckentfernung

Schwieriger wird die Fleckensanierung, wenn färbende Flüssigkeiten auf bereits beschädigte Oberflächenbeschichtungen treffen und dort das freigelegte Holz zusätzlich verfärben. Sei es, dass sie das Holz in der Farbe der Flüssigkeit einfärben (z. B. Tinte, Rotwein etc.) oder eine chemische Reaktion (z. B. Metall auf gerbsäurehaltigen Holz) darauf und darin hervorrufen. Oft handelt es sich um eine Kombination von Beidem. Da sich aber häufig nicht mehr genau rekonstruieren lässt, durch welche Flüssigkeiten die unschönen Stellen entstanden sind, bleibt selbst Profis nur die Möglichkeit, verschiedene reinigende und bleichende Substanzen auszuprobieren. Denn leider gibt es nicht das eine Reinigungs- oder Bleichmittel, das Farbveränderungen auf Holzflächen rückgängig machen kann.
Hier ein paar Vorschläge, wie typische Verfärbungen zu minimieren bzw. rückgängig zu machen sind:

Schmutz 31 32 Fühlbarer Schmutz auf einer ansonsten unbeschädigten Oberfläche ist wohl der Schaden, der sich am einfachsten beheben lässt. Dabei handelt es sich i.d.R. um flüssige bis zähflüssige Substanzen, die durch Unachtsamkeit auf einer Holzoberfläche gelandet und dort zu spürbarem Schmutz getrocknet sind.

Tipps & Tricks

Mit einem senkrecht gestellten, scharfen und möglichst breiten Stemmeisen lassen sich solche Verunreinigungen meistens vorsichtig von der Oberfläche kratzen. Aber Achtung: Nur wenn das Stemmeisen dabei nicht verkantet, hinterlässt es keine Kratzspuren. Auch eine Rasierklinge oder Ziehklinge können hilfreich sein, den Schmutz von der Oberfläche zu trennen. Achten Sie dabei darauf, dass die Klinge in voller Breite aufliegt und möglichst flach geschoben wird, um Kratzer in der Beschichtung zu vermeiden.

31

32

Öl- und Fettflecken 33 behandelt man mit Aceton, Nitroverdünnung, Leichtbenzin, Terpentin oder einem Brei aus Aceton mit Magnesium.

Kaffeeflecken 34 kann man mit steifem Seifenschaum entfernen, den man mit einem Schneebesen aufgeschlagen hat. Die Konzentration ist dann nicht so hoch wie bei reiner Seife, die wiederum Flecken verursachen könnte. Bringen Sie etwas Seifenschaum auf den Fleck auf, lassen ihn kurz einziehen und tupfen alles wieder ab.

Tinte, andere Farbflecken 35 36 37 bleicht man entweder mit 10%iger Zitronensäure, Essig, Eau de Javelle, 5%igem Kampfer gelöst in Olivenöl oder 30%igem Wasserstoffperoxid 1:1 mit Wasser gemischt, evtl.unter Zugabe von 3% Salmiakgeist.

Filzstiftflecken 38 kann man mit Reinigungsalkohol oder Aceton zum Verschwinden bringen.

Kugelschreiber Malerei 39 entfernt man am besten mit 90%igem Alkohol

Blutflecken 40 auf Holz können mit 30%igem Wasserstoffperoxid (erhältlich im Fachhandel) und Salmiakgeist beseitigt werden. Das getrocknete Blut sollte vorsichtig damit abgetupft werden.

33

34

35

36

37

38

39

40

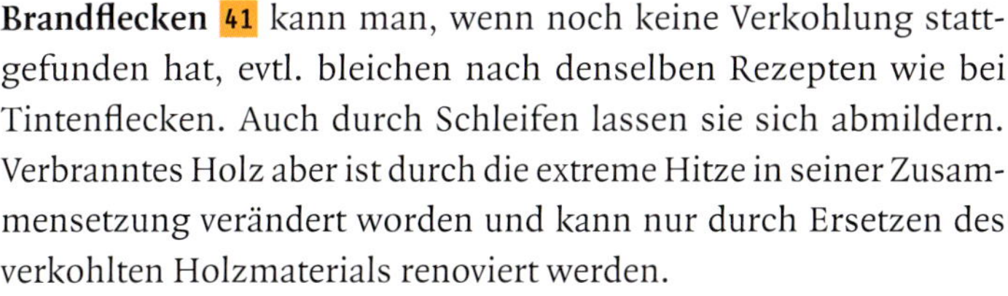
Brandflecken 41 kann man, wenn noch keine Verkohlung stattgefunden hat, evtl. bleichen nach denselben Rezepten wie bei Tintenflecken. Auch durch Schleifen lassen sie sich abmildern. Verbranntes Holz aber ist durch die extreme Hitze in seiner Zusammensetzung verändert worden und kann nur durch Ersetzen des verkohlten Holzmaterials renoviert werden.

Kerzenwachs 42 43 lasst sich mit Wärme entfernen, wenn man den Großteil zunächst vorsichtig abkratzt. Anschließend legt man Lösch- oder Seidenpapier auf die Stelle und richtet den warmen Luftstrahl eines Föhns darauf. Die Wachsreste werden vom Lösch- bzw. Seidenpapier aufgesogen.

41

42

43

Eisenverfärbung, Rostflecken 44 kann man mit Kleesalz oder Oxalsäure (bei hoher Konzentration giftig!) bleichen
Harzflecken 45 entfernt man mit Nitroverdünnung, Entharzer oder einer Holzseifenlösung: 30g in 1L lauwarmem Wasser gelöst
Stockflecken 46 47 verblassen durch gängige Bleichmittel und/oder Schleifen.

44

45

46

47

Reinigen, Aufhellen und Bleichen

Wenden wir uns nun den reinigenden Substanzen und ihrer Wirksamkeit zu:
Reinigen, Aufhellen und Bleichen sind drei Stufen ein und desselben Prozesses. Eine verfleckte Oberfläche muss in jedem Fall zunächst gereinigt werden. Reinigende Substanzen sollen säubern, ohne die Holzfarbe zu verändern. Auch aufhellende und bleichende Substanzen säubern zunächst, sind aber i.d.R. aggressiver als Reiniger, da sie Massivholz zusätzlich aufhellen. In der höchsten Stufe bzw. stärkeren Konzentration bleichen sie Verfärbungen und lassen Flecken verschwinden.

Beim Bleichen muss man sehr vorsichtig zu Werke gehen, um die Oberflächenstruktur des Holzes nicht nachteilig zu verändern. Eiche beispielsweise kann strohig werden. Viele Bleichmittel sind vor allem in höherer Konzentration giftig!

Reinigende und pflegende Flüssigkeiten

Seife (Kern- oder Schmierseife) 48 49 50 51 wird traditionell zur Oberflächenbehandlung von Holz und anderen porösen Baustoffen verwendet. Der Auftrag einer Seifenlösung hinterlässt zwar einen schmutzabweisenden Film, das Eindringen von Fett und färbenden Flüssigkeiten kann Seife jedoch nicht dauerhaft verhindern. Durch regelmäßiges Waschen mit Seifenlauge werden Flecken und Holzoberflächen aber gebleicht. Weichholz erhält durch Seifen eine sehr helle Oberfläche. Auch Kleinteile, wie z. B. handgeschnitzte Figuren, können gut mit einer milden Seifenlauge gereinigt werden.

48

51

49

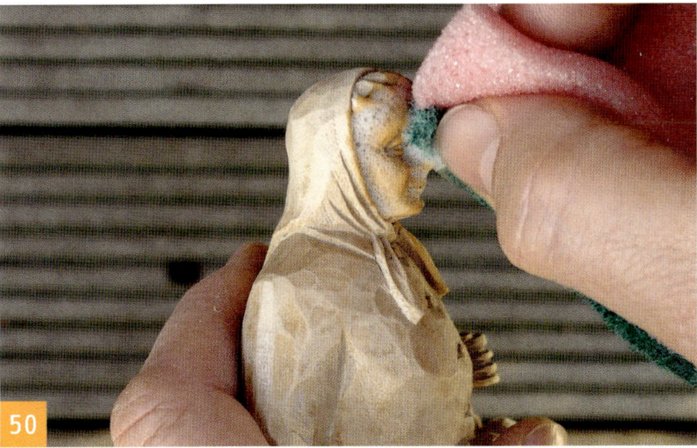
50

Fotos auf dieser Seite: Burkhard Breuer

Ahorn geseift: Die Methode des Seifens von Ahorn wird seit Jahrhunderten praktiziert. Dabei werden vor allem Wirtshaustische aus unbehandeltem Ahorn mehrfach mit einer Seifenlösung eingelassen, was die Holzporen vollständig sättigt und so Schmutz abstösst. Das Seifen erhält dem Ahornholz seine angenehme weißliche Färbung, ohne es zu vergilben. Zur weiteren Pflege reicht ein einfaches, feuchtes Abwischen unter Beimischung von farbloser Neutralseife. Hartnäckigeren Flecken kann man mit konzentrierter Neutralseife auf der Scheuerseite eines Küchenschwamms den Garaus machen.

Neutralseife 52 53 54 kann Verschmutzungen auf Massivholz verschwinden lassen. Die mit einem feuchten Schwamm aufgetragene Seife sollte aber wieder abgewaschen und trocken gerieben werden, um keine hellen Flecken hervor zu rufen. Bei diesen verschmutzten Bodendielen wird der Reinigungseffekt durch das Bürsten der Vertiefungen mit einer feinen Messingbürste erreicht.

Reiniger für geölte Fussböden

Soll ein verschmutzter und abgetretener ehemals geölter Holzboden aufgefrischt werden, kann man ihn mit Intensivreiniger bzw. einer sogenannte Ölwäsche reinigen und nachölen.

52

55

53

56

54

57

Hier gilt es die Herstellerhinweise ganz besonders aufmerksam zu lesen, wird doch zwischen einer eher einmaligen **Grundreinigung** (z. B. mit dem Intensivreiniger von Natural) mit anschließendem Ölauftrag und einer regelmäßigeren **Unterhaltspflege**/ unterschieden.

Intensivreiniger: (z. B. der Firma Natural) besteht hauptsächlich aus Pottasche und natürlichen Pflanzenölen, die den Holzboden gleichzeitig pflegen und reinigen. Dennoch muss der Boden nach dem Abschrubben mit einem passenden Öl (siehe Herstellerhinweis) neu eingelassen werden. Und nur eine weitere regelmäßige Reinigung und rückfettende Pflege garantieren eine lange Lebensdauer und Werterhaltung des Holzbodens. 55 56 57

Ölwäschen bestehen aus einer pflegenden Öl-Wachskombination, die den Schmutz aus der Oberfläche lösen, ohne dass Öle oder Wachse dem Fussboden entzogen werden. Das Einmassieren des Mittels erzeugt unschöne schwarze Öl-Dreck-Schlieren, die sich aber unproblematisch mit einem Abzieher oder Kehrblech wieder entfernen lassen. Nach einer entsprechenden Wartezeit wird die Prozedur mit einer dünnen Schicht Pflegeöl wiederholt und schon erstrahlt der Naturholzboden wieder in ganz neuem Glanz. 58 59

Tipps & Tricks

Im Gegensatz zum Abschleifen und Neulackieren von lackierten Holzböden können so auch nur einzelne betroffene Stellen wie etwa Laufstraßen gezielt nachbehandelt werden. Der Übergang zwischen gereinigten und ungereinigten Stellen sollte aber immer parallel zu den Fugen, d. h. in Faserrichtung erfolgen.

58

59

Welche weiteren Reiniger gibt es?

Waschbenzin 60 61 62 ist eine Form von Leichtbenzin, das in Drogeriemärkten, Apotheken und Baumärkten erhältlich ist. Andere Bezeichnungen sind Testbenzin, Terpentinersatz oder White Spirit. Waschbenzin entfernt bzw. löst Wachs von Holzoberflächen.

60

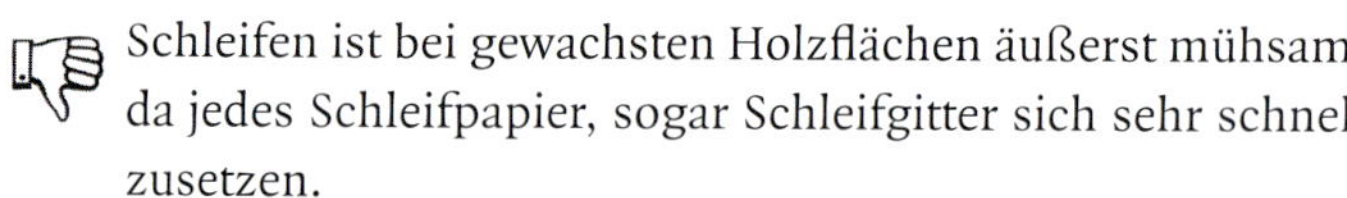

Schleifen ist bei gewachsten Holzflächen äußerst mühsam, da jedes Schleifpapier, sogar Schleifgitter sich sehr schnell zusetzen.

Waschbenzin ist nicht mit Reinigungsbenzin („gereinigtes" Benzin) zu verwechseln!

Alkohol 63 64 auch als Ethanol Ethylalkohol, Äthanol oder Äthylalkohol bezeichnet, ist in bestimmten Fällen ein besonders sanftes Reinigungsmittel, weil er lackierte Flächen kaum angreift. Bei Schellack behandelten Oberflächen ist aber Vorsicht geboten, da Alkohol Schellack angreift und löst. *(siehe Kapitel 12 Schellack)*

Nitroverdünnung eignet sich zum Reinigen und Entfetten vor dem Lackieren. Außerdem dient sie zum Verdünnen von Lacken auf Nitro- oder Nitrokombinationsbasis, um deren Streich-, Roll- oder Spritzviskosität richtig einzustellen. Alte Nitrolacke können damit angelöst und im Optimalfall entfernt werden. Auch Pinsel und sonstige Malerwerkzeuge werden mit Nitroverdünnung gesäubert.

Nitroverdünnung ist feuergefährlich und ihre Dämpfe sind gesundheitsschädlich. Bei der Benutzung ist deshalb auf gute

61

63

62

64

Durchlüftung zu achten. Nitroverdünnung darf nicht ins Grundwasser geraten und ist über Sondermüllannahmestellen zu entsorgen. Im Haushalt ist Nitroverdünnung für Kinder unzugänglich aufzubewahren.

Backnatron bzw. Soda 65 mit Zahnpasta oder Wasser gemischt, entfernt Flecken unbestimmten Ursprungs. Zwei Teile Backnatron mit einem Teil Wasser gemischt ergeben eine effektive Reinigungslösung.

65

Bleichmittel

Industriell hergestellte Bleichmittel sind eigentlich dafür konzipiert, ein einheitliches Farbbild bei Hölzern mit unterschiedlicher Farbgebung zu erreichen, d. h. helle Holzsorten noch stärker aufzuhellen oder Oxidationsflecken in Furnieren zu entfernen.

Stärker konzentriert bekämpfen Bleichmittel aber auch dunkle Flecken, die durch Farbe oder chemische Reaktionen entstanden sind. Einen bleichenden Effekt haben sowohl Hausmittel als auch speziell dafür konzipierte Bleichmittel.

 Besondere Vorsicht ist bei hochwertigen Möbeln und Edelparkett angebracht: dunkle Holzarten reagieren stärker auf bleichende Substanzen als helle Hölzer.

Welche Bleichmittel gibt es?

Zitronensäure wird natürlich oder synthetisch hergestellt. Sie gilt als einziges Bleichmittel als völlig ungiftig, der Bleicheffekt kann jedoch trotzdem stark ausfallen. Nach der Fleckentfernung sollte man das Holz gut abwaschen, da die Gefahr besteht, dass die Säure weiter ausbleicht.

Wasserstoffperoxid ist ein oxidierendes Bleichmittel, dessen Bestandteile flüchtig sind. Es wird hauptsächlich zum Bleichen von gerbstoffarmen feinporigen Hölzern verwendet (Ahorn, Buche, Esche, Kirschbaum). Als Verdünnungsmittel dient reines Wasser. Es hinterlässt keine Rückstände und erspart so das Nachwaschen. Durch den Zusatz von **Salmiak** wird der Bleichvorgang beschleunigt und verstärkt. Auf ausreichende Trockenzeiten ist zu achten. Wasserstoffperoxid entfernt aber auch Flecken, die durch eine Reaktion von Gerbsäuren (Inhaltsstoffe des Holzes) mit Metall entstehen, beispielsweise durch Kontakt von gerbsäurehaltigen Hölzern mit eisernen Werkzeugen.

 Zur speziellen Fleckentfernung sollte man höherprozentiges Wasserstoffperoxid mit bis zu 30% verwenden. 5–10%ige Lösungen haben auf gerbstoffreichen Hölzern einen allgemein aufhellenden Effekt, zum Bleichen sind sie zu schwach.

Tipps & Tricks

Im Malerbedarf ist Wasserstoffperoxid in einer 30%igen Lösung erhältlich, in Apotheken darf sie nur bis max. 12% verkauft werden.

Wasserstoffperoxid darf man nur in einem metallfreien Gefäß (Glas, Kunststoff) verarbeiten!

66

67

Oxalsäure, 66 67 auch als Kleesäure bezeichnet, ist eine natürliche chemische Verbindung, die z. B. in Rhabarber enthalten ist. Sie gilt als mildere Bleiche im Vergleich zu Wasserstoffperoxid, aber nur, wenn die Konzentration nicht zu hoch ist. Im Handel ist es unter den Bezeichnungen „Holzentgrauer" oder „Antigrau" zu finden. Auch Oxalsäure sollte nur in einem metallfreien Gefäß (Glas, Kunststoff) verarbeitet werden.

Mit Oxalsäure lässt sich durch Witterungseinflüsse vergrautes Holz wieder entgrauen *(siehe Seite 58)*.

Chlorbleichlauge sollte man wegen ihrer Giftigkeit grundsätzlich nicht zum Bleichen verwenden.

Neben den genannten Bleichmitteln bietet die Industrie Spezialbleichmittel, Bleichzusätze und Bleichbeizen an (bleichen und beizen in einem Arbeitsgang).

Sie sind auf Grund ihrer evtl. schädigenden Wirkung immer nur nach Herstellerangaben zu verarbeiten!

Abbeizmittel 68 69

Alle Abbeizmittel haben das Ziel, alte Farbanstriche so anzulösen, dass sich die gelöste Masse gut abnehmen lässt. Abbeizer sind chemische Verbindungen, die heute frei von umweltschädlichen Chlorkohlenwasserstoffen sind. Der Vorgang des Anlösens alter

68

69

Farbanstriche wird als Abbeizen oder Ablaugen bezeichnet. Abbbeizmittel müssen i.d.R. eine gewisse Zeit einziehen, bevor sie den alten Lack zu einer schmierigen Masse anlösen, die in diesem klebrigen Zustand abgezogen werden muss. In Gelform erleichtern sie den Auftrag und ein Abdecken der bestrichenen Stellen mit Frischhaltefolie beschleunigt den Auflöseprozess.

Abbeizmittel eignen sich vor allem für größere glatte Flächen z. B. Türblätter. In Ecken und Winkeln funktioniert das Abbeizen erfahrungsgemäß nicht so gut, da man die schmierige Masse dort kaum rückstandsfrei entfernen kann. Alle abgebeizten Flächen müssen i.d.R. im getrockneten Zustand auch noch intensiv geschliffen werden, da ein Abbeizmittel alte Anstriche nie so vollständig entfernen kann, dass ein Nacharbeiten überflüssig wäre. Die letzten Reste von alten Anstrichen in den Vertiefungen der Holzfasern und -poren können nur mit beträchtlichem Aufwand entfernt werden. Sowohl Öllacke als auch viele modernere Lacke und Dispersionsfarben lassen sich mit Abbeizern entfernen, für Acryllack gibt es spezielle Produkte.

Beim Abbeizen zu beachten:

- Abbeizmittel sind für furnierte Flächen weniger geeignet, da sie auch Furnierleime anlösen können.
- Alkalische Abbeizmittel verseifen ölhaltige Anstriche und müssen mit reichlich warmem Wasser nachgewaschen bzw. abgebürstet werden.
- Gerbstoffhaltige Hölzer werden durch Abbeizmittel brauner und können mit verdünnter Säure (s. Bleichmittel) wieder aufgehellt werden. Kirschbaum und Eichenholz können dauerhaft verfärbt bleiben.
- Alkalische Abbeizmittel sind problematisch im Außenbereich, wenn sie nicht vollständig abgewaschen und neutralisiert werden, greifen sie unter Witterungseinfluß den neuen Schutzanstrich auch wieder an.
- Von der Anwendung auf alten Fenstern wird abgeraten! Mit Abbeizmittel sollten nur im Außenbereich bzw. sehr gut durchlüfteten Räumen gearbeitet werden.
- Verarbeitungs- und Warnhinweise des Herstellers sind unbedingt zu beachten!
- Gelöste Anstrichreste sind als Sondermüll zu entsorgen!

Fehler bei der Pflege von Oberflächen

Möbelpolituren 70 sollten säure- und harzfrei sein. Sie verhindern für einen gewissen Zeitraum, dass sich Staub auf farblos lackierten Holzoberflächen absetzt und erhöhen die Resistenz gegen Feuchtigkeit. Wegen ihres pflegenden Effektes sind sie zwar sehr beliebt, zum Auffrischen von Holzmöbeln aber nur bedingt zu empfehlen. Denn häufig enthalten sie neben Farbstoffen auch Silikon- und Mineralöle, die bei häufiger Anwendung einen speckigen Film auf der Oberfläche hinterlassen.

Mikrofasertücher 71 72 besitzen auf Grund ihrer Oberflächenstruktur eigentlich eine sehr hohe Reinigungseffizienz und kommen ohne den Zusatz von Reinigungsmitteln aus. Für Holzoberflächen sind sie aber nicht geeignet, bei Lackmöbeln sorgen Mikrofasertücher mit der Zeit für feine Kratzer und geölte Oberflächen werden grau.

71

70

72

Abstauben 73 ist das einfachste Mittel, um wenig benutzte Holzoberflächen sauber zu halten. Obwohl der Einsatz eines Staubsaugers rationell erscheint, ist davon dringend abzuraten. Die Bürste kann Lack- und Holzoberflächen gleichermaßen zerkratzen.

Abwischen 74 bei häufig benutzen Holzoberflächen (Küche, Arbeitsplatten) ist sanft und effizient, wenn dazu ein mit Wasser befeuchtetes Schwammtuch mit einem Tropfen Spülmittel verwendet wird.

Reinigen der Auftragsgeräte

Wasserbasierte Mittel: Hat man mit wasserbasierten Anstrichen gearbeitet, können Arbeitsgeräte unter fließendem Wasser ausgewaschen werden. Damit möglichst wenig Lack ins Abwasser gelangt, sollten Pinsel/Walzen vorher gut auf Zeitungspapier oder Karton ausgestrichen werden.

Lösemittelbasierte Anstriche: Auftragsgeräte lassen sich i. d. R. mit der zum Mittel gehörigen Verdünnung reinigen: Dazu gibt man eine möglichst geringe Menge der Verdünnung in einen Behälter, wäscht den Pinsel oder die Walze gründlich darin und drückt sie in einem Lappen aus.

Nach der Arbeit mit Ölen kann man Ölreste auch mit Seife auswaschen.

Wenn am nächsten Tag weiter gearbeitet werden soll, können die Pinsel hängend im Wasser (bei Acryllacken) oder in Pinselreiniger (bei Kunstharzlacken) gelagert werden.

Wenn der Verdünnungsrest kaum verschmutzt und die Menge wirklich gering ist, kann man diesen in das Gebinde zurückschütten und weiterverwenden. Das spart die separate Entsorgung. Das funktioniert meiner Erfahrung nach gut mit Alkohol bei Schellacklösungen und Balsamterpentin bei Ölmischungen.

Entsorgung

Entsorgen Sie sämtliche Materialien vorschriftsmäßig, was bedeutet, ausgetrocknete und leere Gebinde zum Recycling zu geben. Hart gewordene Pinsel und Rollen gehören in den Hausmüll, aber erst wenn das Oberflächenmittel völlig getrocknet ist. Flüssige Reste sind als Sondermüll in den Sammelstellen zu entsorgen.

Kapitel 5

Farbveränderung: Holzabbau, Alterung, Zersetzung, Pilze

Was verursacht eine Farbveränderung?

Als Holzverfärbung wird eine Veränderung des natürlichen Farbtons einer Holzsorte bezeichnet, die vielfältige Ursachen haben kann.
Zeitlich gesehen passiert die erste natürliche Farbveränderung während der Trocknung:
Jedes unbehandelte Holz verändert unter UV-Einfluss seine Farbe, d. h. dass frisch geschlagenes Holz immer einen satteren Farbton annimmt als getrocknetes. Und Holz, dass schon über Jahre hinweg Tageslicht und Sonneneinstrahlung ausgesetzt ist, zeigt grundsätzlich andere Farbschattierungen als frisches Holz, wie man es im Baumarkt oder der Holzhandlung kaufen kann. 1 2

Tipps & Tricks

Wer den natürlichen Vergilbungsprozess bei Nadelhölzern verlangsamen oder reduzieren möchte, muss das Holz möglichst noch vor dem Einbau mit Anstrichmitteln behandeln, die 1–3% weiße (Mikro)Pigmente enthalten. Im Optimalfall wirkt mit diesen sogenannten UV-Schutzmitteln bzw. UV-Blockern eingelassenes Holz über Jahre hinweg wie frisch getrocknetes Holz.

Andere Farbveränderungen werden durch photochemische (UV-Strahlung), physikalische (Auswaschungen) und biologische Prozesse (Mikroorganismen, Pilze und Bakterien) verursacht. Des Weiteren können nicht rückgängig zu machende Verfärbungen, insbesondere im Kernholzbereich, durch natürliche Inhaltsstoffe wie Huminsäuren und Tannine verursacht werden. 3

1

Nadelholz im Innenbereich:

Nadel-, und helle Weichhölzer, unabhängig davon, ob sie roh oder farblos behandelt sind, dunkeln unter UV-Einfluss nach, d. h. dass sie bei Sonneneinstrahlung einen dunkleren Farbton annehmen als ohne direktes Sonnenlicht.
Bei Nadelhölzern entwickelt sich im Laufe der Jahre ein mehr oder weniger starker Gelbstich, der besonders bei in die Jahre gekommener Fichte auffällt.

2

3

4

6

5

7

Hier sieht man zwei unterschiedlich behandelte Fichtenholzbalken: oben wurde das Holz vor über 20 Jahren farblos geölt, unten zum selben Zeitpunkt mit einem weiß pigmentierten Öl behandelt. 4 5

Hartholz im Innenbereich:

Die meisten dunklen Hartholzsorten bleichen unter Lichteinfluss eher aus. Zu beobachten ist das häufig an Fußbodendielen oder Parkett, welches an bedeckten Stellen (unter Teppichen und Möbeln) immer heller bleibt als an dem Licht ausgesetzten Bereichen. Oder es treffen zwei zu unterschiedlichen Zeitpunkten verbaute Holzbereiche aufeinander. 6

Das Vergilben, Ausbleichen und Nachdunklen aller Holzsorten sind natürliche, harmlose Reaktionen, die der Holzsubstanz nicht schaden und i.d. R. beim Holzhändler oder dem verarbeitenden Handwerker nicht reklamiert werden können.

Natürliche Vergrauung im Außenbereich

Die Vergrauung von Holzoberflächen ist ein natürlicher Prozess, der die chemische Zusammensetzung der obersten Holzschicht verändert.

Zur Erklärung: jede Holzart besteht zum größeren Teil aus Zellulose und zu 25–30% aus Lignin, dem Kitt, der die Zellulosefasern zusammenhält. Lignin ist folglich der Stoff, der für die Festigkeit von Holz verantwortlich ist und die Zellen verholzen lässt. *(siehe Kapitel 1 Holzwissen)*

Scheint nun die Sonne auf außen verbautes unbehandeltes Holz, dringt ihre UV-Strahlung bis 2 mm tief in die Holzoberfläche ein und lockert und zersetzt das eingelagerte Lignin. Im Laufe der Zeit waschen Niederschläge und Wind die gelockerten weichen Holzbestandteile aus. Die Folge ist eine silbergraue Holzoberfläche mit deutlicher Struktur, bei der die harten Jahresringe klar erkennbar hervortreten. Diese oberste abgewitterte Holzschicht besteht jetzt vor allem aus Zellulosefasern, die von Natur aus eigentlich weiß wären. Staub, Schmutz und Mikroorganismen sorgen aber schon während der Verwitterung für die typische, silbrige Graufärbung. 7

Aber Holz wird nie eintönig grau. Je nach Wetter und Sonnenausrichtung verfärbt sich Holz in einem reichen Farbspiel. Holzfassaden beispielsweise, die direkter Witterung ausgesetzt sind, vergrauen stärker und schneller als auf Wetter abgewandten Seiten. Und Fassaden, die nur Sonne, aber keine Niederschläge abbekommen, altern ganz ohne Graufärbung. 8 9

Die echten silbrig grauen Holzoberflächen mit ihrer ausgeprägten Struktur finden sich überall auf der Welt an alten und ältesten Holzbauwerken. Obwohl ihre Oberfläche i.d. R. unbehandelt ist, trotzen sie viele Jahrzehnte bis Jahrhunderte lang Wind und Wetter. Allein diese Tatsache ist schon ein Beleg dafür, dass natürliche Holzvergrauung nichts Schadhaftes ist. 10

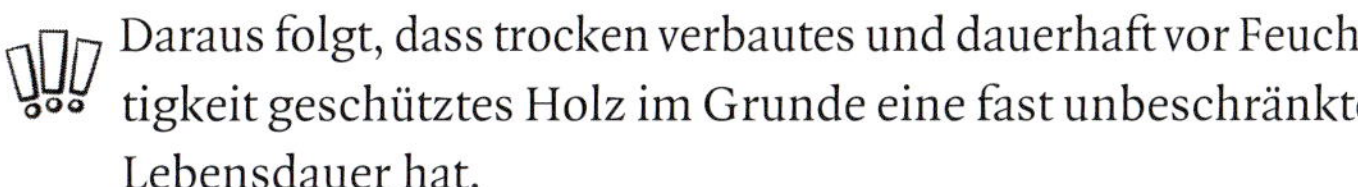
Daraus folgt, dass trocken verbautes und dauerhaft vor Feuchtigkeit geschütztes Holz im Grunde eine fast unbeschränkte Lebensdauer hat.

Was passiert bei der Verwitterung?

Unter Wettereinfluss wird das oberflächliche Holzgefüge porös, da ihm das für die Festigkeit sorgende Lignin fehlt. Der Wind peitscht

die schmutzige Luft und den Regen auf die Holzfläche und schmirgelt die weichere Holzsubstanz ab, das sind i.d.R. die hellen Jahresringe von Nadelholz. Die Wärme am Tage im Wechsel mit der Abkühlung bei Nacht verursacht Spannungen im gesamten Holz und lässt zusätzlich Risse entstehen. Auch die sich ständig ändernde Luftfeuchtigkeit, die einen Wechsel von Quellen und Schwinden

11

14

12

15

13

der Holzsubstanz bewirkt, verändert das Holz und beschleunigt den Abbauprozess. Wobei es einen Unterschied macht, ob das alte Holz im Laufe der Zeit mehr dem Sonnenlicht ausgesetzt war oder vielleicht dauerhaft im Schatten lag. Die Bilder zeigen ein und denselben uralten Balkon. Oben bekam das Holz kaum trocknendes Sonnenlicht ab, und ist dadurch schneller morsch geworden. 11 12

Wieso wird Holzsubstanz abgebaut?

Wind, UV-Licht, Wärme, Regen, sowie Partikel der allgemeinen Luftverschmutzung lassen Holz also nicht nur vergrauen, sondern bauen es durch die Verwitterung im Laufe der Zeit hinweg regelrecht ab. Bei direktem Wettereinfluss werden so pro Jahr zwischen 0,01 bis 0,1 mm Holzsubstanz, abhängig von der Himmelsrichtung und der Lage (senkrecht oder waagrecht) abgetragen.
Im Laufe von Jahrzehnten wird im Außenbereich verbautes Holz also um mehrere Millimeter schwächer, was aber weder der Festigkeit noch der Haltbarkeit der verbleibenden Holzsubstanz schadet. Vor allem dann, wenn das Holz zwischen Niederschlägen und sonstigen Witterungseinflüssen immer wieder abtrocknen kann. Das gilt aber nur für unbefallenes Holz, also nur dann, wenn das Holz weder von Schädlingen noch von Pilzen geschwächt wird. 13 14

Altholz

Über Jahre und Jahrzehnte der Witterung ausgesetztes Holz ist inzwischen im Handel unter der Bezeichnung Altholz erhältlich.

Aus alten Beständen werden Balken, Bretter und sogar Leimholzplatten hergestellt. 15

Biologischer Abbau von Holzsubstanz

Holz ist grundsätzlich biologisch abbaubar – das scheint der Behauptung der unbeschränkten Lebensdauer vollständig zu widersprechen. Aber so wie das Fehlen von Feuchtigkeit der Grund für das lange Leben von Holz ist, so ist andauernde Nässe die Voraussetzung für den Abbau von Holzsubstanz.

Tipps & Tricks

Der beliebte Altholzcharakter lässt sich für den Innenbereich auch künstlich erzeugen: durch die Bearbeitung mit harten Bürsten oder Sandstrahlen ahmt man die verwitterte Oberflächenstruktur von Altholz nach. Entsprechend gebeizt und behandelt sieht das Holz dann so aus, als ob es schon viele Jahrzehnte hinter sich hätte. 16

Denn Insekten, Pilze und Bakterien, die für den Abbau von Holz verantwortlich sind, siedeln sich nur auf feuchtem Holz an. Zusätzlich können starke Temperaturschwankungen dazu führen, dass Feuchtigkeit an Holzoberflächen kondensiert und einen Zersetzungsprozess in Gang bringt. Wenn außerdem mangelnde Luftbewegung das Abtrocknen aufgetretener Feuchtigkeit verzögert, beginnt ein unumkehrbarer Zerstörungsprozess. 17

Ein einmal begonnener Zersetzungsprozess von Holz lässt sich nicht rückgängig machen, höchstens bis zu einem gewissen Grad durch geeignete Anstrichmittel verlangsamen. Lasuren für den Außenbereich werden Insektizide und Fungizide beigemischt, um den Befall von Insekten, Pilzen und Bakterien zu verhindern. Sie müssen immer entsprechend gekennzeichnet sein und sollten nicht im Innenbereich verwendet werden.

Holzverfärbende Pilze

Besonders markante Holzverfärbungen werden durch Pilzbefall hervorgerufen. 18

16

17

18

Gestocktes Holz

Das typische Merkmal von gestocktem Holz sind schwarze Linien in der Maserung, die oft zusammen mit blassen weichen Holzbereichen auftreten. Hervorgerufen werden diese Linien durch den Weißfäuleerreger. Jedes nicht trocken gelagerte Holz im Außenbereich wird früher oder später von einem oder mehreren Pilzstämmen infiziert. Beim Eindringen in das Holz legen die unterschiedlichen Pilzstämme undurchdringliche Revierlinien an, die wir dann als für gestocktes Holz typisch präzise Linien wahrnehmen. Damit einhergeht leider auch eine Schwächung der Holzsubstanz, zu erkennen an den weichen hellen Bereichen. Wartet man zu lange, zerbröselt das Holz und kann nicht mehr verwendet werden. Es gilt also den richtigen Zeitpunkt zu treffen. Um das Entstehen von Stockungen zu begünstigen, werden ganze Stämme, meist Buchenholz, gezielt einige Jahre draußen gelagert. Sie werden regelmäßig auf ihre Härte geprüft, bevor man entscheidet, ob man das Holz weiter stocken lässt oder zuschneidet. 19 20

19

20

Tipps & Tricks

Drechsler habe raffinierte Methoden, kleine Holzstücke gezielt stocken zu lassen. So kann man vorgedrehte Rohlinge zusammen mit Komposterde in Plastiktüten packen, um das Holz zum Stocken anzuregen. Selbstverständlich ist hier eine häufige Kontrolle nötig, um nachzusehen, wie weit die Verstockung gediehen ist.

Im Handel gibt es auch stabilisiertes, gestocktes Holz zu kaufen, das komplett mit Kunstharz getränkt ist. Solches Holz ist vor allem für Messergriffe beliebt.

Schimmelpilze sind keine holzzerstörenden, sondern holzverfärbenden Pilze. Meistens handelt es sich um die Pilzarten, die wir auch aus dem Lebensmittelbereich kennen. Sie ernähren sich von organischen Inhaltsstoffen des Holzes und bilden auf seiner Oberfläche pelzige Überzüge, von grün bis schwarz. Den optimalen Lebensraum finden Schimmelpilze bei hoher Luftfeuchtigkeit und stehender Luft. Sie treten daher besonders häufig in Feuchträumen (z. B. Badezimmer, Wintergarten) auf. 21

Vor allem frisch eingeschnittenes Holz wird besonders schnell schimmelig, wenn nicht durch eine entsprechende Luftzirkulation dafür gesorgt wird, dass die Oberfläche schnell abtrocknen kann. Werden beispielsweise Kanthölzer oder Latten sofort nach dem Einschnitt frisch und luftundurchlässig ohne Zwischenräume in Paketen eingeschweißt, kann sich ein sehr unansehnlicher, schwarzer Schimmelrasen bilden.

Besonders schimmelanfällig sind stärkereiche Hölzer, z. B. gedämpfte Buche. Denn durch den Prozess des Dämpfens treten vermehrt zuckerhaltige Inhaltsstoffe an der Holzoberfläche aus. Davon lebt der Pilz, der nur 1 bis max. 2 mm tief ins Holz eindringt und es dabei verfärbt.

21

Die durch die Schimmelpilze verursachten Verfärbungen können zu drastischen Wertminderungen der Holzprodukte führen. Darüber hinaus kann von den an die Luft abgegebenen Schimmelpilzsporen eine Gefährdung für die Gesundheit ausgehen. Dies trifft vor allem auf Schimmelbefall in Innenräumen zu.
Das einzig Positive an den schwarzen Schimmelpilzen ist, dass sie die Holzsubstanz nicht zerstören. Auch über Jahre hinweg führen sie zu keinem Festigkeitsverlust der hölzernen Konstruktion. 22

Renovierung

Das größere Problem beim Entfernen von Schimmel auf Holz ist also nicht unbedingt der Pilz selbst, sondern die damit einhergehende Verfärbung.
Ist der Schimmel schon tief in das Holz eingedrungen, kann die betroffene Stelle meist nur abgetragen, d. h. abgehobelt oder geschliffen werden. Falls das nicht möglich ist, kann man versuchen, die betroffene Stelle mit chlorhaltigem Reiniger zu bearbeiten. Auch Wasserstoffperoxid kann helfen, die Flecken auszubleichen. *(siehe Bleichmittel Seite 69)*

22

Tipps & Tricks

Probieren Sie die Wirkung der Mittel erst an einer kleinen möglichst nicht sichtbaren Stelle aus, bevor Sie die befallene Fläche säubern.

Bläuepilze sind ebenfalls keine Holzzerstörer, sondern leben von natürlichen Holzinhaltsstoffen. Es gibt ca. 100 verschiedene Pilzarten, die überwiegend Nadelhölzer befallen, am häufigsten den Splintbereich von Kiefernholz. Beim Befall verfärben sich die Holzoberflächen punktuell oder auch flächig grauschwarz oder bläulich. Bläuepilze allein wirken sich nicht auf die Tragfähigkeit aus, da sie das Holz nicht zerstören, sondern lediglich verfärben. 23
Eine langsame Holztrocknung fördert die Bildung von Bläuepilzen, die häufig an gefällten, unentrindeten Kiefernstämmen im Wald zu finden sind (Stammholzbläue), da sie über Monate hinweg einen hohen Feuchtigkeitsgehalt aufweisen.
Gleiches kann auch auf einem Holzlagerplatz geschehen, wenn das Holz nicht schnell genug abtrocknet (Schnittholzbläue).

23

Auch verbautes Holz, z. B. lackierte Fensterrahmen, können durch Bewitterung von Bläuepilzen befallen werden (Anstrichbläue). Da der Pilz Feuchtigkeit zum Leben und Ausbreiten benötigt, kann er auch unter einer vermeintlichen Schutzschicht auftreten. Häufigste Ursache hierfür sind Beschädigungen der Versiegelung. Feuchtigkeit gelangt durch Risse oder winzige Löcher in das zunächst trockene Holz. Das nun feuchte Holz kann die Feuchtigkeit anschließend aber nur durch die winzigen offenen Stellen wieder abgeben. Das passiert wesentlich langsamer als andersherum. Wenn der Feuchtegehalt des Holzes so immer weiter ansteigt oder permanent über 30 Prozent bleibt, finden Bläuepilze optimale Lebensbedingungen. Und das passiert, obwohl bzw. gerade weil das Holz mittels Anstrich vor Bewitterung geschützt wurde.
Bläuepilze sind nicht schön, aber auch nicht gefährlich für die Statik oder tragenden Teile.

Tipps & Tricks

Vorsorgend kann man Fensterholz mit einer bläuewidrigen Grundierung behandeln.

Von der **Rotstreifigkeit** ist vor allem Fichtenholz betroffen, wenn es als Rundholz/Stamm unsachgemäß gelagert wird. Die rötlichen Streifen ziehen von der Rinde und den Hirnenden in das Innere eines Stammes und haben zu Anfang noch keinen Einfluß auf die Festigkeit des Holzes.

Da die Rotstreifigkeit dem Weißfäuleerreger den passenden Nährboden liefert, besteht die Gefahr beginnender Holzzerstörung durch die Weißfäule.

Holzzerstörende Pilze

Holzzerstörende Pilze, wie Weißfäule-, Braunfäule- und Moderfäulepilze spielen im Holzhandel eigentlich keine Rolle, es sei denn bei schlechter Stapelung und Lagerung im Außenlager. Um befallenes Holz besser einschätzen zu können, sollen sie hier dennoch erwähnt werden:
Einige **Weißfäulepilze** bauen sowohl Cellulose als auch Lignin ab, so dass die hölzerne Konstruktion gleichmäßig zerstört wird. Ein Pilzbefall wird oft erst sehr spät bemerkt, da sich auffällige Risse erst bilden, wenn die gesamte Holzsubstanz schon angegriffen ist. Erstes Anzeichen eines Befalls von Weißfäule ist eine graue Verfärbung des Holzes.
Andere Pilze bauen zuerst das Lignin und erst im weiteren Verlauf Cellulose ab (Weißlochfäule bzw. Wabenfäule). Durch den lokalen Ligninabbau entstehen wabenförmige Löcher im Holz.

Von Weißfäule zerstörtes Holz fühlt sich schwammig an, ist weich und faserig. Manchmal bilden sich auch dunklere Grenz- und Zonenlinien, so dass das Holz ein marmorähnliches Aussehen annimmt. Die Mehrzahl der Weißfäuleerreger tritt zwar an Laubholzarten auf, jedoch entstehen durch bestimmte Pilzarten auch große Schäden an Nadelhölzern.
Die **Braunfäule** tritt überwiegend an Nadelhölzern auf und baut nur die Celluloseanteile des Holzes ab. Das Lignin wird von Erregern nicht angegriffen, bewirkt aber die dunkle Färbung des befallenen Holzes. Von Braunfäule befallenes Holz wird rissig, mürbe und zerfällt schließlich würfelförmig. 24
Die **Moderfäule** ist eine besonders aggressive Fäule und wird verursacht von Pilzen, die viel Wasser benötigen. Sie tritt vor allem an Hölzern auf, die ständig der Feuchtigkeit ausgesetzt sind, z. B. an Wasserbauten, ebenso auch an Hölzern mit ständigem Erdkontakt (Masten und Pfähle). Abgebaut wird vor allem die Cellulose, so dass die Moderfäule der Braunfäule sehr ähnlich sieht. Das

Holz ist bräunlich verfärbt, die Oberfläche ist modrig weich und im feuchten Zustand schmierig. Trocknes Holz springt würfelartig auf. Auffälligerweise sind Laubhölzer anfälliger gegenüber der Moderfäule als Nadelhölzer.

Im Innenbereich: Schäden an morschem Holz ausbessern

Wenn Holz dauerhaft Feuchtigkeit ausgesetzt wird, so fängt es früher oder später an zu faulen. Das Holz verliert seine Festigkeit und neigt zu Ausbrüchen an den verfaulten Stellen. Das Holzteil muss also völlig trocken sein bevor man mit dem Ausbessern der morschen Stellen beginnen kann. Und da morsches Holz brüchig ist, sollten alle losen Holzstücke zunächst entfernt werden.

Bevor man mit dem Ausbessern des morschen Holzes beginnt, muss die Ursache für die Feuchtigkeit beseitigt werden. Ansonsten ist eine Reparatur sinnlos, da weiterhin Feuchtigkeit in die reparierten Bereiche eindringt und diese auf dieselbe Weise wieder schädigen würde.

Zum eigentlichen Verfestigen der morschen Holzstruktur gibt es viele Möglichkeiten: mit zähflüssigen zunächst klebenden, dann aushärtenden Substanzen kann die morsche Struktur verfüllt werden. Dabei kann es notwendig sein, die Flüssigkeiten am Auslaufen aus den zahlreichen Löchern und Rissen durch Abkleben zu hindern. Auch sind die meisten füllenden Flüssigkeiten nur bedingt färbbar, so dass auf diese Weise ausgebesserte Stellen nicht unsichtbar gemacht werden können.

Zum Verfüllen eignen sich Glutin- und Weißleime, Kitte und Harze wie z. B. Epoxi. *(siehe Kapitel 13 Ergänzungen und Kapitel 16 Leime und Kleber)*

Im Außenbereich: morsches Holz mit Epoxidharz ausbessern und stabilisieren

Im Fachhandel werden **Epoxidharz-Reparatursets** für morsches Holz angeboten. Das aufgesaugte Epoxidharz stabilisiert dabei die Holzfasern so, dass das beschädigte Teil wieder mehr Festigkeit bekommt. Allerdings kann man bei dieser Reparaturmethode nicht erwarten, dass die ursprüngliche Stabilität vor der Fäulnis erreicht wird. Für tragende Holzkonstruktionen ist diese Sanierungsmethode daher nicht geeignet.

Arbeitsschritte:
Epoxidharz-Reparatursets bestehen aus Harz und Härter, die entsprechend der Herstellerangabe vermischt werden.
Bei größeren Querschnitten kann das Epoxidharz durch Bohrungen in tiefere Schichten gebracht werden.
bei größeren Löchern kann man der Mischung spezielle Füllstoffe beimengen, so dass die zähflüssige Mischung mit einem Spachtel aufgetragen werden kann.
Getrocknetes Epoxidharzes kann mit Raspel, Feile und Schleifpapier geglättet werden..
Da Epoxidharz bei UV-Einstrahlung zum vergilben neigt, ist es ratsam, die behandelte Holzoberfläche mit einem UV-stabilen Klarlack zu streichen.

Morsches Holz mit zweikomponentigem PU-Kleber füllen

Ähnlich kann man mit PU-Kleber verfahren. *(Anleitung siehe Kapitel 16 Leime und Kleber)*

Stark verfaultes Holz lässt sich nicht sanieren

Ist der Fäulnisprozess schon zu weit fortgeschritten, helfen die oben beschriebenen Sanierungsmethoden nicht mehr. Bevor man das gesamte befallene Holzstück austauscht, sollte man aber überprüfen, ob ein Teilaustausch möglich ist. In so einem Fall entfernt man das verfaulte Holzstück und setzt ein neues Teilstück passgenau wieder ein.

Insbesondere bei antiken Möbelstücken und historischen Holzfenstern wird diese Art der Sanierung häufig angewandt. Auch bei Holzbalken ist diese Art der Reparatur üblich. Allerdings ist die Tragfähigkeit an der Verbindungsstelle beeinträchtigt, so dass man vor dem Reparieren einen Fachmann um Rat fragen sollte.

Grundsätzlich sollte man bei tragenden Holzbauteilen einen Statiker hinzuziehen, der über die Art der Reparatur bzw. Sanierung entscheidet.

Kapitel 6

Löcher, Dellen, Kratzer

Was tun bei Druckstellen?

Dellen sind besonders ärgerlich, da sie normalerweise die ersten Schäden in einem neuen Möbelstück oder einem frisch verlegten Holzboden sind. Kurzfristig starker Druck durch einen Schlag oder Fallenlassen eines Gegenstandes staucht und presst Holzfasern so, dass mehr oder weniger ausgeprägte Vertiefungen entstehen. Aber zum Trost: Dellen erscheinen oft tragischer als sie wirklich sind, denn anders als bei einem Kratzer oder Loch, sind ihre Holzfasern oft nicht beschädigt oder abgetrennt. Das macht die Instandsetzung einfacher: bei ganz frischen Druckstellen in unbehandeltem Holz reicht es meist, die zusammengedrückten Fasern mit Hilfe von Wasser und Wärme in ihren ursprünglichen Zustand zu versetzen. Dazu betupft man die beschädigte Stelle mit Wasser, legt evtl. einen Lappen als Hitzeschutz darauf und erwärmt die angefeuchtete Vertiefung mit einer wollwarmen Bügeleisenspitze so lange bis Dampf aufsteigt. Wenn Sie Glück haben, ist damit der Schaden auch schon behoben. 1

1

Dellen in Furnier

Etwas anspruchsvoller wird die Aufgabe, wenn die Druckstellen Furnier betreffen. Hier ist die Tür eines antiken Zylinderschränkchens über Jahre beim Öffnen immer wieder an derselben Stelle auf einen stumpfen Gegenstand gedrückt worden. Die dabei entstandenen Dellen sind zwar nicht tief, dafür umso zahlreicher. Auch hier helfen Wärme und Wasser. Da das gesamte Schränkchen im Rahmen einer Generalüberholung neu poliert wird, ist es nicht tragisch, dass der Lack durchs Bügeln beschädigt wird. Im Gegenteil, es ist sogar besser, das Furnier ist schon vom Lack befreit, bevor man sich ans Bügeln macht, da nur so der Dampf seine quellende Wirkung entfalten kann. Träufeln Sie einige Tropfen Wasser direkt auf die betroffenen Stellen und halten die Spitze eines heißen Bügeleisens oder einen Lötkolben in die Pfütze, solange, bis das Wasser verdampft. 2 3 Der Dreck der Jahrzehnte, der sich in den Dellen gesammelt hat, lässt sich mit einem kleinen, abgerundeten Schnitzeisen entfernen. 4 Achten Sie darauf, keine zusätzlichen Kratzer zu machen. Der Effekt lässt sich durch Beschleifen der Vertiefungen mit einem zusammengefalteten Schleifpapier (Körnung 180–240) verstärken. 5 6 Das fertig polierte Möbel zeigt bei genauerer Betrachtung noch leichte Dellen, die aber im Gesamtbild deutlich weniger auffallen als vor der Restaurierung. 7

Aber Achtung, die Hitze des Bügeleisens beschädigt i. d. R. jede Oberflächenbeschichtung. Die Methode empfiehlt sich nur bei einer Generalsanierung.

2

3

5

4

6

7

Tipps & Tricks

Druckstellen im Holz, die zum Bügeln zu tief sind, kann man auch mit Hilfe eines Lötkolbens beseitigen. Dazu werden einige Tropfen Wasser in die Delle gefüllt und mit der heißen Spitze des Lötkolbens zum Kochen gebracht. Hitze und Feuchtigkeit lassen das Holz quellen, was die Delle flacher macht bzw. ganz verschwinden lässt.

Kratzer im Holz

Kratzer sind nicht so leicht rückgängig zu machen, da meist Fasern verletzt und abgetrennt wurden. Die Verletzungen der Holzoberfläche sind i.d.R. dunkler als das sie umgebende Holz. Dennoch kann man zunächst genauso wie bei Dellen verfahren, indem man versucht, die Vertiefungen durch Wärme in Kombination mit Feuchtigkeit ihrer Umgebung wieder anzupassen. Die ursprünglich unbeschädigte Oberfläche lässt sich so vielleicht wiederherstellen, der ehemalige Farbton kehrt so vermutlich aber nicht zurück. Da hilft nur retuschieren weiter. *(siehe Kapitel 14)* 8 9

Löcher im Holz

Löcher sind gut sichtbare Fehlstellen im Holz, bei denen Teile der Oberfläche fehlen. Das können kleine Nagel-, Schraub- oder Wurmlöcher sein, unregelmäßige Astlöcher oder konstruktiv- und altersbedingte Fehlstellen. 10 Die Wahl der günstigsten Reparaturmethode ist abhängig von der Anzahl der Löcher, ihrer Größe, Sichtbarkeit und Position an einem Möbelstück oder Holzfußboden etc.

Und je nachdem, ob es sich um kleinere oder größere Schäden, Löcher in der Fläche oder das Fehlen einer Kante handelt, gibt es unterschiedliche Ansätze für deren Reparatur.

Gerade bei größeren Fehlstellen ist das Ergänzen mit dem Originalmaterial d. h. Furnier bei Furnierlöchern *(siehe Seite 109)* und Spänen bei Rissen in Massivholz *(siehe Seite 46 ff.)* sicher die handwerklich hochwertigere Methode als etwa auszukitten.

9

8

10

Farbharmonie

Das Ziel des Auffüllens von unerwünschten Löchern ist es, sie so gut es eben geht unsichtbar zu machen. Das setzt einen möglichst unauffälligen Farbton der ausgebesserten Stellen voraus. Alle Reparaturmassen stehen in so vielen Farben zur Verfügung, so dass durch Mischen der Farbtöne untereinander theoretisch perfekte Farbtöne gemischt werden können. Auch hier macht Übung den Meister bzw. die Meisterin! 11

Mit dem Anspruch der bestmöglichen Farbharmonie ergeben sich daraus mehrere Ansätze, Löcher zu verfüllen:

- Man spachtelt/füllt mit Wärme modellierbaren **Reparaturwachsen** erst, wenn der endgültige Farbton der Oberflächenbehandlung feststeht, z. B. nach dem Beizen und erstem Lackauftrag. Zu dem Zeitpunkt kann man die Weich- bzw. Hartwachsstangen exakt in den Farben der Lochumgebung zusammenstellen. 12
- Pastenartige **Spachtelmassen/Holzkitte** gibt es zwar auch in unterschiedlichen Holztönen, die dennoch selten genau den Farbton der endgültigen Oberflächenbeschichtung treffen. Einerseits lassen sie sich nach ihrer Trocknung noch etwas bemalen bzw. beizen, andererseits kann man sich den Farbton durch Vermischen mit Farbkonzentrat (z. B. Mixol aus dem Baumarkt) passender machen. Dazu befeuchtet man das das Loch umgebende Holz mit Wasser oder Alkohol, um den Farbton des späteren Lack- oder Ölfarbtons zu simulieren. Dementsprechend lässt sich die Spachtelmasse durch Beimengung von etwas Farbkonzentrat oder Pigmenten einfärben und in die Vertiefung spachteln. In der unbehandelten Oberfläche wird die gespachtelte Stelle noch auffällig dunkel aussehen, nach dem endgültigen Überzug eher unsichtbar. 13
- Die dritte Möglichkeit besteht darin, die Fehlstellen bewusst in **Kontrastfarbe** zu befüllen. Das ist momentan gerade bei Fußböden sehr modern und unterstreicht den rustikalen Charakter von Massivholz. 14

11

13

12

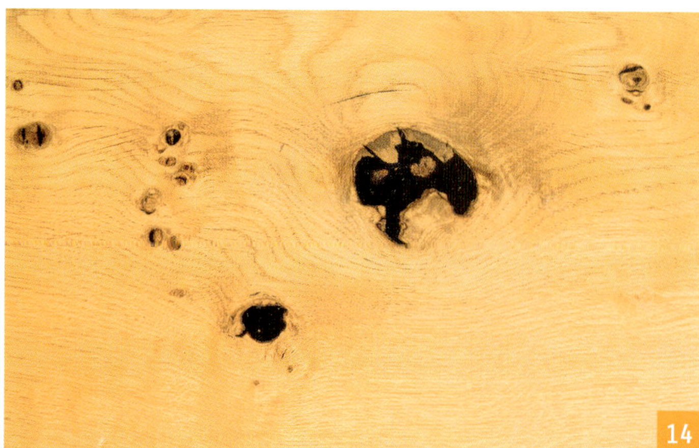
14

Der richtige Zeitpunkt

Da jeder Lack-, Öl- oder Wachsauftrag den Holzton farblich verändert, sollte ein Ausfüllen mit Holzkitt, Weich- und Hartwachsstangen erst dann erfolgen, wenn der endgültige Farbton der Oberflächenbehandlung feststeht, d. h. das Möbel die erste Schicht Oberflächenmittel erhalten hat.

Ganz egal, für welche Methode man sich entscheidet, die gleichmäßige Dichte und Oberflächenglätte des Ausbesserungsmaterials sind die besten Voraussetzungen für die spätere Unsichtbarkeit des Schadens.

Welche Reparaturmassen gibt es?

Von der Größe, Tiefe und Breite sowie Lage des Risses oder Loches ist abhängig, welches Füllmaterial geeignet ist:

Für **kleinere Fehlstellen**:

- Weichwachsstangen für kleinere Löcher und Risse in einer Fläche.
- Hartwachsstangen, auch Schmelzkitt genannt, für stärker beanspruchte Kanten.

Für **großflächige Schäden**:

- Gebrauchsfertiger Holzspachtel in Tuben oder Dosen
- Spachtelmasse/Holzkitt gebrauchsfertig oder selbstgemischt für Wurm-, Nagel- und Schraubenlöcher
- Industrieller Füllstoff

Holzspachtel ist eine Mischung von Reinacrylatdispersion, Wasser, Calciumcarbonat, Celluloseether, Pigmenten, Konservierungsmitteln und Additiven. Derartiger Holzspachtel ist so stabil, dass er im ausgehärteten Zustand gesägt, gebohrt, gefeilt und gut geschliffen werden kann. Er ist für Schäden geeignet, bei denen es nicht so sehr auf Genauigkeit ankommt, da er sich farblich schwerer anpassen lässt als die differenziert gefärbten Wachsstangen. Holzspachtel, selbst in abgetönter Form, hat selten genau den gewünschten Farbton. Es ist aber möglich, ihn im feuchten Zustand mit Wasserbeizenpulver einzufärben oder nach der Trocknung zu bemalen. Auch ist er im getrockneten Zustand so spröde, dass sich darauf kaum eine glänzend glatte Oberfläche herstellen lässt.

Mit Holzspachtel modellieren

Wenn ein Schaden so umfangreich ist wie hier beim vom Holzwurm zerfressenen Tischbein, kann ein Ausschmelzen und Aufbauen mit Wachsstangen einfach zu zeitaufwändig und kostspielig sein. Eine Reparatur mit Holzspachtel ist also eher für nicht so sehr ins Auge springende Stellen an Weichholzmöbeln geeignet. Achten Sie aber bitte darauf, dass es sich um so stabile Spachtelmasse handelt, die getrocknet gesägt und gebohrt werden kann. Nur dann kann man mit ihr konstruktiv belastete Stellen wieder aufbauen.

Arbeitsschritte: Spachteln Sie das Loch mit Holzspachtel so gut es geht zu. Tiefere und größere Löcher müssen in mehreren Arbeitsschritten verfüllt werden. 15 Jede Spachtelmasse schrumpft bei der Trocknung, was ein Absinken in der Fläche bzw. Risse in der Spachtelmasse zur Folge hat. In den meisten Fällen wird es daher notwendig sein, ein zweites oder sogar drittes Mal zu spachteln, bis die gleiche Höhe wie die des umgebenden Holzes erreicht ist. Zwischendurch immer gut trocknen lassen und einebnen. Dennoch wird die ausgebesserte Stelle, bedingt durch die pastenartige Konsistenz des Materials, kaum so glatt werden wie nach einer Füllung mit Wachsstangen, was die Anpassung an die umgebende Oberfläche erschwert. Obwohl es sich also beim Arbeiten mit Spachtelmasse eher um eine gröbere Technik handelt, muss die ausgebesserte Stelle trotzdem möglichst fein und eben geschliffen werden vor der abschließenden Oberflächenbehandlung. Spachtelmasse nimmt Beize und Lasur bis zu einem gewissen Grad an und kann daher, besser als Wachsstangen, nach ihrer Trocknung farblich z. B. mit Filzstiften an ihre Umgebung angepasst werden. 16 17 18

Wie erkennt man Holzwurmbefall?

Nur weil man viele kleine Löcher in einer alten Holzoberfläche findet, muss das nicht unbedingt auf aktiven Wurmbefall hindeuten. Vor allem bei alten Möbeln sind die Schädlinge meist schon lange tot oder haben das gute Stück schon vor geraumer Zeit verlassen. Denn normalerweise bevorzugen Holzschädlinge frisches, feuchtes und eiweißreiches Holz. Daher sind sie z. B. bei Eichenholz meist nur im weißen Splintholz anzutreffen. Und stand das Möbel bis vor kurzem noch an einem feuchten Ort, ist Holzwurmbefall wahrscheinlicher als in einer trockenen Wohnung.

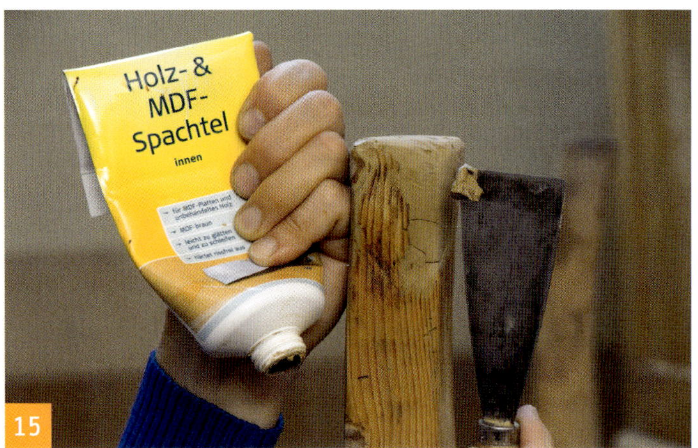

15

17

16

18

19

Um festzustellen, ob die Schädlinge noch aktiv sind, gibt es zwei Methoden. Die Erste basiert auf einfachem Hinhören, denn das Nagen am Material verursacht leise Schabegeräusche.
Realistischer ist die Erkennung über das Nebenprodukt der Schädlinge, das feine Holzmehl. Beim Nagen am Holz wird es aus den Wurmlöchern befördert und fällt in kleinen Häufchen zu Boden. 19
Wollen Sie sicher gehen, ob die ungebetenen Gäste noch aktiv sind, legen Sie unter das Möbelstück ein dunkles Papier oder Ähnliches. Bei aktivem Befall wird sich innerhalb von ein paar Tagen feines Holzmehl darauf absetzen.

Die Bekämpfung aktiver Larven ist zwingend notwendig, wenn das Möbelstück nicht völlig zerstört werden soll. Erst nach dem erfolgreichen Beseitigen der Schädlinge sollte mit dem Füllen, Reparieren und Restaurieren der Wurmlöcher begonnen werden.

Bekämpfung aktiver Holzwürmer

Auch hier gibt es mehrere Erfolg versprechende Verfahren: Holzwürmer sterben bei besonders hohen bzw. tiefen Temperaturen. Auf die harte Tour kann man ihnen auch mit Chemie zu Leibe rücken oder sie mit frischem Futter aus dem Holz locken. Alle Varianten erfordern etwas Geduld, man sollte sich auf eine längere Behandlung einstellen, die evtl. mehrmals wiederholt werden muss.
Hitzemethode: Ist das befallene Möbelstück entsprechend klein, hilft die Hitze- oder Kältemethode. Dabei reichen 60° C für min. eine Std. in einer Sauna, einem Backofen oder einem in der Sommerhitze stehenden Auto. Normalerweise sind dann alle Holzwürmer in der Hitze umgekommen.
Kältemethode: Das pure Gegenteil hilft auch: bei ausreichend Platz in der Tiefkühltruhe, kann man das Kleinmöbel auch dort wurmfrei bekommen. Oder in einer frostkalten, aber trockenen Nacht ins Freie stellen.

Holzwürmer aus Möbeln entfernen

Ist die Zahl der Wurmlöcher nicht zu groß, lohnt sich der Aufwand, sie mit **Salmiakgeist/Ammoniak** zu behandeln. Dazu injiziert man etwas Lösung in jedes einzelne Loch. Da Salmiakgeist einen stechenden Geruch hat und in höherer Konzentration ätzend ist, muss bei der Arbeit ausreichend gelüftet werden. Ist das Mittel verdunstet, birgt es erfreulicherweise keine gesundheitlichen Risiken mehr. Ist der Wurmbefall sehr ausgeprägt, besteht auch die Möglichkeit, das gesamte Möbel mit Salmiakgeist zu begasen. Dazu packt man es ganz dicht in Malerfolie ein und stellt eine geöffnete Flasche Salmiakgeist über Nacht in diese Packung. 20

Auch hier ist auf ausreichende Lüftung zu achten!

Spezielle industrielle Holzwurm-Schutzmittel können ebenso mit einer Injektionsspritze eingebracht werden. Da die Mittel i.d.R. giftig sind, sind hier die Verarbeitungs- und Sicherheitshinweise penibel zu befolgen!

Holzwürmer mit frischem Futter weglocken

Holzwürmer lieben frisches eiweißreiches Holz. Stellt man ihnen in der Nähe des befallenen Möbelstückes einen Teller mit frischen Eicheln hin, werden sie diese vermutlich bevorzugen. Der Geruch der Eicheln lockt die Würmer an, die man dann mitsamt den Eicheln im Kompost entsorgen kann.

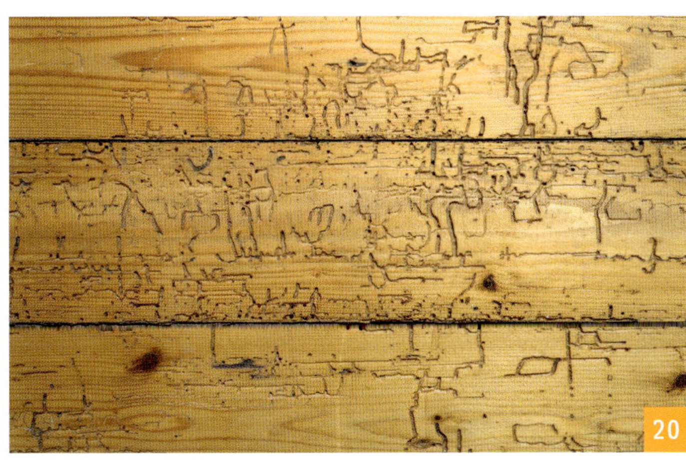
20

Holzwurmlöcher auffüllen und kaschieren

Nur wenn keine aktiven Holzwürmer mehr im Möbel sind, lohnt sich die Mühe des Verspachtelns der unzähligen winzigen Löcher. Ansonsten kann die Mühe umsonst gewesen sein, da die Würmer ihr zerstörerisches Werk in dem restaurierten Möbelstück fortsetzen. Damit man Holzwurmlöcher nach dem Auffüllen möglichst wenig sieht, ist der passende Farbton der Spachtelmasse entscheidend. Sehr verbreitet ist der Tipp, Holzstaub vom beschädigten Möbel abzuschleifen und mit Leim zu mischen. So erhält man annähernd den richtigen Holzfarbton und eine feste Konsistenz nach dem Aushärten. Aber wenn dann die Eigenfarbe des Überzugsmittels dazukommt, machen sich die Wurmlöcher meist leider heller als ihre Umgebung bemerkbar.

Arbeitsschritte:
Eine auf Kirschbaum gebeizte Kommode aus massivem Ahorn ist so stark von einem früheren Holzwurmbefall zerlöchert, dass Spachteln mit Holzkitt die rationellste Reparaturmethode ist. Ein Füllen der einzelnen Löcher mit Wachsstangen wäre zu zeitaufwändig. Vor dem Spachteln muss allerdings der alte Lack gut entfernt werden.

Fertiger Holzkitt, selbst in abgetönter Form hat selten genau den gewünschten Farbton. Deswegen sollte man fertigen Kitt mit geringen Mengen von Wasserbeizenpulver im richtigen Farbton nachfärben und laut Inhaltsstoffangabe auf der Dose verdünnen. **21** Hier

21

22

24

23

25

ist es Bindulin Holzkitt, der mit Aceton verdünnt sich noch besser spachteln lässt. Wenn der getrocknete Kitt in die Wurmlöchern abgesunken ist, wird es notwendig sein, die Fläche noch einmal zu spachteln, damit beim späteren Polieren mit Schellack eine ebene Fläche und gleichmäßiger Glanz entsteht. 22 Ganz wichtig ist es, den Kitt aus der Fläche gut weg zu schleifen, da sonst bei der späteren Oberflächenbehandlung Flecken entstehen. 23 Anschließend mit Wasserbeize beizen, trocknen lassen und in diesem Fall mit Schellack polieren. 24 25

Tipps & Tricks

Bei der Verwendung einer geeigneten Spachtelmasse ist wegen der geringen Lochdurchmesser von Wurmlöchern immer auf eine besonders gute Schmierfähigkeit zu achten!

Eine Rinne verspachteln

Die geflochtene Lehne eines alten Stuhles wird erneuert. Die Nut auf der Rückseite war vor der Restaurierung mit Leinölkitt gespachtelt und überfurniert. Stehen diese Materialien nicht zur Verfügung, kann man eine solche Rinne auch spachteln. Da man dazu sehr viel Spachtelmasse benötigen würde, wird der Kitt mit Schleifstaub und Hobelspänen gestreckt. Das anschließende Schleifen bringt eine recht poröse Oberfläche hervor. In so einem Fall kann man den Kitt mit gefärbtem Streichschellack grundieren und anschließend wie den gesamten Stuhl polieren. 26 27 28 29

26

27

28

29

Weichwachs verarbeiten

Weichwachs ist eine Mischung aus mineralischen Wachsen, die mit Erd- und Oxidfarben in vielen Tönen passend zu den verschiedenen Holzsorten eingefärbt sind. Die ausgebesserten Stellen sind nur bedingt mechanisch belastbar und wärmebeständig, vergleichbar etwa mit der Stabilität von Kerzenwachs. Weichwachsstangen wurden speziell für die Reparatur kleinerer Löcher und Risse im Innenbereich an wenig beanspruchten Stellen konzipiert. 30

Arbeitsschritte: Vor der Verarbeitung sollte man lose und gesplitterte Teile entfernen und die Kanten des Loches oder Risses glätten. Mit der Spitze eines Füllstoffhobels oder einem selbst gesägten kleinen Holzkeil lässt sich eine kleine Menge Wachs abschneiden und in das Loch oder den Riss pressen. Wenn Sie das Wachs außerdem durch Kneten in ihrer Hand erwärmen, lässt es sich noch leichter einarbeiten. 31 Aber drücken Sie dabei nicht zu stark mit ihrem Werkzeug auf, um die umgebende Oberfläche nicht zu beschädigen! 32 Liegt die auszubessernde Stelle in einer stark gemaserten Fläche, füllt man das Loch zuerst mit dem hellsten Farbton und drückt anschließend fein gerollte Wachswurstchen wie dunkle Maserung hinein. Weichwachs lässt sich nicht beizen, auch sonst kaum färben, so dass man direkt beim Ausbessern den Farbton des umgebenden Holzes genau treffen sollte. Überstände von Weichwachs müssen unbedingt vollständig entfernt werden. Das funktioniert besonders gut, wenn man nach dem Abziehen mit besagtem Füllstoffhobel mit einem Stück Schleifvlies so lange reibt, bis sich kein Weichwachs mehr außerhalb der Fehlstelle befindet. 33 Reste davon würden nämlich bei dem anschließenden Auftrag eines Oberflächenmittels wie z. B. Öl oder Schellack mit diesem verschmieren und eine fleckige Oberfläche ergeben.

Tipps & Tricks

Weichwachs kann mit Hilfe eines Lötkolbens im entsprechenden Farbton auch in Holzwurmlöcher geschmolzen werden. Dies ist wahrscheinlich farblich die unauffälligste, aber arbeitsintensivste Methode.

30

32

31

33

Tipps & Tricks

Auch oberflächliche Risse, die nicht tiefer als 1–2 mm und höchstens so breit sind, können gut mit Weichwachs ausgebessert werden.

Hartwachs bzw. Schmelzkitt verarbeiten

Hartwachs bzw. Schmelzkitt ist ebenfalls eine Mischung aus mineralischen eingefärbten Wachsen, lässt sich aber nur mit Hitze verarbeiten. Es ist, wie der Name schon sagt, härter als Weichwachs. Man verwendet es an Stellen, die stark konstruktiv beansprucht werden, wie zum Beispiel Kanten und Ecken oder bei großflächigen Löchern im Innenbereich. 34 Allerdings ist es schwerer einzuebnen als Weichwachs, da es nicht so elastisch ist und leicht bricht. Die verschiedenen Töne beider Wachsstangensorten lassen sich untereinander mischen, was auch in den meisten Fällen empfehlenswert ist, um den jeweiligen Holzton genau zu treffen, der ja innerhalb einer Fläche stark variieren kann. Hart- und Weichwachs sollte man aber nicht miteinander vermischen.

Arbeitsschritte: Zum Schmelzen des Hartwachses kann man einen einfachen Lötkolben oder spezielle Schmelzgeräte verwenden. 35 Es ist aber nicht ratsam, mit allzu großer Hitze zu arbeiten und die Hitze zu drosseln, bevor das Wachs zu rauchen beginnt. Um ein Ablaufen des heißen Wachses zu verhindern, kann man senkrechte Kanten mit Klebeband sichern. Außerdem ist es von Vorteil, beim Schmelzvorgang so wenig Überstand wie möglich zu produzieren, da das Einebnen des Wachses etwas anspruchsvoll ist. Es kann nur in einer kurzen Zeitspanne, wenn es gerade handwarm ist, abgeschnitten oder geschabt werden. Am besten geschieht das mit einem sauberen Füllstoffhobel oder einem Stemmeisen. 36 37 Sollte das Wachs dabei wieder aus dem Loch brechen, weil es vielleicht doch schon zu stark abgekühlt und dadurch unelastisch geworden ist, wiederholen Sie den Vorgang des Schmelzens. Das geglättete Hartwachs lässt sich durch gründliches Reiben mit Schleifvlies noch besser der Oberfläche der Umgebung anpassen. Nun kann die Oberflächenbehandlung beendet werden, z. B. mit gefärbtem Schellack *(siehe Seite 210)*. Falls die umgebende Ober-

34

36

35

37

38

40

39

41

42

fläche der Fehlstelle beim Ausbessern gar nicht beschädigt wurde, reicht es auch, nur die mit Wachs gefüllte Stelle mit dem Oberflächenmittel zu betupfen. 38 39

Industrieller Füllstoff

Für größere Schäden, z. B. große Astlöcher oder Risse kann man auch auf industriellen Füllstoff zurückgreifen. Beim Smart Repair System (Novoryt) handelt es sich um copolymere, d. h. synthetische und natürliche Harze, und ist in zahlreichen Farben erhältlich. 40
Arbeitsschritte: Farbige passende Sticks werden mittels einer Schmelzpistole in die Fehlstellen geschmolzen. Der Füllstoff ist auch im heißen Zustand so zähflüssig, dass er besser für größere Löcher und Risse ab 4 mm geeignet ist als für schmale, kleine Fehlstellen. Im erkalteten Zustand wird er mit einem dazugehörigen Abstecheisen plan geschnitten. Dieser Füllstoff kann schon in rohes Holz eingebracht werden, da er sich ohne Probleme hobeln, fräsen und schneiden lässt. Auch die Oberflächenbehandlung mit unterschiedlichsten Mitteln stellt i. d. R. kein Problem dar. 41 42

Risse und Astlöcher mit Epoxi füllen

Epoxidharze sind Mehrkomponentensysteme, bestehend aus Harz und Härter. Man unterscheidet zwischen industriell und handwerklich zu verarbeitenden Produkten. Systeme für industrielle Massenverarbeitung sind zwar oft günstiger, enthalten aber oft Inhaltsstoffe, die stärker gesundheitsschädigend sind, da die Verarbeitung in der Industrie in geschlossen Systemen mit entsprechender Absaugung usw. erfolgt. Entscheidend ist die Klassifizierung des Systems, welches durch Gefahrstofflabel auf den Gebinden und in den Sicherheitsdatenblättern zu erkennen ist. 43

Die Harz-Härter Kombination kann umweltgefährdend, reizend, ätzend oder sogar giftig sein. Während der Verarbeitung von Epoxidharzsystemen sollte man zum eigenen Schutz Handschuhe und Schutzbrille tragen und für eine gute Entlüftung der Arbeitsräume sorgen.

Die meisten Epoxidharze enthalten zwar keine flüchtigen Lösemittel, trotzdem können aber Dämpfe aufsteigen. Eine entsprechende Doppelfiltermaske mit A2-Filtern sollte daher zur Grundausstattung gehören. Auf ausreichende Belüftung des Arbeitsplatzes ist zu achten.

43

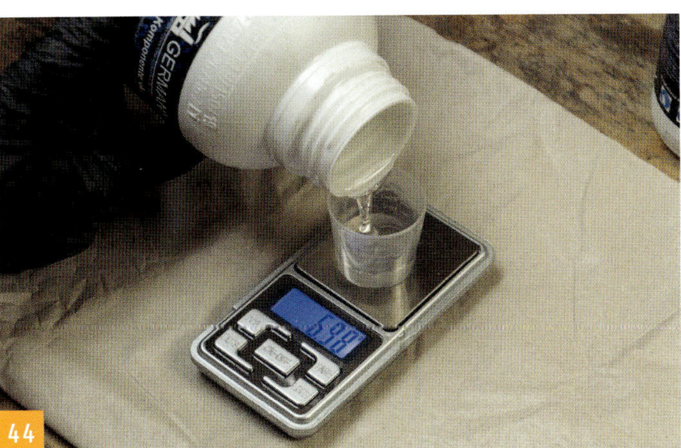
44

Epoxidharze härten exoterm aus, d. h. sie entwickeln während des Prozesses Temperaturen bis zu 90° C! Spontane Feuerentwicklung ist dabei eher unwahrscheinlich, jedoch kann die Mischung schäumen und das angrenzende Holz unschön verfärben. Auf Hitzebeständigkeit der verwendeten Materialien und Werkzeuge ist zu achten!

Beim Schleifen/Sägen des ausgehärteten Materials entsteht feiner Staub, weshalb das Tragen entsprechender Staubschutzmasken empfohlen wird. Im ausgehärteten Zustand ist Epoxidharz dann meistens chemisch neutral.

Epoxidharz wird in der Industrie für die Innenbeschichtung von Lebensmitteltanks, Aquarien/Terrarien oder für Orthopädieprothesen mit dauerhaftem Hautkontakt verwendet. Auch Gartenmöbel und Fußböden werden damit wasserfest beschichtet.

Auf dem Markt sind hauptsächlich zwei Epoxidharzsysteme: Schnell und langsam härtende Systeme.

Schnell härtendes Harz ist für feine tiefe Spalten und komplexe Formen eher ungeeignet, da es sehr schnell zähflüssig wird und Luftblasen in der Masse zurückbleiben. Es erlaubt auch nur Schichtdicken bis zu 10 mm. Zum Einkleben eines herausgebrochenen Astloches oder Verkleben von Holzstücken ist schnell aushärtendes Epoxidharz aber zu bevorzugen.

Langsam härtendes Harz benötigt häufig mehrere Stunden zum Abbinden und je nach Hersteller und Raumtemperatur 2 bis 4 Tage zum endgültigen Aushärten. Der Prozess kann durch Zugabe von zusätzlichem Härter zwar theoretisch beschleunigt werden, jedoch steigt damit das Risiko von Bläschenbildung oder ungleichmäßigem Aushärten der Harzschicht. Daher ist es nicht zu empfehlen, von den Angaben des Herstellers bezüglich des Mischungsverhältnisses abzuweichen. Durch die deutlich längere Aushärtungszeit erlauben diese Harze die Verfüllung von komplizierteren Strukturen, wie etwa feinen Haarrissen im Holz. Außerdem kann das Werkstück im Harz getränkt werden, um auch innere Risse bereits zu verschließen, die erst bei späterem Zersägen sichtbar werden würden. 44

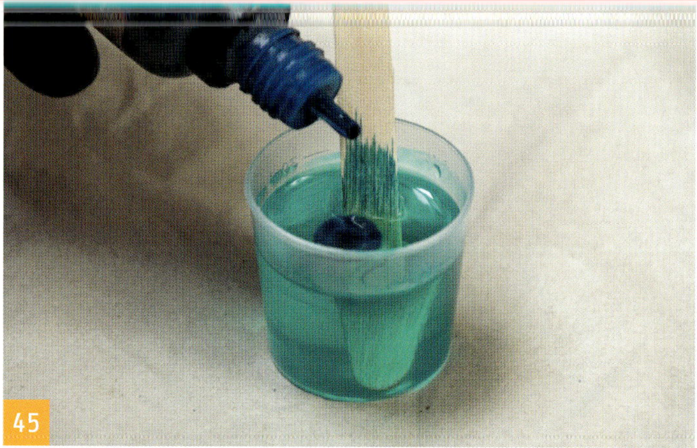
45

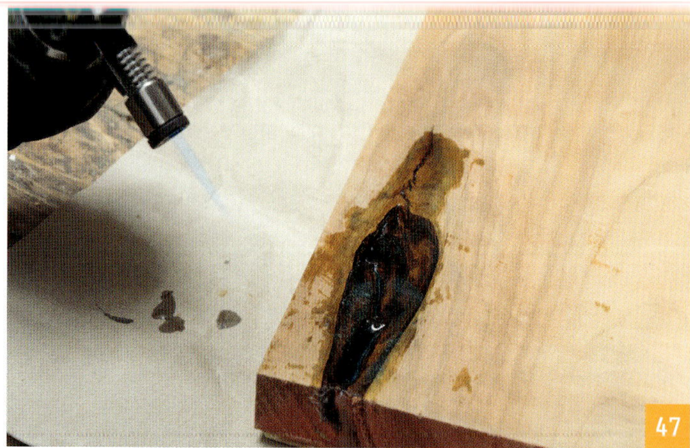
47

46

48

Farben: Epoxidharz und Härter werden i.d.R. glasklar geliefert, eine Einfärbung ist mit speziellen Alkoholfarben während der Mischung von Harz und Härter möglich. Wichtig ist hierbei die Aufzeichnung von Farbmischungsverhältnissen, wenn mehrere Schichtdicken wegen der Hitzeentwicklung erforderlich werden. Die meisten Farben sind hochkonzentriert – oft sind nur ein paar Tropfen notwendig, um das Epoxi intensiv einzufärben. 45 46
UV-Beständigkeit: Epoxidharz ist nur beschränkt lichtecht. Bitte beachten Sie dies, wenn Sie Ihre Arbeit einer direkten UV-Bestrahlung aussetzen, kann es zu Verfärbungen kommen.

Maximale Schichtdicke

Die maximale Dicke einer Epoxidharzschicht wird durch die freiwerdende Wärme während des Aushärtens bestimmt. Je schneller das Harz aushärtet, desto wärmer wird die Mischung, desto dünner muss die Schicht sein, um Aufkochen, Schaumbildung, Blasen oder Verbrennungen zu vermeiden. Außerdem kann ein nicht ausgehärteter Kern zurückbleiben. Die entsprechenden Schichtdicken geben i.d.R. die Hersteller an, ansonsten sind 5–10 cm ein guter Richtwert bei langsam härtenden Harzen. Blasen an der Oberfläche werden durch kurzzeitiges Erhitzen (Feuerzeug, Mikroflammenbrenner) zum Platzen gebracht. 47

Abweichungen von der Schichtdicke

Falls einmal dickere Schichten benötigt werden, als der Hersteller vorgibt, müssen diese etappenweise gegossen werden. Hierbei gießt man eine Schicht bis zur maximalen Dicke, lässt diese aushärten und gießt anschließend eine zweite Schicht Harz darauf. Wenn die erste Schicht komplett ausgehärtet ist, muss diese zuvor angeschliffen werden, um eine Bindung mit der zweiten Schicht zu ermöglichen. Alternativ kann man jedoch bereits die zweite Schicht Harz aufgießen, nachdem die erste Schicht teilweise ausgehärtet, aber noch leicht klebrig an der Oberfläche ist. Auf diese Weise verbinden sich beide Schichten besser miteinander und man erspart sich das Anschleifen.
Verarbeitung: Die gebräuchlichsten Epoxidharze werden im Verhältnis 2:1 oder 3:1 zusammen mit dem passenden Härter in Flaschen oder Kanistern angeboten. Die Mischung stellt man vorzugs-

weise in wiederverwendbaren Mischbechern aus Silikon mit einer Skaleneinteilung her. Oder Sie füllen die honigartigen Flüssigkeiten nach vorhergehendem Abwiegen auf einer Feinwaage in ein Mischgefäß. Wichtig ist bei der Vermischung der beiden Flüssigkeiten auf ein langsames Umrühren zu achten, um den Einschluss von Luftbläschen zu vermeiden. Sie haben bis zu 30 Minuten Zeit, die Mischung in den Astriss zu füllen, der zuvor auf der Unterseite mit Heißkleber oder Silikon gegen ein Durchsickern der Flüssigkeit verschlossen wurde. 48

Hier ist zunächst eine Menge von ca. 10 ml notwendig, den verzweigten Riss zu befüllen. Da die gefärbte Mischung mit der Konsistenz von Honig allerdings so flüssig und das den Riss umgebende Holz so aufnahmefähig ist, dass die Harz-Härter Mischung immer wieder absinkt, muss noch etwa 4 mal dieselbe Menge nachgefüllt werden. Leider hält in unserem Fall die Abdichtung mit Heißkleber und aufgeschraubter Pavatexplatte nicht, so dass die Mischung nach geraumer Zeit ihren Weg nach außen findet. Mit Klebeband zusätzlich abgedichtet, kann das Durchfließen bis zu einem gewissen Grad verhindert werden. Da das hier nicht vollständig gelingt, wird nach einigen Stunden auf das leicht ausgehärtete Epoxidharz noch einmal eine Füllung gegossen, die diesmal nicht mehr absinkt. Das vollständige Aushärten dauert nun mehrere Tage.

Überschüssiges Harz entfernen

Den Überstand schabt man am besten, so gut es geht, ab. Dann wird sowohl Holz als auch Epoxi so lange von grob bis fein geschliffen, bis alles eine glatte Ebene bildet. Der Epoxibereich kann noch separat auf Hochglanz poliert werden. 49 50 51

Da Epoxischleifstaub gesundheitsschädlich sein kann, empfiehlt es sich dabei, sowohl den Schleifstaub abzusaugen, als auch eine Filtermaske zu tragen.

Stabilisiertes Holz: Auf dem Markt gibt es durch Epoxidharz stabilisiertes Holz. Es eignet sich für alle Einsatzbereiche, bei denen Holz hoher Beanspruchung ausgesetzt ist. Die Stabilisierung macht das Holz unempfindlich gegen Nässe und Witterungseinflüsse. Gleichzeitig verstärkt das Stabilisieren die Maserung. Bearbeiten lassen sich stabilisierte Hölzer ähnlich wie unbehandeltes Holz, jedoch sollte man hohe Arbeitstemperaturen vermeiden, da es hier zum „Schmieren“ kommen kann. Es besteht ebenso die Möglichkeit, Hölzer einzufärben. Hierzu wird dem Plexiglas oder Kunstharz Farbe beigemischt und anschließend in das Holz gepresst. Dadurch entstehen oft einzigartige Oberflächen mit teils unglaublichen Effekten. Bei der verwendeten Farbe handelt es sich bei stabilisierten Hölzern i.d.R. um ungiftige Lebensmittelfarbe.

Fazit: Das Ausgießen mit Epoxidharz ist deutlich umständlicher und birgt mehr Risiken als die Anwendung anderer Füllmassen. Daher eignet sich diese Methode eher für dekorative Zwecke als für das technische Beseitigen von unerwünschten Löchern und Rissen.

49

50

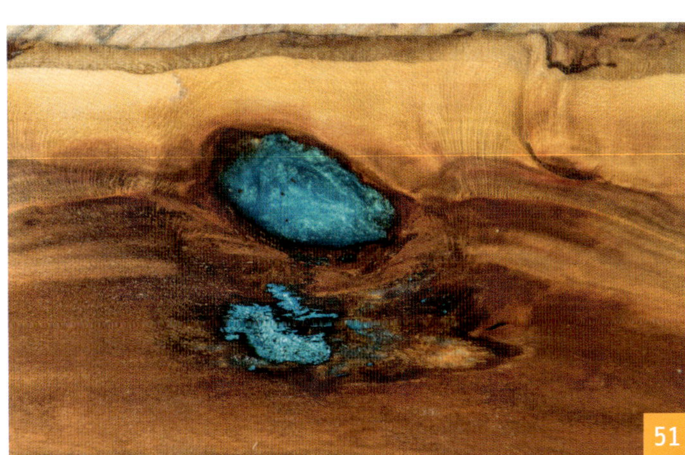
51

52

53

54

Äste

Äste sind charakteristisch für viele Holzarten und werden sowohl als Schmuck als auch als störend empfunden. **52** Sie zeigen im Grunde genommen dasselbe Schwundverhalten wie ein gesamter Holzstamm, denn Äste sind so etwas wie Stämme en miniature *(siehe Kapitel 1 Holzwissen)*. Äste werden im Kernbereich gebildet und wachsen durch den Splint nach außen. Je nach ihrer Lage mindern Äste die Holzqualität, da sie den Faserverlauf verändern bzw. stören und die Belastbarkeit des Holzes reduzieren.

Durchfalläste

Äste in Nadelholz sind gelegentlich so locker, dass sie ausfallen. Es handelt sich dann um sogenannte Ausfall- bzw. Durchfalläste. **53** Um unansehnliche qualitätsmindernde Löcher in Weichholz zu vermeiden, werden Durchfalläste schon bei der Holzherstellung ausgebohrt und durch Astlochdübel ersetzt.

Wie bohrt man Astlöcher aus?

Störende Äste im Holz können Sie selbst ausbohren und durch Astlochdübel ersetzen. Die sind in verschiedenen Holzarten und Größen erhältlich.
Für die Reparatur wird der störende Ast am besten an der Ständerbohrmaschine im Durchmesser und der entsprechenden Tiefe des Dübels ausgebohrt. **54** Wenn Sie den Dübel nun zur Maserung passend einleimen und bündig hobeln oder schleifen, wird der Ast das Gesamtbild viel weniger stören als vorher.

55

57

56

58

Industriell ausgebohrte Astlöcher

Die Industrie hat ihre eigenen, nicht unbedingt so dekorativen Methoden, Äste auszubohren. Dort kann sich aus Zeitgründen niemand die Mühe machen, Astlochdübel passend zur Maserung zusammen zu suchen. **55**

Traditionell ausgebohrte Astlöcher

Hatte man es früher bei Weichholz mit Ausfallästen zu tun, hat man die unregelmäßigen Löcher mit oval geschnitzten Stangen ausgefüllt. Da es damals noch keine Forstnerbohrer gab, war diese Methode zugleich praktisch als auch dekorativ. **56**

Wie füllt man rissige Äste?

Risse in Ästen schaden dem Holz zwar nicht, gelten aber gemeinhin als Schönheitsfehler. Mit farblich passenden Massen (Kitt, Weich- oder Hartwachs) ausgespachtelt kann man sie aber fast unsichtbar machen. Passt die Farbe des Kitts nicht, lässt sich dieser mit Filzstiften retuschieren. **57**

Tipps & Tricks

Für kleinere Risse in Ästen kann man Holzkitt selber herstellen. Dazu verrührt man Sägemehl derselben Holzart und Leim zu einer zähen pastösen Masse, mit der die Risse wie oben beschrieben verspachtelt werden.

Tipps & Tricks

Ein alter Schreinertrick ist das sogenannte senkrechte Ausspänen von Rissen in Ästen: Hierbei werden feine Holzkeile mit reichlich Leim in die Spalten im Holz geklopft und nach dem Abbinden plan gehobelt oder geschliffen. **58**

Kapitel 7

Furnierschäden

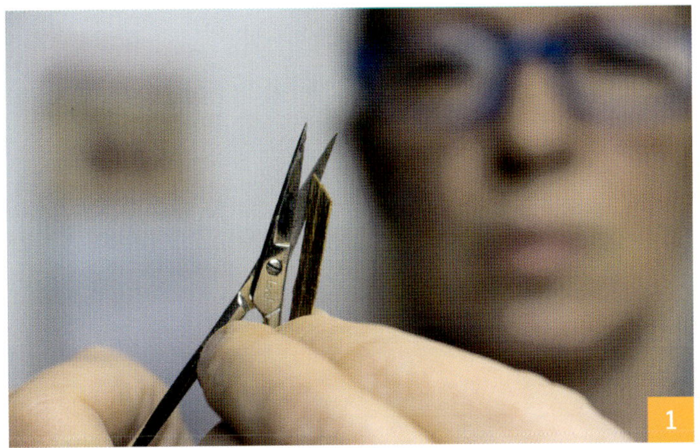

Was ist Furnier?

Als Furnier werden 0,5 bis 10 mm dicke Holzblätter bezeichnet, die durch verschiedene Säge- und Schneideverfahren aus Massivholz hergestellt werden. Aus nahezu jeder Holzart lässt sich Furnier in den genannten Dicken schneiden, aber einige Arten sind im Handel nicht so einfach zu bekommen. Alle gängigen Holzarten und Dicken kann man aber online oder im guten Holzhandel beziehen. 1 2

Tipps & Tricks

Vielleicht hat der Schreiner Ihres Vertrauens ein paar Furnierreste für Sie übrig. Zum Restaurieren benötigt man selten große Mengen.

Möbelbau ohne Furnier?

In früheren kunstgeschichtlichen Epochen wie beispielsweise dem Biedermeier wäre Möbelbau ohne schmückende Furniere nicht denkbar gewesen. Schön gezeichnete Hölzer waren schon immer rar und die begehrten Holzsorten massiv nicht in ausreichenden Mengen verfügbar. Das Zerteilen eines Stammes zu vielen Furnierblättern macht aus wenig Holzmaterial so viel Holzoberfläche, dass die Gestaltungsmöglichkeiten damit unendlich sind. Vielteilige geometrisch oder ornamental zusammengesetzte Maserungsbilder sind nur mit Furnieren aus einem einzigen Stamm zu machen. Aus demselben Stamm ließen sich hingegen nur sehr wenige, nahezu identische Massivholzteile herstellen.

Dekorativ furnierte Partien z. B. als Türfüllungen finden sich schon vereinzelt an Möbeln der Spätgotik. Ihren Höhepunkt erreichte die Furniertechnik aber erst im 18. und 19. Jahrhundert (Barock bis Biedermeier). 3 4

Furnier heute

Heutige Möbel zeichnen sich durch große einheitliche Flächen und Formholzprodukte aus, die ohne Furniere nicht produzierbar wären. Furniere spielen ohnehin in der Möbelproduktion die heimliche Hauptrolle, da auch häufig verwendetes Plattenmaterial wie Sperrholz und Multiplexplatten aus vielen Schichten Furnier besteht. Es handelt sich dabei zwar um minderwertiges, fehlerhaftes Furnier, dass aber durch das kreuzweise Verleimen im 90° Winkel zu flexiblem Plattenmaterial mit hoher Zugkraft und der nötigen Steifigkeit für großflächige Konstruktionen wird. *(siehe Kapitel 3 Risse und Konstruktion)* Ein weiterer großer Vorteil von Furnier ist, dass sich dieses Holzmaterial in geringeren Dicken herstellen lässt, als es mit Massivholz möglich wäre. 5 6

5

6

Wie unterscheidet man Furniere?

Furniere werden nach der Art ihrer Herstellung benannt: Man unterscheidet zwischen Säge-, Messer- und Schälfurnieren.
Sägefurnier wird in Dicken von 1,0 bis 10 mm aus Stämmen geschnitten. Das historische Verfahren ist auf Grund seines hohen Sägeverlustes (50% und mehr) und erhöhten Zeitaufwands teuer und hat heutzutage keine wirtschaftliche Bedeutung mehr. Nur noch für besonders hochwertige und stark beanspruchte Teile in der Möbelrestauration und im Instrumentenbau wird Sägefurnier verwendet. 7

Tipps & Tricks

Kleine Sägefurnierstücke für die Restaurierung kann man sich problemlos an der Bandsäge aus passendem Massivholz selber sägen. Oder man setzt sie aus mehreren Schichten Messerfurnier zusammen.

Um Sägefurnierstücke bei der Restaurierung zu ersetzen, muss man es eher wie Massivholz behandeln. Das bedeutet z. B., dass es sich ab 2 mm Dicke nicht mehr ohne weiteres mit einem Bügeleisen aufleimen lässt wie die anschließend demonstrierten Beispiele mit Messerfurnier.
Messerfurnier wird in Dicken von 0,5 bis 1,0 mm von gedämpftem bzw. gekochtem Massivholz mit Messern geschnitten. Diese Methode verzeichnet kaum Holzverluste bei der Herstellung. Je nach Richtung im Stamm erhält man gefladerte (blumige) oder streifig gezeichnete Furniere. Allerdings krümmen sich Messerfurniere bei der Herstellung so stark, dass an ihrer Unterseite Haarrisse auftreten. Idealerweise werden sie darum bei schmalen Werkstücken mit der rissigen Seite auf das Trägermaterial geleimt. Bei breiten Werkstücken erzielt man durch Stürzen der Furnierblätter dekorative Flächen, die Haarrisse werden durch die Oberflächenbehandlung i.d.R. weniger sichtbar. Stürzen bedeutet, Furnierblätter symmetrisch zusammenzusetzen.
Wenn Messerfurnier zum hochwertigen Belegen von Plattenmaterial verwendet wird, heißt es **Edel**- oder **Deckfurnier**. Besonders schöne Ergebnisse erreicht man mit teuren **Maserfurnieren**, die aus Wucherungen an Baumstämmen gewonnen werden. 8
Schälfurnier wird von gedämpften bzw. gekochtem Holz, das im Stammmittelpunkt aufgespannt ist, von außen nach innen abgeschält. Es kann so in Dicken von 0,2 bis 10 mm hergestellt werden und ist das wirtschaftlich wichtigste Furniergewinnungsverfahren. Tischler- und Multiplexplatten sind meist mit Schälfurnier belegt, da es in größeren Breiten rationell hergestellt werden kann. Der

7

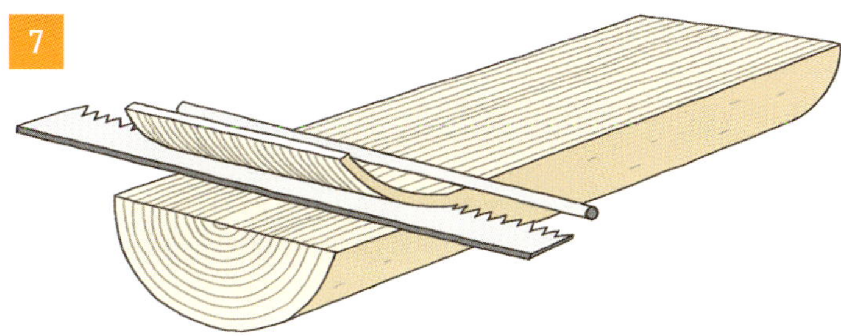

8

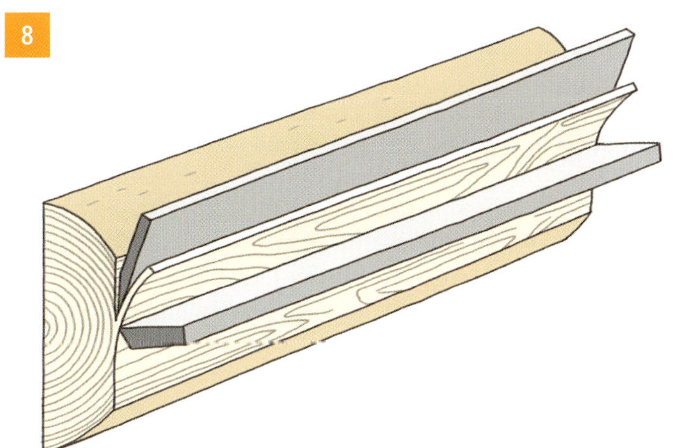

9

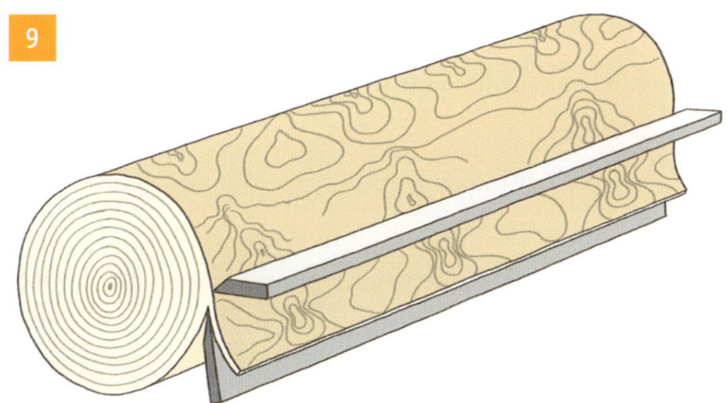

Nachteil, bzw. das Charakteristische an Sägefurnier aber ist, dass das rotierende Schneiden nur eine verwaschene Struktur erzeugt. Wenn es für optisch weniger anspruchsvolle Flächen verwendet wird, bezeichnet man es als **Unter-, Blind-** bzw. **Absperrfurnier**. Auf der Unterseite von Schälfurnier zeigen sich ebenfalls dünne Haarrisse, die hier weniger stören, weil es sich normalerweise nicht um schmückende Sichtflächen handelt. 9

Schälfurnier lässt sich ebenso beizen und oberflächenbehandeln wie hochwertigere Furniere, das Ergebnis wird aber auf Grund der verschwommenen Maserung nie so fein sein wie auf Messer- oder Sägefurnier.

Wie lässt sich altes Furnier ablösen?

Bei Möbelnn vor und um 1900 kann man mit löslichem Warmleim rechnen. Grundsätzlich sollte altes Furnier aber nur abgelöst werden, wenn bei evtl. vorherigem Ausbessern unsachgemäß gearbeitet wurde, das darunter liegende Holz (sogenanntes Blindholz) beschädigt ist oder der grösste Teil der Furnierfläche fehlt. Denn Messer- oder Schälfurnier unter 0,6 mm Dicke bricht sehr leicht und kann nach dem Ablösen oft nicht mehr in der gleichen Qualität aufgeleimt werden.

Muss das alte Furnier entfernt werden, sollten Sie zuerst prüfen, wie fest die Leimverbindung noch ist. Haftet der Leim kaum noch, kann das Furnier trocken mit einem biegsamen Spachtel abgehoben werden. Sitzt das Furnier aber noch fest, können Sie es mit Hilfe von Wärme und Wasser ablösen. Gut angefeuchtet und mit einem Bügeleisen angewärmt, lässt sich Furnier mit einem abgerundeten Spachtel abheben. 10 11

10

11

Wie beseitigt man Furnierblasen?

Finden sich auf einer furnierten Fläche sichtbare Blasen, hat sich das Furnier vom Untergrund gelöst. I.d.R. passiert das bei älteren Möbeln, bei denen mit reversiblen Glutinleimen (Knochen- oder Fischleim etc.) gearbeitet wurde. Diese Blasen, auch Kürschner genannt, sollten wieder mit dem Untergrund fest verbunden werden, bevor sich lockere Furnierstückchen vollständig lösen und vielleicht verlorengehen. 12

Test: lose Stellen hören sich beim Daraufklopfen mit dem Fingernagel hohler an als festes Furnier. 13

Wenn die lose Stelle keinen Riss hat, befindet sich der ursprüngliche Leim vermutlich noch in bröselig getrockneten Zustand unter der Blase. Meistens reicht die Wärme eines nicht zu heißen Bügeleisens aus, den getrockneten Leim zu verflüssigen und neu abbinden zu lassen. Am besten legen Sie ein gewachstes Papierstück (Rückseite von Etikettenpapier oder Backpapier) dazwischen, damit weder das Überzugsmittel schmilzt noch Brandflecken entstehen. Mit der Fingernagel-Klopfprobe lässt sich anschließend überprüfen, ob die lose Stelle wieder mit dem Untergrund verbunden ist.

Wie verleimt man Risse im Furnier?

Werden die Blasen von Rissen im Furnier begleitet, ist der getrocknete Glutinleim vermutlich schon längst durch den Riss entwichen. Hier muss mit einer Zugabe von hitzebeständigem Leim (Express Weißleim oder Glutinleim) nachgeholfen werden. Wichtig ist, vor dem Einbringen des Leims die gelösten Furnierbereiche von über der Zeit angesammeltem Schmutz zu befreien. Die Haftung des neuen Leims würde sonst behindert werden. Auch hier ist es angebracht, ein trennendes, gefettetes Papierstück zum Schutz der Oberfläche zwischen Bügeleisen und Furnier zu legen. Austretenden Leim sollten Sie so schnell und sanft wie möglich mit Wasser abwaschen oder einem stehenden Stemmeisen abziehen. 14

12

13

14

Welche Furniere sind zum Ausbessern geeignet?

Ein in Holzsorte, Farbe und Struktur möglichst dem Original entsprechendes neues Furnierstück zu finden, ist schon die halbe Miete. Das Ziel beim Ergänzen und Ersetzen von fehlerhaftem Furnier ist die größtmögliche Unauffälligkeit der ausgebesserten Stelle. Dabei darf Furnier, selbst wenn man die passende Holzsorte zur Verfügung hat, dennoch auf keinen Fall dunkler sein als das alte Furnier, da sich das durch Beizen nicht korrigieren lässt. Denn honigfarbene Schellackpolitur und die Patina der Zeit verleihen alten Furnieroberflächen meist einen gelblicheren Ton, als unbehandeltes neues Furnier es hat. 15

Die hier vorgestellten Ausbesserungstechniken sind mit Messer- und Schälfurnier in heute handelsüblicher Dicke von ca. 0,3–0.6 mm Dicke ausgeführt, wie es auch auf Möbeln Anfang des 20. Jahrhunderts zu finden ist. Wenn man ein sonst passendes, aber zu dünnes Furnierstück aufgetrieben hat, kann man die Renovierung auch mit zwei übereinander geleimten Schichten ausführen.

Bügeleisen oder Zwingen?

Wenn man Messerfurnier mit dem heißen Bügeleisen (mittlere Einstellung) verleimen möchte, muss man entsprechend Druck ausüben und einen hitzebeständigen Leim wie Express-Weißleim oder Glutinleim (Knochen- oder Fischleim) verwenden. Der gängige Weißleim quillt bei Hitzeeinwirkung und lässt aufgeleimte Furnierteile dicker werden.

Gegenüber Zwingen als Druckmittel hat ein Bügeleisen mehrere Vorteile:

Druck ausüben, wo keine Zwingen angesetzt werden können,
der Leim bindet durch Wärme schneller ab,
die Bügelcisenspitze passt sich auch unebenen Untergründen an,
Verrutschen des Furniers während des Leimvorgangs kann noch korrigiert werden.

Nachteile sind eventuelle Brandflecken, wenn das Bügeleisen zu heiß eingestellt war. Auch ruiniert die Hitze i.d.R. die Oberflächenbeschichtung, so dass die Bügelmethode nur sinnvoll ist, wenn anschließend die Oberfläche neu behandelt werden muss. 16 17

16

15

17

Ausgefranster Furnierrand

Ausgefranstes Furnier an einer Kante müssen Sie nicht unbedingt Stückchen für Stückchen in derselben Richtung ersetzen. Wenn so wie hier ein Furnierfehler symmetrisch an beiden Seiten eines Korpus oder einer Schublade auftritt, können Sie die ausgebrochenen kleinen Fehlstellen zusammenfassen und mit einem Längsstreifen furnieren. Das ist auf alle Fälle rationeller und kann im Ergebnis sogar haltbarer sein, als einzelne kleine eingesetzte Stückchen zu ersetzen. Und gut d. h. unauffällig sieht es am fertig restaurierten Möbel auch noch aus.

Zunächst trennen Sie parallel zum Rand den schadhaften Bereich mit einem Cutter und Lineal durch und lösen das Furnier mit einem Stemmeisen vorsichtig ab. Anschließend können Sie die Stelle mit dem Bügeleisen leimen oder auch Zwingen ansetzen, wenn sie sich gut ansetzen lassen.

Die symmetrisch ausgebesserten Streifen erscheinen gebeizt und poliert als ganz selbstverständliches Gestaltungselement. 18 19 20 21

Beschädigtes Furnier in einer Fläche

Der Brandfleck auf der furnierten Platte reicht so tief, dass das beschädigte Furnier nicht zu retten ist, sondern ersetzt werden muss. Zunächst müssen Sie eine Form finden, die sich möglichst organisch dem Faserverlauf anpasst und gerade Schnitte quer zur Faser möglichst vermeidet. Die fallen immer am stärksten ins Auge. Gerundete Schnitte lassen sich am besten mit einem scharfen Cutter oder Furniermesser bewerkstelligen. Der Untergrund der Fehlstelle muss so eben gearbeitet sein, dass ein neues Furnierstück auch in der Höhe genau hineinpasst. Was die Farbwahl angeht, so sollte neues Furnier auf keinen Fall dunkler sein als das alte, noch auf dem Möbel vorhandene Furnier. Die endgültige Farbe lässt sich am besten durch Befeuchten des einzusetzenden Stückes erkennen. Durch Übertragen des Furnierloches auf einen Klebstreifen, ein Etikett oder einfaches Papier ermitteln Sie nun die genaue Form. Mit einer feinen Schere lässt sich knapp außerhalb des gezeichneten Randes das neue Stück in die passende Form schneiden.

18

20

19

21

22

25

23

26

24

Die folgenden Arbeitsschritte sind dieselben wie bei allen anderen Furnierfehlstellen: leimen, pressen (bügeln), fein schleifen, beizen und polieren.

Zum Färben des Furniers können Sie neben Wasserbeize auch wasserlösliche Filzstifte verwenden, wenn anschließend mit alkohollöslicher Politur (Schellack) weitergearbeitet wird. Alkohollösliche Farbstifte (Eddings) würden von der Politur wieder abgelöst werden. So passt sich das eigesetzte Stück möglichst unauffällig seiner Umgebung an. 22 23 24 25 26 Die farbliche Furnieranpassung ist auf Seite 230 zu sehen.

Kleine Furnierstückchen einleimen

Es ist gar nicht so aufwändig, viele kleine Furnierstückchen am Rand zu ersetzen, wenn Sie die Form der einzelnen Stückchen vereinfachen. Das bedeutet, geschwungene oder fransige Linien zu vermeiden und eher Dreiecke oder schmale Streifen mit dem Stemmeisen zu schneiden. Solche kleinen Stückchen am Rand lassen sich mit etwas Augenmaß schätzen und müssen nicht einzeln mit Papier durchgepaust werden. 27 28 29

27

Kleine Fläche neu furnieren

Eine kleine Schublade soll mit zwei symmetrisch gestoßenen Furnierstücken mit leicht schrägem Maserverlauf neu furniert werden. Dazu ermitteln Sie zunächst die Mitte auf der Leimfläche. Zwei identische Furnierstücke werden nun leicht schräg zum Maserungsverlauf miteinander gerade geschnitten. Dann ergibt sich beim spiegelverkehrten Aneinanderstoßen eine konische Maserung. Damit die Stoßkanten genau passen, können Sie beide Furnierstücke miteinander zwischen zwei Sperrholzstreifen klemmen,

28

30

29

31

32

34

33

35

36

leicht überstehen lassen und mit Schleifpapier oder Feile begradigen. Nun wird die erste Hälfte mit dem warmen Bügeleisen exakt an die Mittellinie geleimt. Erst wenn Sie die Stoßkante von austretendem Leim gereinigt haben, sollten Sie die zweite Hälfte aufbügeln. Die überstehenden Furnierränder können Sie, sobald der Leim vollständig erkaltet ist, mit einer Feile oder einem Schleifpapier im Schleifklotz brechen. Dazu immer von der Furnierfläche aus schräg nach unten feilen oder schleifen, sonst reißt das Furnier auf. Die fertig furnierte, noch ungebeizte Schubladenvorderseite zeigt zwei gespiegelte Furnierflächen, von denen die linke Hälfte auf Grund des Stürzens des Furniers noch dunkler ist. Das Beizen mit Nussbaum Körnerbeize und die anschließende Schellackpolitur vereinheitlichen den Unterschied. 30 31 32 33

Furnier vor dem Verleimen glätten

Vor allem Wurzelmaserfurnier ist häufig zu wellig, um es problemlos zu verleimen. Mit Feuchtigkeit lässt sich das aber bis zu einem gewissen Grad beheben. Dazu befeuchten Sie das ausgewählte Furnierstück und legen es zwischen zwei in der Größe passende Platten. Der Druck der Zwingen muss so lange wirken, bis das Furnier wieder völlig trocken ist. I.d.R. reicht dazu eine Nacht. Wichtig ist, das geglättete Furnier sofort zu verarbeiten. Es würde allein durch die Luftfeuchtigkeit bald wieder wellig werden. 34 35 36

37

38

39

40

41

Größere Fläche neu furnieren

Um größere Flächen neu zu furnieren, muss die Vorbereitung besonders sorgfältig sein. Ein glatter Untergrund ist unabdingbare Voraussetzung für das Verleimen. Und sich für alle Fälle Platten als Zulagen bereit zu legen ist ratsam.

Bei der Verwendung von Glutinleim (Knochenleim) hilft Wärme. Wenn Sie den Untergrund mit einem Föhn erwärmen, muss der Auftrag des erwärmten Knochenleims besonders zügig erfolgen 37 38. Ist kein Furnierhammer zu Hand, können Sie das Furnier auch mit einem Fäustel aufreiben 39. Falls der Druck nicht reicht oder zu kurz ist, können Sie mit einem feuchten Tuch und warmem Bügeleisen nachhelfen 40 41. Ist es konstruktiv möglich, dann setzen Sie am besten am Schluss noch Zwingen an, bis der Leim endgültig ausgehärtet ist. So bleibt das Furnier sicher dort, wo es halten soll.

42

Neues Zentrum auf alter Platte

Die Kreuzfuge eines Tisches mit Wurzelmaser ist stark beschädigt. Genau passendes Furnier war in diesem Fall nicht aufzutreiben. Um aus dem Mangel ein harmonisches Gestaltungselement zu machen, kann man die fehlenden Furnierteile zu einer dekorativen Fläche (hier ein auf der Spitze stehendes Quadrat) zusammenfassen. So bildet das etwas dunklere Wurzelmaserfurnier jetzt das Zentrum dieser außergewöhnlich furnierten Tischplatte. 42 43 44

43

44

Ausgefranstes Furnier zusammenfassen

An einer Schubladenecke ist das Furnier ausgefranst. Da sich diese Fläche zu einem schlichten Dreieck zusammenfassen lässt, ist die Reparatur hier nicht schwierig. Ein in Struktur und Farbe (eher helleres) passendes Furnierstück ist hier nicht nur die halbe, sondern die ganze Miete. Wichtig ist die gerade Kante im Faserverlauf zwischen neuem und altem Furnier. Falls Sie das Furnierstück mit Zwingen verpressen wollen, sollten Sie es mit einem Papierklebestreifen fixieren und Zulagen verwenden. Soll das Stück mit einem Bügeleisen verleimt werden, reicht eine nicht haftende Unterlage wie Etiketten- oder Backpapier unter dem heißen Bügeleisen. 45

49

Mit Gegenform furnieren

Geschwungene Formen zu furnieren, ist nicht ganz einfach. Mit dem Bügeleisen lässt sich nicht gleichzeitig an allen Stellen der nötige Druck aufbauen. In so einem Fall ist es am besten, sich eine Gegenform zu sägen. Ganz entscheidend dabei ist, dass diese Gegenform wirklich perfekt passt. Der Druck an dem zu verleimenden Furnier muss überall gleich stark sein. Falls Ihnen das nicht perfekt gelingt, können Sie ein bisschen schummeln, indem Sie in Lücken noch kleine Furnierstückchen als Druckverstärkung schieben. 49 50 51

Mit Furniernadeln befestigen

Ist das aufzuleimende Furnier nicht so stark bzw. schön flexibel, reicht es in einigen Fällen, das Furnier mit Klebestreifen und vielen Furniernadeln zu befestigen. 52

50

51

52

Profil furnieren

53

Ein geschwungenes Profil zu furnieren, ist eine anspruchsvolle Angelegenheit. Vor allem, wenn wie hier der Maserverlauf des Furniers quer zur Längsrichtung des Frieses verläuft. Das Furnier muss so elastisch sein, dass sich die kurzen Querfasern trotzdem in die Vertiefung schmiegen. Das lässt sich eigentlich nur mit Wärme und Feuchtigkeit erreichen. Mit Dampf erhöht sich die Elastizität jeder einzelnen Faser.

Bevor Sie mit dem Leimvorgang beginnen, muss bei so einem komplexen Vorhaben die Vorbereitung wirklich perfekt sein. Das hergestellte Gegenprofil ist leider nicht genau genug, um als einzige Zulage auszureichen.

Heißer Sand ist ein raffiniertes Hilfsmittel, dass sich allen Formen gut anpasst und den Druck überträgt. Im Backofen erwärmt und in einen Stoffschlauch gefüllt, liegt er während des Pressvorgangs zwischen Furnier und Zulage. Das Ergebnis kann sich sehen lassen und muss nur mehr geschliffen und farblich an das alte Furnier angepasst werden. 53 54 55 56

54

55

56

Oberflächenbehandlung von Furnieren

Am Schluss des Verarbeitungsprozesses steht die Oberflächenbehandlung von neuem und altem Furnier. I.d.R. werden eingesetzte Hartholzfurniere an antiken Möbeln auch mit Schellack behandelt, sofern das gesamte Möbels ehemals auch mit Schellack poliert war. *(siehe Kapitel 12 Schellack)*
Alte Weichholzmöbel, in unseren Breiten meist im bäuerlichen Stil gefertigt, waren früher meist mit Bienenwachs eingelassen *(siehe Kapitel 11 Oberflächenmittel schichtbildend)*.
Den Anfeuerungseffekt während der Oberflächenbehandlung gibt es bei Furnier genauso wie bei Massivholz, d. h. es reagiert in beiden Fällen gleich. Jede transparente Oberflächenbehandlung lässt den Holzton dunkler erscheinen, betont die Maserung und betont und verstärkt Farbschattierungen im Furnier.

Schleifen von Furnier

Furnier muss ebenso wie Massivholz vor der Oberflächenbehandlung geschliffen werden. Da aber Furnier an sich schon glatt ist, darf man es auf keinen Fall zu grob (nicht unter Körnung 120) oder gar quer zur Maserung schleifen. Derart verursachte Kratzer lassen sich i. d. R. nicht mehr vollständig durch feines Schleifen entfernen und werden durch Beizen auf alle Fälle wieder sichtbar *(siehe Kapitel 8, Schleifen)*.

Checkliste Furnier:

Wenn man sich an ein paar Grundregeln hält, ist es gar nicht schwer, Furnier selbst aufzuleimen oder auszubessern:

- Der Untergrund, auf den das Furnier geleimt werden soll, muss sauber und eben sein.
- Alter Leim und Lack, bzw. alle trennenden, die Haftung erschwerenden Stoffe, müssen vor dem Furnieren vollständig entfernt sein.
- Verzogenes und gewelltes Furnier sollte vor dem Furnieren geglättet werden. Dazu feuchtet man es leicht an und presst es zwischen zwei Platten, bis es wieder trocken ist.
- Wenn kleinere fehlende Furnierstücke ersetzt werden sollen, muss der Untergrund so eben und vertieft sein, dass einzusetzende Furnierteile die Fehlstellen oder Löcher in ihrer gesamten Größe und Höhe möglichst genau ausfüllen.
- Neues in eine Fehlstelle einzusetzendes Furnier sollte dem alten Furnier möglichst genau in Holzart, Dicke, Struktur und Maserverlauf entsprechen.
- Einzusetzende Furnierstücke dürfen heller, sollten aber möglichst nie dunkler sein als das Orginalfurnier, da sie sich durch Beizen und Retuschieren farblich dunkler angleichen aber nicht aufhellen lassen.
- Die Schnittkanten von zusammengesetztem Furnier müssen ohne Spalten zusammenpassen.
- Nebeneinander liegende Furnierstreifen furniert man entweder hintereinander und säubert dazwischen immer wieder die Fugen,
- Oder man verleimt sie gleichzeitig 10–15 mm überlappend, um sie während des Leimvorgangs entlang eines festgezwingten Stahllineals mit Hilfe eines Furniermessers oder einer Furniersäge sauber zu durchtrennen
- Furnierteile können entweder mit leimdurchlässigem Furnierklebeband auf der Unterseite verbunden und aufgeleimt werden
- Oder mit Papierklebeband auf der Oberseite, dass nach dem Leimvorgang wieder abgelöst/gehobelt/geschliffen wird.
- Furnierverleimungen, bei denen Zwingen den notwendigen Druck ausüben, können mit kalt zu verarbeitenden Leimen wie Fisch- oder Weißleim ausgeführt werden.
- Geschwungene, profilierte und gerundete Holzteile können am sichersten furniert werden, wenn man sich eine Gegenform zum Profil herstellt.
- Abgüsse des profilierten Holzteils können auch mit Gips oder Epoxidharz hergestellt werden.
- Das Orginalteil sollte bei der Verwendung von Gips mit einer dünnen Fettschicht (Vaseline) geschützt werden.
- Bei der Verwendung von Epoxidharz ist das Orginalholz durch Plastilin zu schützen.
- Der notwendige Pressdruck kann auch mit vielen kleinen Furnierstiften erzeugt werden. Die erforderliche Presszeit an Stellen, an denen keine Zwingen angesetzt werden können, wird durch die Hitze eines Bügeleisen erheblich verkürzt. Beim Furnierbügeln muss mit hitzebeständigen Leimen wie Express-Weiß- und Glutinleimen (Knochen- und Fischleim) gearbeitet werden.
- Bis der Leim abzubinden beginnt, muss mit einem mäßig heißen Bügeleisen Druck, verteilt über die gesamte beleimte Fläche, ausgeübt werden.
- Die optimale Verarbeitungstemperatur liegt zwischen 18–20° C

Kapitel 8

Schleifen

Wieso schleifen?

Das Schleifen von Holz ist die grundlegende Voraussetzung für eine einwandfreie Oberfläche, wenn ein neues Möbelstück einen schützenden und/oder schmückenden Überzug erhalten soll. Denn Hobelschläge und sonstige Maschinenspuren würden bei fast allen Überzugsmitteln unschöne Spuren in der Struktur der Oberfläche hinterlassen. Schleifen im passenden Körnungsgrad erhöht also grundsätzlich die Feinheit des späteren Überzugs, egal was aufgebracht wird. Bei renovierungsbedürftigen Möbel entfernt der Schleifvorgang zudem abgenutzte Beschichtungen und bereitet gleichzeitig für eine Neubehandlung vor. 1 2

Zusammensetzung von Schleifpapieren

Im Grunde sind alle **Schleifpapiere** gleich aufgebaut: auf einem Trägermaterial (Papier oder Textil) werden spitze Schleifkörnchen mit einem Bindemittel fixiert bzw. festgeleimt.
Als Trägermaterial für die konfektionierten Schleifmittel, d. h. die fertigen Zuschnitte oder Bänder, kommt meist Papier zum Einsatz. Daher auch der Begriff Schleifpapier.
Leinen oder anderes **textiles Gewebe** sind Materialien von besonders großer Stabilität. Auf Grund ihrer Flexibilität werden sie daher besonders für Bandschleifmaschinen, Schleifzylinder und -fächer verwendet. 3 4

1

2

3

4

Körnungsangaben

Auf der Rückseite eines Schleifpapiers wird seine Körnung mit einer Zahl angegeben. Je höher die Zahl, umso feiner ist der Schleifgrad. Die Körner werden durch Siebe mit entsprechend großen Maschen auf das Trägermaterial, d. h. Papier oder textiles Gewebe, gestreut. Für den Holzbereich findet man Schleifpapier angefangen bei Körnung 24, über 40, 60, 80, 100, 120, 150,180, 240, 300. Alles was feiner ist, ist eigentlich für die Bearbeitung von Metall oder anderen glatten Materialien gedacht.

Das **„P“** vor der Körnungsangabe signalisiert eine einheitliche Korngröße, die von der FEPA, dem Verband der europäischen Schleifmittelhersteller, genormt wird.

Pfeile, die manchmal auf die Rückseiten der Schleifpapiere aufgedruckt sind, spielen nur bei geschlossenen Schleifbändern mit einer überlappten Klebeverbindung eine Rolle. Solche Bänder sollten nur in der empfohlenen Richtung auf eine Maschine gespannt werden, in der Gegenrichtung angebracht, wäre die Gefahr des Reißens sehr groß. 5 6

Schleifvorgang Beim Vorgang des Schleifens wird ein Teil der Holzfasern durch die Körnchen des Schleifpapiers abgetrennt, was sich je nach Körnungsgrad als grober oder feiner Schleifstaub zeigt. Der andere Teil der Fasern wird durch den Schleifdruck in die Holzfläche zurück gepresst. Im Falle eines wässrigen Überzugsmittels (Beize, Wasserlack, Acryllasur etc.) richten sich dann alle niedergedrückten Fasern wieder auf. Die Oberfläche wird wieder rauer und muss mit feinerem Schleifpapier erneut geschliffen werden.

Reihenfolge beim Schleifen Der gröbere Vorschliff ebnet Holzflächen ein und entfernt dabei leichte Leimdurchschläge, Flecken und Unregelmäßigkeiten. Der feinere Nachschliff gibt dem Holz die nötige Glätte und Sauberkeit für die darauffolgende Oberflächenbehandlung. Man schleift Holz möglichst in Stufen von grob nach fein. Dabei werden mit der immer feiner werdenden Körnung die Riefen und Kringel (beim Excenterschleifer) des vorhergehenden Schleifdurchgangs beseitigt.

Grundsätzlich sollen alle Holzmaterialien in Richtung der Fasern geschliffen werden, denn quer zur Faser erzeugt man Kratzer, die schlecht zu entfernen sind und sich bei der Oberflächenbehandlung abzeichnen.

5

6

7

8

Am besten schleift man ohne allzu großen Druck, damit hochstehende Fasern nicht zu sehr niedergedrückt, sondern sauber abgeschnitten werden. Nach jedem Schleifgang ist die Oberfläche von Schleifstaub zu befreien, weil sich sonst die Poren damit zusetzen und Oberflächenmittel schlechter haften. 7 8

9

10

Schleifen in Stufen

Mit welcher Körnung man beginnt, hängt von der Oberfläche des Werkstücks ab. Je rauer und unebener, desto gröber muss der erste Schliff sein.

Eine sinnvolle Abstufung ist z. B. von Körnung 80 – 120 – 180 – 240. Wichtig ist, dass zwischen den einzelnen Korngrößen keine allzu großen Unterschiede liegen – sonst werden die Riefen des gröberen Schleifpapiers nicht ausreichend eingeebnet.

Grobes Schleifpapier mit Körnung 40–60 ist eigentlich nur für das Einebnen wirklich rauer Oberflächen gedacht. In einer schon geglätteten Oberfläche hinterlässt es sehr tiefe Riefen, die kaum mehr ungeschehen zu machen sind.

Nach dem Auftrag eines Überzugmittels muss grundsätzlich ein wesentlich feinerer Zwischenschliff erfolgen, mit Körnung 240–320 bei geölten oder lackierten und Körnung 320–400 bei polierten Oberflächen. 9 10

11

13

12

14

Wässern ja oder nein?

Wässern bedeutet, eine bereits geschliffene Holzfläche mit Wasser zu befeuchten. Die Feuchtigkeit lässt vor allem diejenigen Holzfasern quellen, die beim Schleifen ins Holz gedrückt wurden. So angefeuchtet stehen sie wieder auf, was zur Folge hat, dass sich die Fläche sofort rauer anfühlt. Vollständig getrocknet, „köpft" man dann mit möglichst wenig Druck diese Faserspitzen mit feinem frischem Schleifpapier. Am besten wählt man dazu eine Körnung, die um den Betrag 60 feiner ist als das Schleifpapier vor dem Wässern. Wenn nun wasserbasierte Überzugmittel aufgetragen werden, stellen sich deutlich weniger Fasern auf als ohne den Arbeitsschritt des Wässerns. Die Oberflächengüte wird feiner und glatter sein. Außerdem reduziert es den Schleifaufwand beim Zwischenschliff ganz erheblich. Im Vergleich zum Schleifen verursacht Hobeln gegen die Faserrichtung oder um Äste herum Einrisse. Diese können nur durch Schleifen, am besten zunächst maschinell, dann von Hand in Faserrichtung entfernt werden. 11 12 13

Streuung der Schleifkörner Man unterscheidet Schleifpapiere nach der Streuung ihrer Schleifkörner: diese kann offen oder geschlossen sein mit sämtlichen Übergangsstufen dazwischen.
eine **geschlossene** Streuung bedeutet geringe gleichmäßige Abstände zwischen den Schleifkörnern. Sie hat den Vorteil, dass die Rautiefe des einzelnen Schleifkorns geringer ist. Rautiefe ist der Fachbegriff für die Schleifriefe, die ein einzelnes Korn erzeugt. Wenn also die Körner dichter beieinander liegen, kann das einzelne Korn nicht so tief kratzen. Von Nachteil ist, dass sich Schleifstaub bei geschlossener Streuung nicht gut abtransportieren bzw. absaugen lässt. Solche Schleifpapiere setzen sich je nach geschliffenem Material schneller zu als die mit offener Streuung. Schleifpapier, dessen Streuung nicht explizit genannt ist, ist in der Regel eher geschlossen gestreut.

Empfohlen wird eine geschlossene Streuung vor allem für massives Weichholz im Grobschliff und den Feinschliff von Hartholz und Furnieren.

Für den Zwischenschliff beim Lackieren eignet sich nur die geschlossene Streuung, die offene reißt tiefere Riefen in die Oberfläche.

Eine offene Streuung bezeichnet größere Abstände zwischen den einzelnen Schleifkörnern. Sie bewirkt, dass Schleifstaub leichter dazwischen herausfällt und besser abtransportiert bzw. abgesaugt werden kann. Schleifpapiere mit offener Streuung nutzen sich nicht so schnell ab, man spricht von einer längeren Standzeit. 14

Empfohlen **wird die offene Streuung** vor allem für Weichhölzer wie massive Fichte bzw. Kiefer, die sich damit effektiver bearbeiten lassen.

Qualitätskriterien

Es gibt bei Schleifmitteln enorme Qualitätsunterschiede. Es lohnt sich daher genauer hinzusehen und nicht nur nach dem Preis zu kaufen. Oft sind teurere Schleifmittel aufgrund der längeren Standzeiten im Endeffekt doch die günstigere Lösung. Die Unterschiede liegen beispielsweise in der Qualität der Bindung.

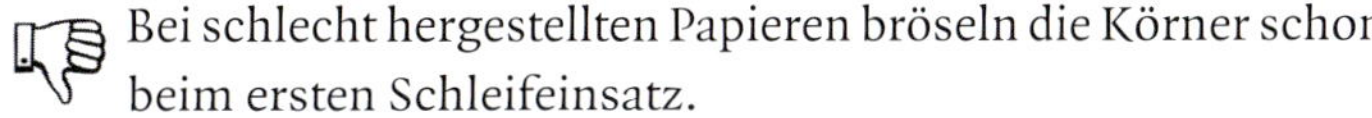
Bei schlecht hergestellten Papieren bröseln die Körner schon beim ersten Schleifeinsatz.

Ein weiterer Qualitätsaspekt ist die Ausrichtung der Schleifkörner: im besten Falle zeigt die Spitze des Schleifkornes immer nach oben, was aber leider mit bloßem Auge kaum zu erkennen ist.

Unterschiede gibt es auch bei den Schleifkörnern selbst. Die Härte und Form des Schleifkornes ist ganz entscheidend für die Standzeit.

Schleifmittelarten

Für verschiedene Aufgaben gibt es verschiedene Schleifmittel:

Für den Schliff von Massivholz kommt meist Korrund (meist rotbraun) zum Einsatz. Es gehört zu den preisgünstigen Schleifmitteln und ist für alle Weich- und die meisten Harthölzer vollkommen ausreichend. Daher ist der Einsatz höherwertiger Schleifmittel meist nicht lohnend, diese würden zwar eine etwas höhere Standzeit erreichen, aber auch wesentlich teurer werden.

Für das Schleifen von Lacken (meist graues Schleifpapier) und Metallen (schwarzes Schleifpapier) kommen hingegen höherwertigere Schleifkörner wie Siliziumkarbit oder Aluminiumoxyd zum Einsatz. Die Bruchform der Schleifkörner ist bei Siliziumkarbit sehr scharfkantig, wodurch sich ein eher aggressives Schleifpapier ergibt. 15 16 17

Schleifmittel sollten frei von Metallpartikeln sein, die sonst schwarze Oxidationsflecken erzeugen können.

15

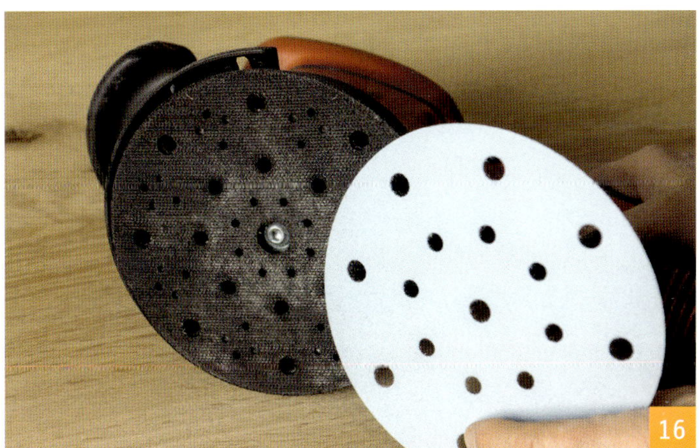
16

17

Schleifwerkzeuge und -materialien

Schleifkork-Blöcke 18 sind die gebräuchlichsten Handschleifmittel, da man sie mit jedem Schleifpapier umwickeln kann. Mit ihren rechtwinkligen Flächen ebnen sie sowohl größere Flächen als auch Ecken ein.

Schleifblöcke 19 mit Klettbelag bestehen aus einem flexiblen Kunstoffmaterial, auf dem Schleifpapier oder -gitter haften. Das Schleifen von unebenen Flächen, wie sie bei alten Möbeln häufig anzutreffen sind, funktioniert mit den flexiblen Blöcken besser als mit einem starren Schleifkork. Vor allem Furnier wird damit nicht so schnell durchgeschliffen.

Schleifschwämme 20 sind an allen vier Längsseiten mit Schleifkörnern beklebt. Sie eignen sich besonders zum Schleifen von Rundungen und Profilen, da sie hochflexibel sind und sich dadurch auch unebenen Untergründen leicht anpassen. Sie sind sowohl nass als auch trocken einsetzbar.

Schleifgitter 21 sind eine Neuentwicklung unter den Schleifmitteln. Dieses synthetische Gewebe in Gitterstruktur ist rundherum mit Schleifkörnern belegt und wurde speziell für das Schleifen von Lacken, Kunststoffen, weichem Aluminium, Weichholz etc. entwickelt. Durch die zahlreichen Löcher wird eine optimale Staubabsaugung beim Maschinenschliff gewährleistet und eine höhere Standzeit erreicht. Die Kosten für Schleifgitter sind relativ hoch, amortisieren sich durch die längere Gebrauchsdauer aber bald.

Im industriellen Bereich werden auf speziellen Profilschleifmaschinen solche hochflexiblen Schleifbänder eingesetzt. Das Trägermaterial ist hierbei ein biegsames Kunststoffmaterial, dass sich beliebigen Formen anpassen kann.

Schleifvlies 22 ist ein synthetisches Faservlies mit dreidimensional eingearbeiteten Schleifkörnern. Es besteht durch und durch aus schleifendem Material. Grobes Schleifvlies säubert und entfernt alte Oberflächenbeschichtung, feines Vlies ebnet geölte und polierte Flächen ein. Auf Grund seiner flexiblen Struktur passt es sich allen Untergründen an und ist trocken und nass verwendbar. Beim Schliff geölter Oberflächen setzt es sich nur geringfügig zu. Die Körnungen und Farben von Schleifvliesen sind leider nicht genormt, auch die jeweiligen Buchstaben vor der Körnungsangabe variieren von Hersteller zu Hersteller.

18

20

19

21

22

24

23

25

Lediglich weißes oder beiges Schleifvlies scheint einheitlich ohne Schleifkörner auszukommen, es wird zum Polieren und Einmassieren von Ölen verwendet.

Vergleichbar sind die Angaben zur Feinheit eher mit Stahlwolle als mit Schleifpapier. Sie reichen bei einer Firma beispielsweise von A 80 bis S 1500 und werden als „sehr grob" bis „microfein" bezeichnet. Die gröberen Körnungen sind für die Beseitigung von Schmutz, altem Lack etc. geeignet. Feineres Schleifvlies glättet Grundierungen, Öl und Lack und setzt sich auch bei der Bearbeitung von ölhaltigen Massivhölzern nicht zu.

Wenn weiche oder sehr grobporige Hölzer mit einem Schleifvlies bearbeitet werden, führt dies besonders bei Körnungen unter 180 meist zum hervorheben der Struktur. Dieser Effekt beruht darauf, dass das Vlies aufgrund seiner Eigenschaften mehr weiches Holz abträgt als hartes. Die Jahresringe werden dadurch hervorgehoben. Ist dies nicht gewünscht, sollte man mit einem Schleifpapier auf einem harten Schleifteller arbeiten.

Stahlwolle 23 als Schleifmittel wird immer mehr durch das Schleifvlies verdrängt. Das liegt in erster Linie an einigen negativen Eigenschaften der Stahlwolle. Sie zerfällt beim Schleifen in einzelne Fasern, die sich in Innenecken sammeln und nur schwer entfernt werden können. Bei grobporigen Hölzern sammeln sich diese Fasern in der Holzstruktur und können nur schlecht wieder entfernt werden.

Auch reagieren vor allem gerbsäurehaltige Hölzer mit Eisen und verfärben das Holz grau bis schwarz. Obwohl Stahlwolle ein sehr preiswertes Schleifmittel ist, rate ich im Holzbereich von dessen Einsatz ab.

Edelstahl Topfreiniger 24 sind deutlich rauer als Stahlwolle und nur für wirklich grobe Putzarbeiten geeignet. Sie haben den Vorteil, keine Verfärbungen hervorzurufen.

Bimsmehl 25 ist ein sehr spezielles Schleifmittel, dass nur noch selten Verwendung findet. Mit Öl vermischt wird es nahezu farblos. Als Mehl-Öl-Gemisch wird es in die unbehandelte Holzoberfläche gerieben und fungiert so als Porenfüller vor einer Ölbehandlung. Bimsmehl kann die Farbe des Holzes jedoch leicht abdunkeln und bei nicht fein genug geschliffenem Hirnholz sichtbare Rückstände erzeugen.

Im Restaurierungsbereich dagegen ist Bimsmehl als Porenfüllmittel vor dem Polieren nach wie vor sehr gebräuchlich.

26

28

27

29

Schleifmaschinen

Die universelle Schleifmaschine, die alle Schleifarbeiten erledigt, gibt es nicht. Die meisten sind für einige Schleifarbeiten besser geeignet als für andere.

Exzenterschleifer 26 sind vielseitig einsetzbar, sie tragen Holz in einer exzentrischen Bewegung mit einem Hub von 2–5 mm ab. Der Hub gibt an, wie stark sich ein Schleifteller hin und her bewegt. Exzenterschleifer mit großem Hub tragen mehr ab und erzeugen unabhängig von der Feinheit des verwendeten Schleifpapiers ein gröberes Schleifbild. Geringer Hub trägt weniger ab und erzeugt somit ein feineres Schleifbild. Dazugehörige Schleifteller werden in unterschiedlichen Härtegraden angeboten. Für den Vor- und Feinschliff von Holzflächen empfiehlt sich der Einsatz eines weichen Schleiftellers, der auch gut gewölbte Flächen bearbeitet. Es gibt handliche Excenterschleifer mit 125 mm Durchmesser großen Schleiftellern, die auf Grund ihres geringen Gewichtes mit einer Hand und an senkrechten Flächen bedient werden können. Allerdings ist ihr Schleifhub mit 2 mm relativ gering. Leistungsstärker und mit 3–5 mm Hub ausgestattet sind die Maschinen mit einem

30

150 mm großen Schleifteller. Alle Exzenterschleifmaschinen verursachen kreisförmige Schleifspuren.

Getriebeexzenterschleifer 27 sind eine Weiterentwicklung, die dem/der Holzwerker/in die Wahl zwischen zwei unterschiedlichen Schleifbewegungen lassen. Für einen gröberen Schliff mit großem Hub lässt sich zur Exzenterbewegung eine starke Rotati-

31

32

on dazu schalten. Zum Polieren und für den Feinschliff wählt man besser die reine Exzenterbewegung. Beide Schleifarten hinterlassen kreisförmige Spuren.

Winkelschleifer: 28 29 die Firma Joest stattet Winkelschleifer mit einem quasi staubfreien Schleifsystem aus, das sich bestens für einen Grobschliff eignet, da der Hub sehr hoch ist.

Bandschleifer 30 tragen besonders viel Material ab und eignen sich daher für das Entfernen alter Lack- und Farbschichten. Zum Planschleifen und Vorschliff von Massivholz können sie mit einem Schleifrahmen ergänzt werden, der die Maschine ganz plan auf der Fläche liegen lässt. Es entstehen lineare Schleifspuren.

Schwingschleifer 31 sind in der Regel Leichtgewichte, die gut an senkrechten Flächen und über Kopf arbeiten. Die rechteckige Schleifsohle ermöglicht den Schliff bis tief in Ecken hinein. Austauschbare Sohlen in unterschiedlichen Härtegraden bieten zusätzliche Einsatzmöglichkeiten, z. B. für den Lackzwischenschliff. Wenn Schwingschleifer mit einem Getriebe ausgestattet sind, haben sie einen höheren Materialabtrag als Exemplare mit einem einfachen Antrieb. Die Schleifplatte eines Schwingschleifers ist zwar rechteckig, er schwingt aber kreisförmig und hinterlässt daher auch solche Schleifspuren.

Delta- und Dreieckschleifer 32 33 stellen die ideale Ergänzung zu Exzenterschleifern dar. Ecken zu schleifen ist für diese Geräte kein Problem. Die Schleifteller können gegen vielfältige Schleifzungen ausgetauscht werden, was seine Einsatzmöglichkeiten enorm erweitert. Auch ein auswechselbarer runder kleiner Schleifteller ist für das Schleifen kleinerer Flächen sehr praktisch!

stationäre Schleifmaschinen 34 tragen mit einem Schleifband entsprechender Körnung besonders viel ab. Kleinteile und Keile für die Reparatur von Rissen lassen sich damit schnell und effektiv in die gewünschte Form bringen. Der Tellerschleifer am Gerät eignet sich vor allem für winkeltreue Schleifarbeiten.

33

34

Beim Maschinenschliff zu beachten

Grundsätzlich neigen viele Anwender dazu, beim Schleifen mit Maschinen zu viel Druck auszuüben.
Normalerweise reicht das Eigengewicht einer Maschine aus, um eine Fläche sauber zu schleifen. Die Hände sollten die Maschine nur führen und gelegentlich an hartnäckigen Stellen leichten Druck ausüben. Starker Druck führt zu übermässiger Hitze, die den Kleber der Klettverbindungen des Schleifmittels zum Schmelzen bringen kann. Bei zu hohem Druck werden außerdem nicht nur die abgerissenen Holzfasern wieder in die Oberfläche gedrückt, sondern auch die scharfen Spitzen der Schleifkörner gebrochen. Es findet kein scharfes „Reißen", sondern nur noch ein einfaches Schaben auf der Oberfläche statt, das Schleifpapier setzt sich schneller mit Schleifstaub zu. Zu hoher Druck bremst die Maschine aus, was wiederum den Motor schädigen kann. 35

35

Ein weiteres Problem ist, dass Holzwerker/innen meist Schleifpapier zu selten wechseln. Sie sparen damit an der falschen Stelle: Abgenutztes Schleifpapier schadet der späteren Oberflächenbehandlung, weil es ein ungleichmäßiges Schleifbild erzeugt und so Flecken in der Oberflächenbehandlung provoziert.
Nach dem Maschinenschliff kann die Fläche noch einmal abschließend in Faserrichtung von Hand nachgeschliffen werden. Besonders bei weichen Hölzern verbessert dies die Oberflächengüte enorm.

36

37

38

Profile schleifen

Mit ein wenig Übung kann man Abrundungen (z. B. Viertelstäbe) mit einem Schwingschleifer oder einem Exzenterschleifer nach dem Fräsen bearbeiten, sofern die Abrundung groß genug ist. Ab einem Radius von ca. 10 mm ist dies machbar. Man muss jedoch darauf achten, dass man einen weichen Schleifteller verwendet. Ein harter Schleifteller würde das Profil schnell verschleifen und keine saubere Rundung erzeugen. Abschließend sollte jedoch noch ein Handschliff erfolgen. Hierzu eignen sich nachgiebige Handschleifgeräte wie ein weicher Schleifblock mit Klettausstattung besonders gut, da dieser dem Profil angepasst werden kann. Aber auch mit in Form gerolltem bzw. gefaltetem Schleifpapier lassen sich Rundungen und Vertiefungen gut nacharbeiten. Mit diesem können Profile aller Art sehr gut nachgeschliffen werden. Natürlich kann man auch nur mit Schleifpapier Profile schleifen. 36 37 38

Schleifteller und Schleifmittel

Schleifteller und -scheiben bzw.-blätter sollten in der Größe unbedingt zusammenpassen. Ist die Schleifscheibe oder das -blatt zu klein, wird der Schleifteller beschädigt, ist sie zu groß, wird das Werkstück beim Schleifvorgang zerkratzt. Moderne Schleifmaschinen sind mit einem Kletthaftbelag ausgerüstet, auf den sich die passenden Scheiben oder Blätter in Sekundenschnelle aufheften und wechseln lassen. Die Lochung der Scheiben dient der Staubabsaugung und funktioniert nur, wenn sie genau mit den Löchern im Schleifteller übereinstimmt. Besonders praktisch sind Scheiben mit Multilochung, da sie für alle Maschinenfabrikate genutzt werden können. Die kleinen Löcher sind gleichmäßig im Schleifmittel verteilt und sorgen für eine effektive und unkomplizierte Staubabsaugung.

Gitterschleifmittel lassen sich üblicherweise direkt auf den Klettbelag von Schleifmaschinen heften. Da dieses moderne Schleifmittel besonders widerstandsfähig und langlebig ist, kann es den Klettbelag der Maschinen vorzeitig abnutzen. Es empfiehlt sich, passende Schutzauflagen zu verwenden, die zwischen Schleifgitter und -teller platziert werden.

Entscheidend für ein gutes Schleifergebnis ist auch die Härte des Schleiftellers. So werden weiche Schleifteller besonders für den Vor-, Fein-, und evtl. Furnierschliff und das Bearbeiten von Kanten empfohlen. Härtere Teller sorgen dagegen für eine besonders plane und gleichmäßige Fläche. 39 40

Antike furnierte Möbel sollten besser nicht maschinell geschliffen werden, da die Flächen i.d.R. nicht mehr plan sind. Vor allem Messerfurnier mit einer Dicke von bis zu 1 mm schleift man maschinell sehr viel schneller durch als von Hand.

39

40

Kapitel 9

Applikations- und Auftragstechniken

Streichen, rollen, wischen, tauchen, polieren oder vielleicht doch lieber spritzen?

Theoretisch können die meisten Oberflächenmittel, wenn es sich um Flüssigkeiten handelt, nicht nur mit einem Pinsel gestrichen, sondern auch mit einem Schwamm oder Lappen gewischt, mit einer Rolle gewalzt, getaucht oder sogar einem Spritzgerät aufgesprüht werden. In der Praxis spielt aber die Viskosität, d. h. der Flüssigkeitszustand und das damit verbundene Fließverhalten des Mittels die größte Rolle bei der Wahl des passenden Auftragsgerätes. Ziel ist es ja normalerweise, Holzflächen mit einer Flüssigkeit gleichmäßig und ohne sichtbare Spuren zu tränken oder zu beschichten. Aber Pinsel hinterlassen Streifen, Schwämme evtl. auch, Rollen verursachen Bläschen und Spritzgeräte eine „Orangenhaut", wenn das Mittel zu zähflüssig ist.

Neben der passenden Konsistenz des Mittels spielen aber auch die Größe, Form und Erreichbarkeit des zu behandelnden Holzuntergrundes eine Rolle. Kleinteilige Objekte beispielsweise lässt man effektiver mit einem schmalen Pinsel oder zurecht geschnittenem Schwamm ein als mit einer Walze oder einem Spritzgerät. Letzteres ist auch besonders aufwändig zu reinigen.

Den zeitlichen Aufwand des Säuberns eines Arbeitsgerätes sollten Sie ebenso in die Entscheidung mit einbeziehen wie das Verhältnis der Kosten des Werkzeuges zur Größe des zu behandelnden Objektes.

Bei so unterschiedlichen Kriterien fällt es Ihnen vielleicht schwer, das passende Werkzeug für den jeweiligen Zweck auszuwählen. Um Ihnen die Entscheidung zu erleichtern, sollen hier zunächst die einzelnen Techniken vorgestellt und Anwendungsbeispiele gezeigt werden. 1 2 3

1

2

3

Warum mit einem Pinsel streichen?

Mit einem Pinsel zu streichen ist die älteste und bekannteste Methodte überhaupt, Oberflächenmittel aufzutragen. Auf diese Art werden Flüssigstoffe direkt in die Struktur bzw. Fasern der Holzoberfläche eingearbeitet. Profilierte und schwer zu erreichende Stellen wie Winkel und Ecken streicht man am saubersten mit einem in der Größe passenden Pinsel. Passend bedeutet in diesem Fall, dass der Pinsel in Größe, Breite, Dicke und Form der zu behandelnden Holzoberfläche entsprechen sollte.

Dünnflüssige Mittel lassen sich leichter und ohne Spuren mit Pinseln verteilen als zähfließende Flüssigkeiten. Grundsätzlich sind aber dicke Flachpinsel für dünnflüssige Materialien wie Beizen und Lasuren eher geeignet als flache Pinsel, da sie einfach mehr Überzugsmittel speichern können.

Dagegen erzielt man mit flachen, breiten Flachpinseln eher eine gleichmäßig dünne Schicht wie sie allgemein bei Lack oder einer Schellackgrundierung erwünscht ist.

Die Pinselbreite orientiert sich an der Breite des Werkstückes. Es ist entsprechend nicht zu empfehlen, eine schmale Kante mit einem großen Flächenstreicher zu behandeln, da der größere Teil des Überzugsmittels nicht auf der Fläche landet, sondern aus dem Pinsel tropft. 4 5 6

4

5

6

7

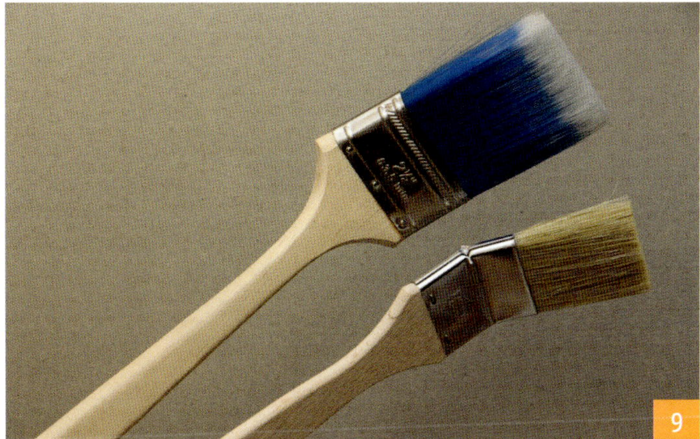
9

8

10

Pinsel ist nicht gleich Pinsel

Pinsel in Profiqualität sind dichter als minderwertige Pinsel und speichern so mehr Anstrichmittel zwischen ihren Borsten. Außerdem verlieren sie i.d.R. keine Borsten während des Streichens. Die Qualitätsabstufungen sind zur besseren Orientierung der Kunden oft mit *** gekennzeichnet

Ringpinsel 7 8 entstehen durch das Zusammenfassen eines Borstenbüschels in einer runden Manschette. Sie sind die ältesten Pinselformen überhaupt, die grundsätzlich mehr Farbe speichern können als rechteckige Pinseltypen. Schmale, profilierte und erhabene Bauteile lassen sich besonders gut mit runden Pinseln in der passenden Größe bestreichen. Ringpinsel sind außerdem mit einer abgerundeten Spitze ausgestattet, so dass sie sich optimal an runde und kugelige Vertiefungen anschmiegen.

Flachpinsel 9 10 sind vor allem für das Streichen von Flächen gedacht. Auch hier gilt, dass die Pinselbreite zur Dimension der Holzfläche und die Dicke des Pinsels zur gewünschten Auftragsmenge des Mittels passen sollten. Sie sind in allen nur erdenklichen Größen und Formen erhältlich, mit kurzem oder langem, geradem oder abgewinkeltem Stiel. Als sogenannte „Schrägstrichzieher“ bringen sie Farbe in enge Winkel und Ritzen.

Tipps & Tricks

Durch Drehen des Pinsels während des Streichens fließt das Mittel so kontinuierlich heraus, dass man einen besonders gleichmäßigen Farbauftrag erzielt.

Tipps & Tricks

Auf die Schmalseite gedreht lassen sich mit Flachpinseln feine Striche ziehen und Ecken streichen.

Wie unterscheiden sich Natur- von Synthetikborsten?

Naturborsten 11 sind meist als China- oder Schweinsborsten gekennzeichnet. Ihre Haarenden teilen sich von Natur aus in mehrere feine Spitzen auf, die für einen besonders gleichmäßigen Farbauftrag sorgen. Hochwertige Naturhaarpinsel sollten nicht beschnitten sein, sondern so, wie sie am Tier wachsen, zu Pinselspitzen verarbeitet werden.

Weil Naturborsten Wasser aufsaugen und dabei quellen, sind sie für lösemittelhaltige Anstriche besser geeignet als wasserbasierte Mittel. Beim Streichen wasserhaltiger Systeme können sie die Form verlieren und struppig werden. 12

Empfohlen für: lösemittelhaltige Systeme wie chemische Beizen, Lasuren etc.

Synthetikborsten 13 14 beherrschen inzwischen den Markt und werden ständig verbessert. Durch das sogenannte „flagging" wird eine Aufsplissung der Borstenspitzen erzielt, die so die Form von einzelnen Naturborsten nachahmen, die sich zur Spitze hin ebenfalls verjüngen.

Im Vergleich zu ihren natürlichen Vorbildern saugen synthetische Borsten kein Wasser auf und bleiben so besser in Form.

Empfohlen für: wasser- oder alkoholverdünnte Systeme, z. B. Beizen auf Wasserbasis, dünnflüssige Lasuren, Streichschellack.

11

12

Wann mit einem Schwamm wischen?

Die Technik des Wischens bezeichnet das Einreiben eines Oberflächenmittels mit einem aufnahmefähigen, elastischen Material. Schwämme, in die passende Größe geschnitten, passen sich sowohl glatten als auch unebenen Oberflächen an. Auch Ecken, Vertiefungen und Kanten lassen sich gut damit erreichen, da man Haushalts- oder Taskischwämme beliebig zuschneiden kann. Für den Auftrag von flüssigen Ölen und Ölwachsen eignen sich Schwämme auch deshalb, weil man sie für mehrere Wochen in einem geschlossenen Glas frisch halten kann, bevor sie eintrocknen.

Empfohlen für: Beizen, Lasuren, einziehende und schichtbildende Öle 15 16

17

19

18

20

Anwendungsbeispiel pigmentiertes Hartöl: 17 18 19 Beim ersten Auftrag mit dünnflüssigen, einziehenden Ölen sollten Sie nicht sparen. Tragen Sie so viel Öl auf, bis es glänzend auf der Fläche schwimmt. Aber je dünnflüssiger ein Ölgemisch ist, umso schneller zieht es in Holzoberflächen ein, so dass Sie die Prozedur so lange wiederholen können, bis das Holz nichts mehr aufnimmt. Nach der vom Hersteller empfohlenen Einwirkzeit muss das überschüssige Öl vollständig mit einem Lappen oder Küchenrollenpapier abgenommen werden, da sonst das überschüssige Öl auf der Oberfläche verharzt und verklebt.

Auch wenn die Farben von Schleifvliesen nicht genormt sind und Hersteller ihre Produkte unterschiedlich einfärben, so signalisiert eine hellere Farbe eine feinere Struktur und höheren Schleifgrad als dunkel gefärbte Pads.

Wann einen Lappen verwenden?

Zähflüssige bis pastenartige Mittel lassen sich effektiv mit einem weichen Baumwolllappen verteilen und dabei direkt in die Oberfläche massieren. Bei dieser Auftragsart sollte man die mögliche Brennbarkeit des Oberflächenmittels im Blick haben. Die Aushär-

Tipps & Tricks

Eine besonders glatte Oberfläche erreicht man beim Auftrag von Hartöl durch Polieren des eingezogenen Öls mit einem Polierpad. I.d.R. sind solche Pads weiß, bzw. hellbeige. 20

Tipps & Tricks

Kleine Flächen können Sie gleich mit Küchenrollenpapier ölen, wodurch Sie sich das lästige Reinigen des Auftragswerkzeugs sparen.

tung von Öl beispielsweise ist ein Oxidationsvorgang, der viel Wärme freisetzt. Je höher der Ölgehalt in einem Gemisch, umso größer ist seine Selbstentzündungsgefahr. Vor allem ölgetränkte Lappen können auf Grund ihrer großen Oberfläche durch diese Hitzeentwicklung zu brennen beginnen.

Breiten Sie also benutze Öllappen entweder zum Trocknen im Freien aus oder verschließen Sie sie dicht in einem Gefäß!

Anwendungsbeispiel Wachs: Pastöse Wachse lassen sich am besten mit einem weichen Lappen einreiben, da sie auf Grund ihrer zähen Konsistenz so besser verteilt werden, als mit einem Pinsel oder Schwamm. Allerdings sollten Sie sie nach ihrer Trocknung mit einer Lederbürste oder einem Wolllappen aufpolieren, ähnlich dem Polieren von Lederschuhen. So erst entsteht der typische feine Wachsglanz und Schlieren werden vermieden. 21 22

Der gebrauchte Lappen kann im luftdicht verschlossenen Wachsgebinde aufbewahrt werden und bleibt so dauerhaft elastisch.

Antike Bauernmöbel aus Weichholz sind häufig lediglich mit Wachs poliert, was ihnen einen warmen Honigton verleiht.

Empfohlen für: pastöse Wachse und flüssige Öle

Wann ist Tauchen sinnvoll?

Kleine Gegenstände (z. B. Möbelknöpfe) lassen sich schneller tauchen als einpinseln. Zum Trocknen sollten sie so aufgestellt werden, dass Überschüsse gut ablaufen können. Dazu könnte im Fall der Möbelknöpfe ein Brett mit entsprechenden Bohrungen dienen. 23

Empfohlen für: dünnflüssige Überzugsmittel wie Beize, Öl, Lasur

Wann mit einem Ballen polieren?

Eine gekonnte Ballenpolitur erzeugt eine besonders glatte, glänzende Fläche ohne jegliche Auftragsspuren. Aber nur dafür ausgewiesene Lacke wie Schellack oder Ballenmattierung auf Nitrobasis lassen sich mit einem Ballen aufpolieren.

Polieren ist eine anspruchsvolle Arbeitsweise, die einige Übung erfordert. So müssen die Zusammensetzung des Lacks, der angewandte Druck, Auftragsmenge und die schnellen Polierbewegungen so miteinander harmonieren, dass nach mehreren Aufträgen ein gleichmäßiger strahlender Glanz entsteht. 24

21

23

22

24

25

Wie wird ein Ballen geformt?

Ein Politurballen besteht aus einer saugenden Füllung und einem darüber gespannten Tuch. Die Füllung kann wahlweise aus fest zusammen gepressten Baumwollfäden, Wollstrickstoff oder verfilzter Schafwolle bestehen. Alle Materialien speichern Flüssigkeit gut und geben sie beim Poliervorgang gleichmäßig an die zu behandelnde Fläche ab.
Das umspannende Tuch besteht optimalerweise aus glatter Baumwolle oder Leinen und wirkt wie ein Filter, da man innen auf den Ballen die Polierflüssigkeit aufträufelt.
Die Größe eines Ballens sollte der zu behandelnden Fläche entsprechen. Mit Größen von 1–2 cm bis etwa 6–7 cm lässt sich gut polieren. Dabei ist der kleine, das sogenannte „Mäuschen" für Ecken und schmale Vertiefungen gedacht, die man mit einem größeren Ballen nicht erreichen würde. 25

Profis empfehlen, zuerst die schwierigen Ecken und Vertiefungen zum Glänzen zu bringen, bevor man sich an die Politur der gut zugänglichen Bereiche macht. So entsteht der erwünschte gleichmäßig strahlende Glanz ohne sichtbare Auftragsspuren.
Empfohlen für: Schellackpolitur, -mattierung, Nitrozellulosepolitur (Ballenmattierung)

Wann mit einer Rolle walzen?

Ein Farbroller besteht aus einer gebogenen Metallstange mit Griff und einer Rolle zum Auftragen des Anstrichmittels. Rollen, auch Walzen genannt, sind immer dann das richtige Arbeitsgerät, wenn es darum geht, größere und zugleich ebene Flächen wie Holzböden oder Türblätter zu behandeln. Vor allem zähflüssige farbige Mittel lassen sich gut damit verarbeiten, weil Walzen eine gleichmäßigere Struktur und Schichtdicke erzeugen als Pinsel.
Sind die Kanten der Walze abgerundet, lässt sich das Mittel ansatzfrei d. h. ohne Streifen verarbeiten.

26

27

Übt man zu viel Druck aus beim Walzen, schiebt man das Mittel wie eine Bugwelle vor sich her und die aufgetragene Schichtdicke variiert. 26 27
Empfohlen für: zähflüssige Überzugsmittel wie Dickschichtlasur, Ölwachs, Lack

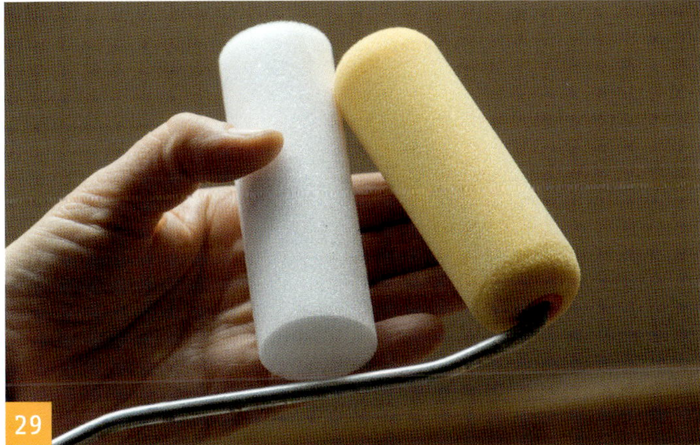

Wie unterscheiden sich Rollen bzw. Walzen?

Vliesrollen 28 tragen mengenmäßig mehr Überzugsmittel auf als Schaumstoffwalzen. Das qualifiziert sie für die Bearbeitung großer Flächen mit schnell trocknenden Mitteln (z. B. Acryllack).
Aber zu lange Fasern schließen mehr Luft in das Überzugsmittel ein, was zu einer runzligen Oberfläche nach der Trocknung führen kann. Darum sollte im Holzbereich die Länge der Fasern, die sogenannte Florlänge, 4 mm nicht überschreiten!

Tipps & Tricks

Beim abschließenden Egalisieren sollte die Walze die Farbfläche so wenig berühren, dass kaum ein Geräusch zu hören ist, denn die leichte Berührung lässt Luftbläschen platzen und ebnet die feuchte Fläche ein.

Schaumstoffwalzen 29 ergeben auf Grund ihrer winzigen Mikroporen die feinere Oberfläche. Wenn größere Flächen behandelt werden, sollten die Walzen mindestens auf einer, besser an beiden Seiten abgerundet sein. Das verhindert ein Abzeichnen der Walzenkante beim überlappenden Rollen.
Vor allem wenn große Flächen deckend farbig behandelt werden sollen, kann man mit einer Vliesrolle die nötige Menge des farbigen Materials zeitsparender auftragen als mit einer Schaumstoffwalze. In Ecken, vor allem rechten Winkeln müssen Sie dennoch mit einem Pinsel vorstreichen, weil die Walze sonst ringförmige Spuren auf der rechtwinklig angrenzenden Fläche hinterlässt.
Beim Auftrag eines Überzugsmittels verursachen Walzen immer ein Geräusch – je nach Viskosität von rauschen bis schmatzen.

Wann sollte man Vlies- mit Schaumstoffwalzen kombinieren?

Um eine höhere, d. h. glattere Oberflächengüte zu erreichen, empfiehlt es sich, den Farbauftrag der Vlieswalze abschließend mit einer Schaumstoffwalze mit abgerundeten Kanten zu egalisieren. Das muss aber so zügig passieren, dass das Mittel noch nicht zu trocknen begonnen hat. Im anderen Fall würde man die Oberfläche wieder aufreißen und der Farbauftrag wäre ruiniert. 30

31

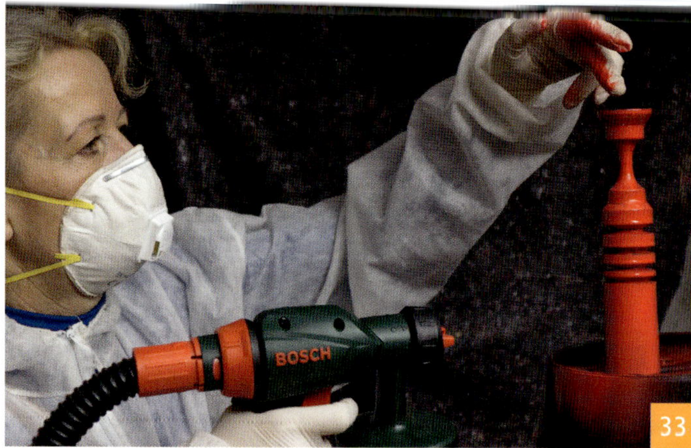

33

32

34

Wann kann man Walze und Pinsel kombinieren?

Falls Nut- und Federbretter mit Längsfugen oder Ecken lackiert werden, ist es sinnvoll, die Vorteile beider Auftragsgeräte gleichzeitig zu nutzen. Pinsel in der entsprechenden Größe passen sich schmalen Fugen und Vertiefungen besser an, während Walzen mehr Oberflächenmittel schneller und gleichmäßiger auf den Flächen verteilen. Zunächst sollten die schwerer zugänglichen vertieften Stellen mit einem Pinsel bestrichen werden, um anschließend die Flächen sauber mit einer Walze abzurollen und den Auftrag zu egalisieren. 31 32

35

Wann mit einer Spritzpistole spritzen/sprühen?

Spritzpistolen sind Geräte, die für den Auftrag von Lacken und Dispersionsfarben konzipiert sind. Der nötige Druck wird entweder mit einem Kompressor oder einer Pumpe erzeugt, die das Spritzmaterial so durch eine feine Düse pressen, dass es fein zerstäubt auf der zu beschichtenden Fläche auftrifft. Beim Spritzen von Lacken wird nass in nass gearbeitet, d. h. man muss so viel Lackmaterial auftragen, dass die einzelnen Partikel ineinander fließen können und dadurch einen geschlossenen Film erzeugen. 33 34 35

Empfohlen für: Lacke aller Art

Welche Lackarten gibt es?

Grundsätzlich lassen sich alle Lackarten so einstellen, dass sie gestrichen, gerollt oder gespritzt werden können, i.d.R gibt aber der Hersteller die möglichen Auftragsarten vor.

Spritzlacke 36 die speziell als solche gekennzeichnet sein sollten, sind i.d.R. schnelltrocknend. Ihre Struktur ist so fein, dass sie bei ganz kurzen Ablüftzeiten gleichmäßig auf der Fläche verspannen. Sie sind normalerweise dünnflüssiger als diejenigen, die gestrichen oder gewalzt werden. Für eine saubere Verarbeitung mit Walze und Pinsel trocknen Spritzlacke aber zu schnell und sind daher auch nicht dafür zu empfehlen.

Streichlacke 37 trocknen langsamer und benötigen mehr Zeit zum Abbinden als Spritzlacke. Sie sind für den Auftrag mit Walzen, Rollen und Pinseln eingestellt. Pinselstriche oder Spuren von Rollen bekommen dadurch die nötige Zeit, auf der Fläche gleichmäßig zu verlaufen und zu verspannen.

Wenn Sie eine glatte, schöne Oberfläche erzielen wollen, weichen Sie nicht von den Empfehlungen des Herstellers ab!

Wie hoch ist der Zeitaufwand?

Theoretisch können alle flüssigen Auftragsmittel gespritzt werden und vermeintlich ist Spritzen auch die zeitsparendere Technik als Pinseln. Aber sowohl die Vorbereitung des Spritzraumes und der Pistole, eventuelles Abkleben, als auch die anschließende Reinigung verschlingen viel Zeit.

Überlegen Sie sich daher gut, ob der unvermeidliche Aufwand im Verhältnis zu Größe und Umfang der zu spritzenden Flächen steht. Auch der erhebliche Sprühnebelverlust und die damit verbundene Belastung sollten in die Entscheidung, ob Spritzen als Auftragstechnik sinnvoll ist, mit einbezogen werden. 38

36

37

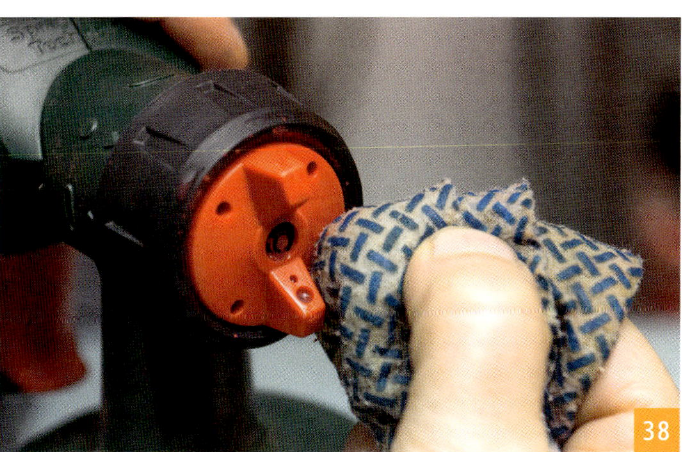
38

Wann ist Spritzen sinnvoll?

Mit Spritzgeräten zu arbeiten empfiehlt sich vor allem dann, wenn man eine größere strukturreiche Oberfläche wie ein Gitter zu behandeln hat. Das Einlassen der einzelnen Leisten mit einem Pinsel wäre sehr zeitaufwändig.
Schnelltrocknende Spritzlacke können nur mit einem Spritzgerät aufgetragen werden. Hier würde ein Pinsel sehr unschöne Spuren hinterlassen.
Die farbige Veränderung eines intakten Anstriches ist mit der entsprechenden Routine schneller und sauberer umzusetzen als mit Walzen oder Pinseln.
In allen Fällen sind aber die entsprechenden räumlichen Bedingungen Voraussetzung für das Gelingen der lackierten Beschichtung, d. h. ein staubfreier, temperierter Raum, möglichst mit Absaugung. 39

So nicht!

- Obwohl es die Hersteller von Beizen empfehlen, ist das Spritzen mit einer Pistole als Auftragstechnik ungeeignet. Beizen sind so dünnflüssig, dass sie immer Läufer bilden, die mit einem Pinsel abgenommen bzw. verteilt werden müssen. I.d.R. ist es dann weniger zeitaufwändig, gleich mit Pinseln zu beizen und keinen großen Reinigungsaufwand betreiben zu müssen.
- Dasselbe gilt für das Spritzen von Öl. Da wäre die Reinigung des Spritzgerätes besonders aufwändig, da Öl in Kombination mit Sauerstoff verharzt und das Innenleben eines Sprühgerätes schnell verkleben würde. Dieser unerwünschte Effekt lässt sich durch kein Lösungsmittel wieder rückgängig machen.
- Auch Lasuren für den Außenbereich sind mit einer Spritzpistole i.d.R. nicht rationell zu verarbeiten. Der Vorbereitungsaufwand ist noch größer als in entsprechenden Spritzräumen und selten ist es so windstill, dass die Menge des Oversprays sich nicht noch entscheidend erhöhen würde.
- Und selbstverständlich sollte man sich immer mit einer Atemschutzmaske schützen! 40

39

40

41

42

44

43

Warum ist Spritzen schwierig?

Spritzen ist eine anspruchsvolle Oberflächentechnik, die eine gewisse Routine erfordert. So will der richtige Abstand zum Objekt gelernt sein: steht man zu nah, wird der Auftrag zu dick oder zu dünn, wenn aus zu großer Entfernung gesprüht wird. Vor allem an senkrechten Teilen können beim Spritzen Nasen, Tränen oder Läufer entstehen, wenn die Menge oder Konsistenz des Lackes nicht passen. Solche Fehlstellen müssen zügig mit einem feinen Pinsel korrigiert werden. 41 Im Optimalfall schützt eine gleichmäßig geschlossene Lackschicht über einen längeren Zeitraum vor dem Eindringen von Wasser und sonstigen Flüssigkeiten. 42

Was bedeutet Overspray?

Grundsätzlich muss man bei vielen handelsüblichen Kompressor-Geräten mit einem Sprühnebelverlust von 10–20% Prozent rechnen. Dieser sogenannte Overspray landet bei jedem Spritzvorgang in der Umgebungsluft und wird von der spritzenden Person eingeatmet. Filtermasken und eine Absaugung vermindern zwar den negativen Effekt, verhindern ihn aber nicht gänzlich. Besonders unerfreulich beim Fehlen einer Absaugung ist, dass sich der Sprühnebel wieder auf die frisch gespritzte Fläche legt und eine unschöne Rauheit auf dem trocknendem Oberflächenmittel hinterlässt.

Fast verlustfrei arbeiten eigentlich nur Airless-Systeme, die, weil sie sehr teuer sind, hauptsächlich im professionellen Bereich zu finden sind. 43

Was sind die Risiken beim Spritzen von Wasserlacken?

Auch beim Spritzen der beliebten Wasserlacke entstehen Gefahren für die eigene Gesundheit. **Aerosole**, die feinen Lackstäube, werden von der spritzenden Person als Nebel eingeatmet. Die Annahme, Wasser basierte Lacke würden nur Wasserdampf abgeben, ist zwar weit verbreitet, aber trotzdem falsch. Der Anteil ihrer schädlichen Lösemittel liegt immer noch um die 5–10%. Diese legen sich auf Grund ihrer Wasserlöslichkeit auf die feuchten Lungenbläschen der spritzenden Person und können krebserregend wirken. 44

Früher hat man beim Spritzen von Lösemittellacken die Gefährdung schon hinter unangenehmen Gerüchen vermutet und die Spritzräumlichkeiten dann schnellstmöglich verlassen. Heutige Wasserlacke riechen nicht mehr unangenehm und verleiten dazu, sie als völlig harmlos anzusehen. Umso wichtiger ist es, sich vor den entstehenden Dämpfen entsprechend zu schützen.

Welche Spritzgeräte für Holzwerker gibt es?

Sprühdosen sind für kleinere Spritzprojekte im Holzwerkerbereich die rationellste Alternative, wenn auch vergleichsweise kostspielig. Der Lack kommt bereits mit dem richtigen Druck, der entsprechenden Konsistenz und Farbton aus der Dose. Ihre Handhabung ist auf alle Fälle leichter als die aller anderen Spritzgeräte. FCKW freie Treibmittel sollten dabei selbstverständlich sein.

Becherpistolen halten den Lack direkt in einem Becher über oder unter der Pistole vor, der mittels Schwerkraft oder Ansaugen durch die Pistole gespritzt wird. Der Begriff Becherpistole sagt noch nichts über die verwendete Sprühtechnik aus, sondern nur über den Aufbewahrungsort des Lackes.

Feinsprühsysteme sind leichte Bechergeräte und werden in der Regel mit HVLP-Technik (High Volume Low Pressure) betrieben. Sie sind Holzwerkern wegen ihrer einfachen und sicheren Handhabung besonders zu empfehlen. 45

Welche Gesundheitsrisiken entstehen beim Spritzen?

Organische Lösungsmittel in Lacken und Lasuren sind z. B. Terpentin, -ersatz, Benzin und Tuluol, die alle als gesundheitsgefährdend einzustufen sind. Die üblichen Halbmasken zum Schutz vor verschiedenen Stäuben (Klasse FFP2) halten nur Lackpartikel, aber keine Lösemitteldämpfe ab. Um sich also vor diesen organischen Dämpfen zu schützen, sollte man entweder Filtermasken der Klasse A2P2 oder A2P3 tragen. Dabei kennzeichnet das **A** den Schutz vor den jeweiligen Lösemitteln, das **P** den vor Partikeln. 46

45

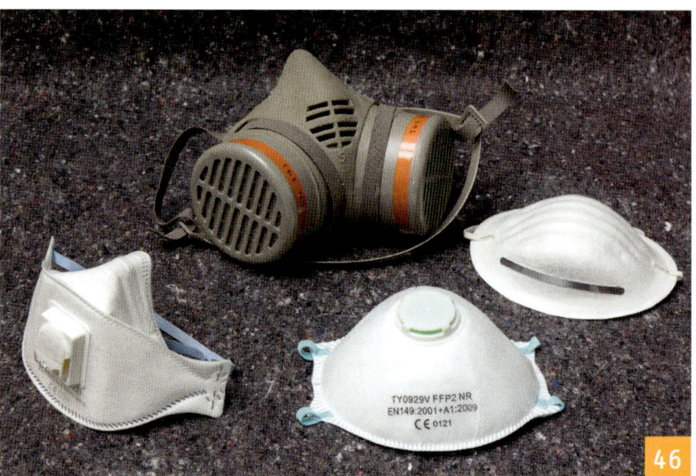

46

Das Polieren mit dem Ballen ist die Königsdisziplin in der Oberflächenbehandlung und muss entsprechend geübt werden.

Kapitel 10

Einziehende Oberflächenmittel

1

2

Im Grunde genommen geht und ging es auch schon früher beim Behandeln, Einlassen und Beschichten von Holzoberflächen neben einer optischen Verbesserung darum, die schädigende Wirkung von äußeren Einflüssen zu reduzieren. Holzoberflächen sollen widerstandsfähig gemacht werden gegen mechanische, chemische und witterungsbedingte Angriffe. Sie sollen vor Kratzern und Flecken, im Außenbereich auch vor Wind und Wetter, bestmöglich geschützt sein. Und im Optimalfall erfüllt eine passende Oberflächenbehandlung für einen gewissen Zeitraum all diese Erwartungen.

Aber die alles entscheidende Rolle für die angestrebte Wirksamkeit und Dauerhaftigkeit jeder Oberflächenbehandlung spielt das Holzmaterial: Wenn Holzart und -qualität nicht mit dem gewählten Überzugsmittel harmonieren, nützt auch das hochwertigste Anstrichprodukt wenig. *(Mehr Wissenswertes dazu in Kapitel 1: Holzwissen.)* 1 2

Welche Arten von Oberflächenmitteln gibt es?

Davon ausgehend, dass ein Möbel- oder Werkstück also ehemals mit dem passenden Überzugmittel behandelt wurde, die Oberfläche im Laufe der Zeit aber Schaden genommen hat, geht es nun darum, zu ermitteln, welche Art von neuer Oberflächenbehandlung auf das alte Stück passt. Dazu müssen wir aber erst mal klären, welche Arten von Oberflächenmitteln es heute gibt und welche früher üblich waren. 3

Zunächst lassen sich alle Mittel in einziehend oder schichtbildend unterteilen bzw. alle erdenklichen Übergänge dazwischen.

3

In diesem Kapitel werden die einziehenden Mittel behandelt. Schichtbildende Oberflächenmittel behandelt das folgende Kapitel 11.

Einziehende Mittel

Einziehend bedeutet, dass die obersten Fasern einer Holzoberfläche mit dem flüssigen Oberflächenmittel gesättigt werden. Auch wenn die Produktbeschreibungen auf den Gebinden und Werbeaussagen anderes suggerieren, ziehen selbst dünnflüssige Anstrichmittel nur im Mikrometer Bereich, d. h. einige 1000tel Millimeter in die einzelne Faserwand ein. Einziehend bedeutet also, dass das Mittel nicht auf der Holzoberfläche liegen bleibt und damit auch keine Schicht bildet, sondern die obersten Holzfasern einer Fläche oder eines Korpus tränkt. 4

Um sich das besser vorstellen zu können, hilft es, sich das Bild des Röhrenbündels wieder vor Augen zu führen. Ein Mittel, auch wenn es ganz dünnflüssig ist, dringt auf Grund der Festigkeit des Holzfasermaterials kaum in die Wände der einzelnen Fasern, sondern eher in ihre Zwischenräume ein.

4

5

Hirnholz hat ein erhöhtes Aufnahmevermögen

Im Hirnholzbereich, der aus Röhrenanschnitten besteht, sieht das natürlich ganz anders aus. Dort wirkt zusätzlich zum natürlichen Aufnahmevermögen der angeschnittenen Faserquerschnitte die Kapillarwirkung, die jede Holzart grundsätzlich hat. Sie bedeutet, dass Flüssigkeit von den Hirnholzzellen nicht nur aufgenommen, sondern regelrecht angezogen und nach innen weitergeleitet wird. Hirnholzfasern werden also viel tiefer getränkt als Längsholzfasern.

Beispiele für einziehende Oberflächenmittel sind Beizen, Dünnschichtlasuren und einziehende Öle.

Beizen

Beizen sind einziehende Flüssigkeiten zum Färben von Holz. Ihre eingelagerten Farbstoffe und Pigmente färben die Fasern der obersten Holzschichten, ohne die Maserung zu überdecken. Im Gegenteil, Beizen dienen dazu, die Maserung zu betonen bzw. zu färben und die Holzstruktur dadurch hervorzuheben. Beizen dienen der Verschönerung bzw. farblichen Veränderung von Holzoberflächen, sie allein bieten dem Holz keinen ausreichenden Schutz vor UV-Licht, Flecken und mechanischen Einwirkungen. Sie müssen nach der Trocknung immer einen schützenden schichtbildenden Überzug erhalten. 5 *(Ausnahme: Wachsbeize siehe Seite 154)*

Historische Beizen

Lange bevor es synthetische Färbemethoden gab, haben Handwerker vergangener Epochen Holzoberflächen ganz gezielt mit diversen chemischen Mitteln wie Salmiak/Ammoniak, Metallsalzen, Allaun oder Eisensulfat farblich verändert.

6

7

Farbstoffe und Pigmente früherer Jahrhunderte

Man unterscheidet bei den farbgebenden Substanzen von Beizen zwischen Farbstoffen und Pigmenten. **Farbstoffe** wurden früher aus pflanzlichen und tierischen Produkten hergestellt. Sie bestehen aus so feinen Teilchen, dass sie sich in Wasser, Alkohol und anderen Lösungsmitteln vollständig auflösen lassen. So dringen sie gut in die Holzfasern der obersten Holzschicht ein und färben sie. Auf Grund ihrer feinen Konsistenz haben sie kaum eine lichtschützende Wirkung, man spricht von einem geringen UV-Schutz. 6

Pigmente wurden früher aus farbigen Erden und Mineralien hergestellt. Im Gegensatz zu Farbstoffen sind sie unlöslich und benötigen ein Bindemittel, um in Beizen eingearbeitet zu werden. Ihre gröbere Struktur verhindert das Eindringen in die Holzfasern und lässt sie fein verteilt auf der Holzoberfläche liegen. Das wiederum hat zur Folge, dass Pigmente eine etwas höhere lichtschützende Wirkung (UV-Schutz) haben als Farbstoffe.

Sowohl natürliche Farbstoffe und als auch natürliche Pigmente sind i.d.R. in geringem Maße lichtecht, d. h. sie bleichen unter UV-Licht stark aus.

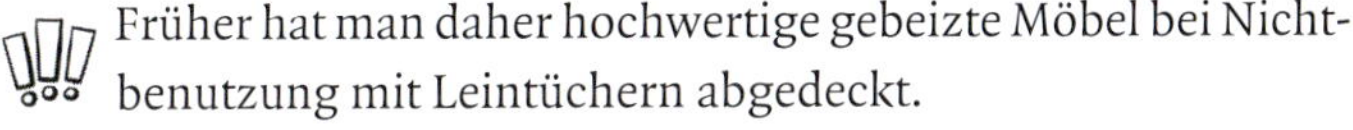

Früher hat man daher hochwertige gebeizte Möbel bei Nichtbenutzung mit Leintüchern abgedeckt.

Farb- und Zusatzstoffe heute

Heute verwendet man grundsätzlich synthetische Farb- und Zusatzstoffe zur Herstellung aller Beizarten, da sie eine gleichmäßige Haftung und Färbung garantieren. 7 Synthetische Farbstoffe und Pigmente sind farbstark und so lichtbeständig, dass sie wesentlich weniger ausbleichen als ihre natürlichen Vorläufer. Farbstoffe werden außerdem in Mikro- bzw. Nanogröße produziert, um ihr Eindringen zu verbessern. Heutzutage, wo fast alle färbenden Substanzen synthetisch hergestellt werden, scheint eine Unterscheidung überflüssig zu sein. Man tut es dennoch und ordnet besonders feine färbende Partikel den Farbstoffen und gröbere mit einer besseren lichtschützenden Wirkung den Pigmenten zu.

8

Farbstoffbeizen sind die klassischen Holzbeizen

Ihre färbenden Substanzen werden in Wasser (Wasserbeizen) oder Alkohol (Spiritusbeizen) gelöst. Man findet sie sowohl als Pulver in den sogenannten Beutelbeizen oder als bereits fertig angemischte Flüssigkeiten im Handel.

Farbstoffbeizen sind so dünnflüssig, dass Ihre färbende Substanzen in die rohen Holzfasern der obersten Holzschicht eindringen und während der Trocknung eingelagert werden. Farbstoffbeizen eignen sich für jede Holzart, ergeben aber auf Nadelhölzern ein negatives Beizbild. 8

Die Traditionsbeize: Nussbaum Körnerbeize

Diese Beize wird aus der Huminsäure von Braunkohle gewonnen und ergibt, je nach Mischungsverhältnis (0,5–5% mit warmem Wasser) ein warmes Rotbraun bis eine fast schwarze Farbe. Nussbaum Körnerbeize wurde hauptsächlich im 19. Jahrhundert verwendet mit dem Ziel, Hartholz wie edles Nussbaumholz aussehen zu lassen. Der warme rotbraune Farbton ist typisch für Gründerzeitmöbel, wurde aber auch im Jugendstil noch häufig verwendet. Der fast schwarze Farbton von Möbeln des Historismus wurde mit stark konzentrierter Nussbaum Körnerbeize erzeugt. 9 10
Gängige Handelsbezeichnungen sind: Nussbaum Körnerbeize, Kasseler Braun, Kölnische Erde, Van Dyke Braun.
Ein alter Tisch aus Ahorn und Nussbaum soll eine vergrößernde Platte erhalten. 11 Aus zwei aufeinander geleimten Nussbaum furnierten Sperrholzplatten entsteht das neue Oval. Um farblich zum alten Tisch zu passen, werden die dunklen Nussbaumverzierungen an den Beinen als Referenzfarbton herangezogen. Zunächst wird die fein geschliffene und gewässerte Platte mit Nussbaum Körnerbeize in der passenden Konzentration gefärbt. 12 Wenn das Ergebnis aber so unerwünscht eintönig und gleichmäßig wie hier ist 13, kann man mit anderen der Holzart verwandten Farbtönen die vorhandene Struktur betonen. 14 Übergänge müssen gut mit einem feuchten Lappen verrieben werden. 15 Zu guter Letzt erhält die neue Platte einen dreischichtigen Überzug mit Hartwachsöl. 16

11

9

10

12

13

15

14

16

Chemische Beizen färben durch chemische Reaktionen

Das ist zwar etwas zu vereinfacht ausgedrückt, dient aber der Unterscheidung zu den klassischen Farbstoffbeizen. Die in chemischen Beizen enthaltenen Metallsalze rufen in Kombination mit synthetischen Farbstoffen eine chemische Reaktion im Holz hervor.
Diese modernen chemischen Beizen gelten als grundsätzlich lichtbeständiger als Farbstoffbeizen und werden auch als **Kombinationsbeizen** bezeichnet. Links im Bild ist eine chemische Beize mit Positiveffekt und rechts im Bild eine Nussbaumkörnerbeize auf Fichte mit Negativeffekt zu sehen. 17
Wie man eingesetztes Furnier mit Positivbeize auf Altholz beizen kann, sehen Sie im Kapitel 14 Retuschieren.

17

Räuchern

Schon vor vielen Jahrhunderten machte man die Erfahrung, dass Eichenholz, in Tierställen verbaut, ganz von alleine mit der Zeit einen kräftigen Braunton annahm. Der hohe Gerbsäuregehalt dieser Holzsorte reagiert mit den salmiakhaltigen Dämpfen der Tierausscheidungen und verwandelt das eher graue Eichenholz in ein sattes Braun. 18
Diese Farbveränderung kann man künstlich durch das sogenannte Räuchern von gerbsäurehaltigem Holz hervorrufen. Vor allem bei Drechslern, die eher kleinere Objekte farblich veredeln wollen, ist diese Methode sehr beliebt.

Räucherbeizen

Die heute nur mehr selten angewendeten Räucherbeizen beruhen auf demselben Prinzip wie das des Räucherns mit reinem Salmiak/Ammoniak. Um mehr Schattierungen als das natürliche satte Braun zu erzielen, werden dem Salmiak zusätzlich diverse synthetische Farbstoffe beigemischt. Räucherbeizen erzielen auf gerbsäurehaltigem Holz, vor allem Eiche, immer ihren ganz eigenen rustikalen Charakter.

Tipps & Tricks

Zum Räuchern stellt man das Werkstück auf Klötzchen für mehrere Stunden in einen geschlossenen metallfreien Behälter, auf dessen Boden mit Salmiakgeist gefüllte Schalen stehen. Der ätzende Dampf ruft eine so gleichmäßige Braunfärbung der Holzoberfläche hervor, wie sie mit Beizen kaum zu schaffen ist. Das geräucherte getrocknete Holz gibt später keine Schadstoffe mehr ab. 19

Fruchtsäurebeizen

Ebenso verhält es sich bei den heute beliebten Fruchtsäurebeizen. Ihre Säuren reagieren mit gerbsäurehaltigen Holzsorten und verfärben die Holzoberfläche in vielen Farbtönen. Hier wird der gräuliche Farbton getrockneter Beize deutlich, die erst durch einen darauffolgenden Überzug mit einem schichtbildenden Mittel wieder den satten Farbton feuchter Beize annimmt 20 21

Zwei-Komponenten-Beizen

Etwas veraltet sind Zwei-Komponenten-Beizen, bei denen man zunächst eine gerbstoffhaltige Vorbeize aufträgt und nach deren Trocknung eine metallsalzhaltige Nachbeize. Im Handel kann man solche Beizen kaum mehr bekommen. Bis im letzten Jahrhundert waren sie aber noch weit verbreitet.

Positivbeizen

Positivbeizen sind chemische Beizen, die speziell für Nadelhölzer (Fichte, Kiefer und Tanne) entwickelt wurden. Es handelt sich dabei um metallsalzhaltige Beizen, die Nadelhölzer entsprechend ihres natürlichen Farbbildes färben. Man spricht dann von einem positiven Beizbild.

Zur Erklärung: Die Dichte der hellen und dunklen Jahresringe weicht vor allem bei Nadelhölzern stark voneinander ab. Es ist nämlich so, dass die hellen Frühholzanteile auf Grund ihrer großen lockeren Poren eigentlich eine größere Menge Farbstofflösung aufnehmen als die an sich dunkleren Spätholzzonen mit ihren dichten festen Poren. Bei der Behandlung mit einfachen Farbstoffbeizen entsteht daher ein negatives Beizbild, was unnatürlich wirkt. Positivbeizen färben Nadelholz mit chemischen Substanzen aber so, dass die natürliche Helligkeit bzw. Dunkelheit der Jahresringe erhalten bleibt. 22 23

Produkte mit der Bezeichnung „Negativbeize" werden Sie auf dem Markt vergeblich suchen, da der Begriff minderwertige Eigenschaften suggerieren würde. Es sollte Ihnen aber bewusst sein, dass einfache Farbstoffbeizen auf Nadelholz immer ein negatives Beizbild erzeugen.

Tipps & Tricks

Achtung, der gewünschte Positiveffekt einer Positivbeize wird erst am Ende des Trocknungsvorgangs der Beize sichtbar. Im feuchten Zustand sieht auch eine Positivbeize noch unnatürlich negativ aus.

22

23

24

Wachsbeizen

Die Farbstoffe und Pigmente von Wachsbeizen sind in einer wässrigen Wachsemulsion eingebettet und erzeugen ebenfalls ein positives Beizbild. Poliert man Wachsbeizen nach der Trocknung mit einem Wolllappen oder einer Lederbürste auf, erhält man samtige seidenmatte Oberflächen, die allerdings chemisch und mechanisch nur gering beanspruchbar sind. 24 Wachsbeizen werden nur für Flächen empfohlen, die nicht mit Wasser in Berührung kommen, z. B. für Schnitzarbeiten, Holzdecken und Wandverkleidungen im alpenländischen Stil. Sie sind völlig ungeeignet für Möbel, die stärker beansprucht werden, also auf keinen Fall für Küchen und Sitzmöbel!

Tipps & Tricks

Ein Lack- oder Hartwachsölüberzug über Wachsbeizen ist nicht notwendig, aber bei manchen Produkten trotzdem möglich. Dadurch erhöht sich einerseits die Widerstandsfähigkeit der Oberfläche, andererseits verändert sich aber auch der rustikale Charakter.

Wie sollen Beizpinsel beschaffen sein?

Beizen sind i.d.R. so flüssig, dass man sie besonders gleichmäßig mit Pinseln auftragen kann. Spezielle Beizpinsel sind metallfrei, d. h. dass ihre Manschette aus Kunststoff besteht, womit ungewollte chemische Reaktionen vermieden werden. 25 Metall in Verbindung mit gerbsäurehaltigen Hölzern (vor allem Eiche) und Wasser verursacht nämlich dunkle Oxidflecken. Auch die Behältnisse zum Anrühren und Aufbewahren der Beizen sollten metallfrei sein. (Glas, Kunststoff, Porzellan)

25

Was ist ein Vertreiber?

Hat man zu viel Beize aufgetragen oder unschöne Läufer auf den gebeizten Flächen produziert, empfiehlt es sich, mit einem trockenen breiten Pinsel, dem sogenannten Vertreiber, die überschüssige Beizflüssigkeit zu vertreiben bzw. Überschüsse abzunehmen. 26

Beizen brauchen eine schützende Schicht

Nach dem Beizen muss man Holzoberflächen auf jeden Fall schichtbildend überziehen, da Beizen allein keinen Schutz darstellen. Die Industrie schützt gebeizte Flächen mit allen Arten von Lacken, Naturharzlacke verwendet die Ökobranche. Auf antike gebeizte Möbel bis 1920 wurde i.d. R. Schellack aufpoliert. In den letzten Jahren haben sich vor allem im Holzwerkerbereich Öl-Wachskombinationen, d. h. Hartölwachs, als geeignete Überzugsmittel etabliert.

Jeder schichtbildende Überzug macht gebeizte Flächen unempfindlicher gegenüber Flecken, Kratzern, Abnutzung und Verbleichen. 27

26

27

Wieso wirkt getrocknete Beize gräulich?

Viele Holzwerker/innen erschrecken, da jede durchgetrocknete Beize auf dem Werkstück plötzlich viel stumpfer und irgendwie gräulicher aussieht als während des Beizvorgangs. Doch keine Angst, als Anhaltspunkt für den endgültigen Farbton dient immer die feuchte Beize auf dem Holz. Denn das darauf folgende Überzugsmittel gibt der Beize ihren brillanten feuchten Farbton wieder.

Der endgültige Farbton der behandelten Holzoberfläche entsteht durch die Summe der Farbtöne des rohen Holzes, der Beize und der schichtbildenden Nachbehandlung.

Links im Bild ist Nussbaum Körnerbeize und die weiße Beize mit transparentem Lack, rechts mit Hartwachsöl geschützt. 28

Achtung: die Eigenfarbe z. B. eines Wachs-Öl-Überzugs verändert den endgültigen Farbton noch etwas ins Gelbliche.

28

29

30

Kombination von Beize und Überzugsmittel

Damit die gebeizte Fläche beim Überziehen nicht angelöst wird und Streifen entstehen, sollten Beize und Überzugsmittel unterschiedlich basiert, d. h. in verschiedenen Lösungsmitteln gelöst sein. In der Praxis bedeutet das, dass man z. B. eine Beize auf Wasserbasis mit einem Spiritus- oder Kunstharzlack, aber keinem Wasserlack überziehen sollte. Eine Spiritusbeize wiederum kann problemlos mit Wasserlack überarbeitet werden, da sie ja nicht mit Wasser, sondern Alkohol verdünnt ist. Sowohl wasser- als auch alkohollösliche Beizen lassen sich gut mit Hartölwachs überziehen. Hier ist das gebeizte Nussbaumfurnier mit Schellack poliert. 29

Spezielle Beize-Lack-Systeme

Eine Ausnahme dieser Regel bilden spezielle Systeme wie z. B. Aqua Beize und Aqua Lack von Clou. Beide sind zwar auf Wasserbasis und können dennoch hintereinander verwendet werden, da es sich bei der Beize um eine chemisch modifizierte Wasserbeize handelt, die vom darauf gestrichenen Lack nicht mehr angelöst wird. 30

Tipps & Tricks

Kombinieren Sie möglichst die vom Hersteller empfohlenen Systeme, d. h. Beize plus Lack plus Verdünnung, am besten als Muster auf einem Reststück. So sind unliebsame Überraschungen fast auszuschließen.

Checkliste Beizen:

- Das zu beizende Holz muss roh, d. h. unbehandelt, aber gut geschliffen sein (Weichholz bis Körnung 120–150, Hartholz bis Körnung 150–240).
- Wässern der geschliffenen Holzflächen mit lauwarmem Leitungswasser stellt die eingedrückten Fasern wieder auf. Mit Schleifpapier Körnung 180 wieder geglättet trägt zu einer besseren Aufnahme der Beize bei.
- Nach dem Beizen, bzw. vor dem Auftrag des Überzugsmittels darf nicht zwischengeschliffen werden, da man sonst die in der obersten Holzschicht eingelagerten Farbstoffe wieder entfernt.
- Eine gebeizte Oberfläche muss aber in jedem Fall (Ausnahme : Wachsbeizen) mit einem mehrschichtigen Lack- oder Hartwachsölüberzug geschützt werden, denn die getrockneten Farbstoffe der Beizen bleiben auch in trockenem Zustand wasserlöslich. Wasser und sonstige Flüssigkeiten würden auf nicht schichtbildend überzogenen Beizflächen sofort Flecken hinterlassen.
- Alle Beizen sind auf Grund ihrer eingeschränkten Widerstandsfähigkeit nur für die Oberflächengestaltung von Holz im Innenbereich geeignet.
- Der Auftrag von Beizen ist zwar nicht schwierig, muss aber dennoch so zügig und gleichmäßig erfolgen, dass ein gleichmäßiges Beizbild entsteht.
- Werkstücke mit vielen kleinen Flächen, wie z. B. einen Stuhl beizt man am besten von unten nach oben, damit Läufer keine Flecken auf dem noch ungebeizten Holz hinterlassen.
- Überschüsse können mit einem trockenen Pinsel (dem sogenannten Vertreiber) in Faserrichtung abgenommen werden.
- Am besten verwendet man metallfreie Beizpinsel und Behältnisse, um schwarze Oxidflecken zu vermeiden.

31

32

Lasuren

Lasuren sind entweder einziehend oder gering bis stark schichtbildend

Eine Lasur ist eine transparente bzw. halbtransparente Lösung auf Kunst- oder Naturharzbasis. Halbtransparent bedeutet, dass die Farbstoffe und/oder Pigmente einer Lasur soviel Licht durchlassen, dass die Maserung und Holzstruktur noch gut zu erkennen sind. Die in der Lasur gelösten Farbstoffe und/oder Pigmente legen sich als färbender Film auf das Holz und verschleiern die Maserung, die sich dann nicht mehr so deutlich abzeichnet wie bei gebeiztem Holz.

Tipps & Tricks

Verwenden Sie dafür nur Systeme eines Herstellers, der diese spezielle Kombination empfiehlt!

Eine Lasur soll einen elastischen Anstrichfilm bilden, der wenig ins Holz eindringt und als hauchdünne Schicht auf der Holzoberfläche liegt. Lasuren sind somit färbende und filmbildende Anstriche, die keinen zusätzlichen Schutzfilm (wie Beizen) benötigen. 31 32

Wenn ein Handwerker von Lasur spricht, meint er ein lasierend färbendes Mittel für den Holzschutz, d. h. eine farbige Lasur für den Außenbereich. Da es aber inzwischen auch farblose Lasuren sowohl für den Innen- als auch den Außenbereich und Übergangsformen zwischen Beizen und Lasuren gibt, ist eine scharfe Definition des Begriffes Lasur leider kaum möglich.

Viele Anbieter empfehlen vor dem Lasieren von unbehandeltem Holz eine Grundierung, damit die deckende Lasur dann besser haftet.

Es gibt z. B. auch Grundierungen, die einen Bläueschutz beeinhalten, um Nadelholz vor Bläuepilzen zu schützen. Bläuepilze können Holz zwar stark verfärben, schwächen aber weder die Holzstruktur, noch zerstören sie das Holz. Allerdings machen sie befallenes Holz saugfähiger und damit wiederum anfälliger für andere holzzerstörende Pilze. Bei ständig bewitterten Nadelhölzern kann daher eine Grundierung mit bioziden Wirkstoffen gegen Bläuepilze sinnvoll sein. *Siehe Kapitel 5, Farbveränderung.*

Man unterscheidet zwischen Dünnschicht- und Dickschichtlasuren:

Dünnschichtlasuren sind flüssig und zeichnen sich durch einen relativ geringen Festkörpergehalt aus. Ihre Farbpigmente dringen nur leicht ins Holz ein und bilden gleichzeitig eine dünne Schicht darauf, die das Holz vor Wind und Wetter schützen soll. 33 Unter Witterungseinfluss werden aber Dünnschichtlasuren mit der Zeit ausgewaschen, sie verbleichen und bilden mikrofeine Risse, in die Schädlinge eindringen können. Um davor geschützt zu sein, enthalten Dünnschichtlasuren für den Außenbereich oft Biozide, das sind Insektizide bzw. Fungizide, die gesundheitsschädlich sein können.

33

In Innenräumen mit ihrem üblichen Wohnklima ist die Gefahr eines Schädlingsbefalls in der Regel nicht gegeben. Daher bedarf es in diesem Fall auch keines chemischen Holzschutzes. Hier genügen Maßnahmen zur Holzpflege und zur Holzveredelung mit Hilfe wirkstofffreier dekorativer Produkte.

Dünnschichtlasuren lassen sich auf Grund ihrer geringen Schichtdicke leichter erneuern als Dickschichtlasuren. Der Altanstrich muss nur angeschliffen sein und kann dann sofort neu überstrichen werden. Dunkle Farben verlängern das Wartungsintervall, d. h. sie müssen nicht so oft erneuert werden.

Der Begriff **Holzschutzmittel** ist nach EN-Norm definiert und kennzeichnet Lasuren als biozidhaltig. Sie sollen Massivholz und Holzwerkstoffe vor holzzerstörenden oder holzverfärbenden Organismen schützen.

Auch die Bezeichnungen **Holzschutz** oder **Wetterschutz** signalisieren die Beimengung insekten- und pilzabwehrender Wirkstoffe. An eine einheitliche und für den Verbraucher verständliche Kennzeichnung halten sich aber nicht alle Anbieter.

Typische Anwendungsbeispiele für biozidhaltige Dünnschichtlasuren sind nicht maßhaltige Bauteile wie Zäune, Fassaden, Terrassen und Gartenmöbel.

Aber bitte keine Bauprojekte im Außenbereich mit biozidhaltigen Lasuren behandeln, wenn diese mit Lebewesen oder Futtermitteln in Berührung kommen. Beispiele dafür sind Gewächshäuser, Bienenstöcke oder Hundehütten.

Dickschichtlasuren zeichnen sich durch einen höheren Festkörpergehalt und eine minimale Eindringtiefe aus und können damit fast den Lacken zugerechnet werden.

Zur Definition: der Festkörpergehalt eines Beschichtungsmittels ist der Anteil, der nach dem Verdunsten der Verdünnung bzw. des Lösungsmittels auf dem Holz verbleibt. 34

Üblicherweise enthalten Dickschichtlasuren keine Insektizide bzw. Fungizide, da sie für formstabile maßhaltige Bauteile wie z. B. Fenster mit geringen Holzquerschnitten konzipiert sind. Diese quellen oder schwinden in der Regel auf Grund des geschlossenen Lasurfilms kaum bis gar nicht. Es sollten sich daher auch keine Mikrorisse in der Lasur bilden. Ein so geschlossener Film verhindert das Eindringen von Schädlingen und die gesundheitsbelastenden Biozide können entfallen.

Wenn der geschlossene Lasurfilm mechanisch verletzt wird, kann sich allerdings unter der Lasurschicht Fäulnis im Holz bilden.

Dickschichtlasuren neigen durch ihre hohe Schichtdicke und geringe Elastizität zum Abblättern, vor allem im bewitterten Außenbereich. Um sie zu erneuern, was alle paar Jahre nötig ist, sollten Altanstriche gründlich angeschliffen und lose Lasurteilchen völlig entfernt werden.

Typische Anwendungsbeispiele für Dickschichtlasuren sind maßhaltige Bauteile im Außenbereich wie Fenster und Türen.

Lasuren für den Innenbereich haben eher dekorativen Charakter, d. h. sie färben und schützen Holz im gewünschten Farbton, der die Maserung noch durchscheinen lässt. 35 Im Innenbereich sollte man Lasuren grundsätzlich ohne Biozide, d. h. Insektizide und Fungizide verwenden, da sie gesundheitsschädlich sein können.

UV-Lasuren sind Beispiele für eine Neuentwicklung im Lasurenbereich: Sie wirken transparent und feuern das Holz nicht oder kaum an. Ihre weißen Nanopigmente lassen helle Holzsorten wie unbehandelt wirken und bieten dennoch gleichzeitig einen hohen UV-Schutz. 36 *(siehe auch farbige Öle auf den Seiten 162 und 163)*

Tipps & Tricks

Da es keine eindeutige Bezeichnung für Lasuren für den Innenbereich gibt, achten Sie unbedingt auf die Herstellerangaben

Renovierungsintervall

In den folgenden Jahren nach der Erstbehandlung kommt es darauf an, den Schutzfilm einer Lasur möglichst intakt zu erhalten. Sobald Lasuren durch Verwitterung beschädigt oder abgenutzt sind, verlieren sie einen Teil ihrer Schutzfunktion. Das ungeschützte Holz reagiert jetzt schneller auf die Wettereinflüsse und verändert sich, im Extremfall beginnt ein nicht umkehrbarer Zersetzungsprozess. An bewitterten Stellen kann eine Renovierung alle 2–3 Jahre nötig sein. 37 38 39

Tipps & Tricks

Bei farbigen Lasuren reicht meistens ein Anschleifen der Oberfläche (je nach Feinheit der Oberfläche mit Körnung 120 bis 180), um anschließend mit einer ähnlichen Lasur zu renovieren. Noch effektiver ist es, die abgewitterten Bereiche mit einer nicht zu groben Bürste zu bearbeiten, da diese Methode zuverlässiger alle losen Teile der Lasur entfernt als Schleifpapier.

37

38

39

Auftragsmöglichkeiten von Lasuren

Je nach Konsistenz können Lasuren mit dem Pinsel gestrichen, mit einem Schwamm oder Lappen aufgetragen oder mit einer Walze gerollt werden. Je dickflüssiger eine Lasur ist, umso eher sollte sie mit einem Werkzeug aufgetragen werden, dass möglichst wenig Spuren hinterlässt wie z. B. eine Schaumstoffwalze. Auch Spritzen wäre möglich, verursacht aber viel umweltschädlichen Overspray.

Zur Definition: Als Overspray bezeichnet man die Menge an Auftragsmitteln die nicht auf dem Objekt, sondern in der Umgebungsluft landet. *Siehe Kapitel 9, Auftragswerkzeuge.*

Checkliste Lasur:

- Lasuren können auf rohes Holz oder bereits lasiertes angeschliffenes Holz aufgetragen werden.
- Lasuren ohne Biozide sind für den Innenbereich geeignet.
- Lasuren mit Bioziden sollten nur im Außenbereich verwendet werden.
- Vor dem Kontakt mit biozidhaltigen Lasuren sollten Sie sich mit Handschuhen schützen und bei Arbeiten über Kopf eine Schutzbrille tragen.
- Der Überstand sollte so vorsichtig abgenommen bzw. gleichmäßig verteilt werden, dass keine Streifen und Flecken entstehen.
- Lasuren immer nach Herstellerangabe trocknen lassen.
- Lasuren sind geeignet für schwach bis mittel beanspruchte Flächen im Innen- und Außenbereich.
- Lasuren sind nicht geeignet für stark beanspruchte Flächen wie Fußböden, Treppen, Arbeitsplatten und Waschtische.
- Kaufen Sie für möglichst mit dem RAL-Gütezeichen gekennzeichnete Lasuren: Sie sind geprüft auf ihre Wirksamkeit gegen Holzschädlinge und gesundheitliche Unbedenklichkeit für die Verbraucher.
- Lasuren mit dem „blauen Engel" bezeichnen grundsätzlich biozidfreie Holzveredelungsmittel. Die Kennzeichnung eines Produktes mit dem „Blauen Engel" schließt Bauchemikalien mit Wirkstoffen aus.

40

41

Öle

Ursprung der einziehenden Öle

Öle sind entweder pflanzlichen, tierischen, mineralischen oder synthetischen Ursprungs. Pflanzenöle werden durch Pressen und Extraktion aus Ölpflanzen bzw. deren Samen gewonnen. Für die Holzoberflächenbehandlung werden vor allem pflanzliche und zu einem geringeren Teil mineralische und synthetische Öle verarbeitet. 40

Trocknungseigenschaften

Grundsätzlich ist es so, dass ab dem Zeitpunkt, dem eine geölte Holzoberfläche Sauerstoff ausgesetzt ist, das aufgetragene Öl zu trocknen beginnt. Die ungesättigten Fettsäuren des Öls bzw. Ölgemisches vernetzen sich, was ein Verharzen bzw. Verdicken des Öls zur Folge hat. Der Vorgang wird als oxidative Trocknung bezeichnet. Vom Anteil der ungesättigten Fettsäuren ist der Trocknungsgrad eines Öls abhängig.
Da der Anteil der ungesättigten Fettsäuren der verschiedenen Ölsorten unterschiedlich hoch ist, teilt man sie ein in **nicht trocknende, halbtrocknende** und **trocknende** Öle. Nur trocknende Öle sind für die Oberflächenbehandlung von Holz geeignet. Dabei wird die Trocknungseigenschaft eines Öls mit der sogenannten **Iodzahl** gemessen.
Nicht trocknende Öle haben eine Iodzahl von unter 100. Sie behalten auch unter Sauerstoffeinfluss ihre ursprüngliche Konsistenz und härten nicht aus. So behandelte Holzoberflächen fühlen sich dauerhaft fettig an und verschmutzen schnell.
Beispiele für nicht trocknende Pflanzenöle: Kamelien-, Oliven-, Raps-, Rizinusöl.

Tipps & Tricks

Olivenöl kann für Kleinteile des täglichen Bedarfs wie Messergriffe oder Salatbesteck verwendet werden, wenn man gelegentlich nachölt. Von der Behandlung größerer Holzflächen ist dringend abzuraten!

Halb trocknende Ölen haben eine Iodzahl zwischen 100 170. Sie werden anderen Oberflächenmitteln beigemengt, um deren Trocknungszeit zu verlängern und den Anstrichfilm elastischer zu machen. Da natürliche Öle sowieso langsam trocknen, macht es wenig Sinn, den Prozess weiter zu verlangsamen. Daher werden halbtrocknenden Öle eher Lasuren und Lacken beigemischt, um deren Trocknungs- und Auftragszeiten zu verlängern.
Beispiele für halbtrocknende Pflanzenöle: Baumwollsaat-, Distel-, Erdnuss-, Hanf-, Mohn-, Sesam-, Soja-, Sonnenblumen-, Walnussöl.
Trocknende Öle haben eine Iodzahl über 170. Für die Holzoberflächenbehandlung kommen nur diese trocknenden Ölsorten in Frage, da nur sie vollständig aushärten. Allerdings sagt auch eine hohe Iodzahl nichts darüber aus, welchen Zeitraum auch ein gut trocknendes Öl für seine Trocknung braucht. Der Vorgang kann sich je nach Ölsorte und Vorbehandlung von einigen Stunden bis über mehrere Monate hinziehen. 41
Beispiele für trocknende Öle: Lein-, Tung-, Rizinen-, Standöl

Was bewirken Trocknungsbeschleuniger?

Da man normalerweise nicht Monate warten kann, bis eine geölte Holzoberfläche trocken und benutzbar ist, wurden schon früh mehrere Möglichkeiten entwickelt, die Trocknung von Öl zu beschleunigen.
Standöle wurden früher in die Sonne gestellt, um ihre Trocknungszeiten zu verkürzen. Wenn heute von Standöl die Rede ist, dann wurde es unter Luftabschluß auf bis zu 260° C erhitzt, was einen noch höheren Effekt als das Stehenlassen hat.
Geblasene Öle werden durch das Einblasen von Sauerstoff hergestellt, was ihre Trocknungseigenschaften ebenfalls deutlich verbessert.
Sikkative/Trockenstoffe werden einer Ölmischung beigemengt, um die Trocknung auf unter 24 Std. zu reduzieren. Früher verwendete man dazu giftige Blei- und Bariumseifen, heute sind es Cobalt, Calcium, Zirkonium, Mangan- und Eisenverbindungen.

Cobalt ist in den letzten Jahren in Verruf geraten, gesundheitsschädlich zu sein. Die Öko Firma Kreidezeit klärt ihre Kunden folgendermaßen auf: Im abgebundenen Zustand, d. h. in einem getrockneten Ölanstrich stellen Cobaltverbindungen für den Menschen keinerlei Gefahr dar. Dies belegen z. B. Zulassungen für cobaltsikkativiertes Leinöl als Oberflächenbehandlung für Holzspielzeuge.

Vorsicht ist bei den sogenannten **2K-Ölen (= Zweikomponentenölen)** geboten. Die radikal verkürzte Trocknungszeit kommt durch die Mischung zweier Komponenten zustande. Bei der 1. Komponente handelt es sich um natürliche Pflanzenöle, die 2. Komponente aber sind aggressive giftige Isocyanathärter.

Isocyanate müssen mit **Xn** gekennzeichnet sein, was sie als gesundheitsschädlich beim Einatmen klassifiziert. Von Hautkontakt mit Isocyanat haltigen Produkten wird dringend abgeraten!
Nur Handwerker, die einem unrealistischen Kundenwunsch ausgesetzt sind, Holz möglichst natürlich mit Öl, aber mit unnatürlich kurzen Trocknungszeiten zu behandeln, müssen aus Zeit- und Kostengründen zu 2K-Ölen greifen. Dabei haben beide Komponenten miteinander vermischt nur eine begrenzte Verarbeitungszeit.

2K-Öle sollten Sie als Holzwerker/in aus gesundheitlichen Gründen meiden!

Tipps & Tricks

Obwohl Öl dank Sikkativen nach relativ kurzer Zeit trocken, aber nicht durchgehärtet ist, können Kunststoffteile bzw. Weichmacher von Gerätefüßchen (Drucker, Boxen etc.) die Öloberfläche wieder anlösen. Dies lässt sich vermeiden, indem man die ersten Wochen weißes Papier unterlegt.

42

43

Fertige Ölmischungen

Die meisten Hersteller bieten Ölgemische aus verschiedenen Ölsorten und natürlichen oder künstlichen (Alkyd-) Harzen an. Sie kombinieren die unterschiedlichen Trocknungs-, Elastizitäts- und Härteeigenschaften verschiedener Öle und Harze so miteinander, dass je nach Verwendungszweck und Holzbeschaffenheit passende Universal- bzw. Spezialöle entstehen. 42
Auf den Ölgebinden werden mit Harzen versetzten Öle auch als modifizierte Öle bezeichnet.
Tungöl beispielsweise hat ungefähr dieselben Trocknungseigenschaften wie Leinöl, weist aber eine höhere mechanische Widerstandsfähigkeit und etwa doppelt so hohe Wasserresistenz auf. Rein aufgetragen auf Holz neigt es leider zur Runzel- und Rissbildung. Erst in der Kombination mit anderen Ölen kommen seine positiven Eigenschaften zur Geltung.
Eine Volldeklaration der Inhaltsstoffe würde es für Sie als Anwender/in möglich machen, sich über die Bestandteile und ihre gesundheitsfördernde oder evtl. schädliche Wirkung zu informieren. Weil sie nicht gesetzlich vorgeschrieben, sondern freiwillig ist, wird sie i.d.R. nur von Ökoherstellern geboten.
Beispiele für Ölmischungen: Hartöl, Fussbodenöl, Arbeitsplattenöl etc.

44

Farbige Ölmischungen

Sämtliche Ölmischungen existieren i.d.R. auch in gefärbten Varianten. Sie verstärken entweder den Eigenton einer Holzart, hellen ihn auf (mit Weißpigmenten) oder dunkeln ihn ab bzw. färben ihn ein. Die eingelagerten Pigmente bieten einen gewissen UV-Schutz, daher sind manche farbigen Öle auch für den Außenbereich geeignet. (z. B. Terrassenöle). 43 44 Wie man Öle selber einfärbt, erfahren Sie in Kapitel 14 Retuschieren

Die Namensgebung für eingefärbte Öle ist nicht einheitlich. Sie tragen häufig den Namen einer Holzart, z. B. als Teaköl. Da solche Öle aber entweder für besagte Holzart konzipiert sind oder im Ton dieser Holzart eingefärbt sind, sollten Sie auch hier die Herstellerangaben aufmerksam lesen.

Gefärbtes Öl im Außenbereich

Hier soll ein verwittertes Grabkreuz wieder aufgefrischt werden. **45** Zunächst wird die abgewitterte Oberfläche geschliffen und mit Seifenwasser gereinigt. Das alte Eichenholz soll wieder satter und frischer wirken und wird deswegen mit hellbraun pigmentiertem Terrassenöl eingelassen. Die geschnitzten Strukturen kommen besonders gut zur Geltung, wenn sie farblich abgesetzt werden. Nur 1 bis 2 Tropfen Farbkonzentrat auf einem ölgetränkten Pinsel erzeugen den gewünschten Effekt. *(siehe Seite 237 im Kapitel Retuschieren)* **46** **47** Die Inschrift in Kerbschnitt kann man mit golden pigmentiertem Standöl für den Aussenbereich betonen. **48** **49** **50** Leider verläuft die ölige Goldfarbe auf Grund der Kapillarwirkung und Faserstruktur des angewitterten Holzes. Durch Überreiben mit dem braun gefärbten Öl wird der unerwünschte Effekt abgemildert und die Inschrift erhält einen goldenen Schein. **51**
Geeignet für alle senkrechten Holzflächen im Außenbereich.

46

45

47

JOACHIM
1991

48

JOACHIM

49

JOACHIM
KREIDEZEIT
Standölfarbe
vollfett
-gold-
vegan

50

1991

51

52

Unruhige Farbgebung

Ganz grundsätzlich gilt: Jede farbig lasierende (das heißt die Holzstruktur noch sichtbar lassende) Oberflächenbehandlung, egal ob hell oder dunkel, betont unruhige Strukturen im Holz und färbt sie stärker als gleichmäßige Faserverläufe. Das hat zur Folge, dass beispielsweise Leimholz mit seinen zufällig zusammengestellten Leisten geölt immer unruhiger aussieht als unbehandeltes Holz. 52

Tipps & Tricks

Manche Hersteller versprechen, dass ihr UV-Öl als alleiniger zweimaliger Anstrich den Vergrauungsprozess um den Faktor 12 im Vergleich zu unbehandeltem Holz verzögert.

UV-Öle

Industrielle UV-Öle haben, wie der Name schon andeutet, etwas mit Licht zu tun. Im Industriebereich steht die Kurzbezeichnung UV-Öl für Öle, die durch eine intensive Bestrahlung mit ultraviolettem Licht aushärten. Dieses Verfahren ist nur mit beträchtlichem technischem Aufwand zu realisieren, weswegen diese Art von UV-Ölen ausschließlich industriell, also bereits im Werk aufgebracht wird. Dadurch bildet sich nach seiner Aushärtung ein sehr dichter Schutzfilm, ähnlich einem Lack. Eine mit UV-Öl behandelte Holzoberfläche lässt sich mit den passenden Produkten leicht reinigen.

Handwerkliche UV-Öle sind für die Anwendung vor Ort konzipiert. Holzflächen im Außenbereich werden dadurch vor der Sonne bzw. dem Prozess des Vergrauens geschützt.

Als Endanstrich auf bereits farbig behandeltem Holz verlängert UV-Schutz-Öl das Renovierungsintervall deutlich.

UV-Öle gibt es als transparente, leicht pigmentierte und farbige, d. h. bunte Varianten.

Sie sind geeignet für alle senkrechten Holzflächen im Außenbereich: Türen, Fenster und Fensterläden (maßhaltige Bauteile), Carports, Holzfassaden, Balkone, Zäune, Pergolen und Gartenhäuser (nicht maßhaltige Bauteile). Auch geeignet für Bambusstäbe (z. B. bei Sichtblenden).

53

55

54

56

Wasserbasierte Öle

Öle sind per Definition Flüssigkeiten, die sich nicht mit Wasser mischen lassen. Auf dem Markt sind heute aber dennoch viele Ölprodukte auf Wasserbasis, die eine hohe Umweltfreundlichkeit suggerieren. Sie erwecken den Eindruck, evtl. schädliche Lösemittel würden durch Wasser ersetzt, was nur teilweise stimmt. Tatsache ist, dass es immer zusätzliche Emulgatoren zur Verbindung von Öl mit Wasser braucht.

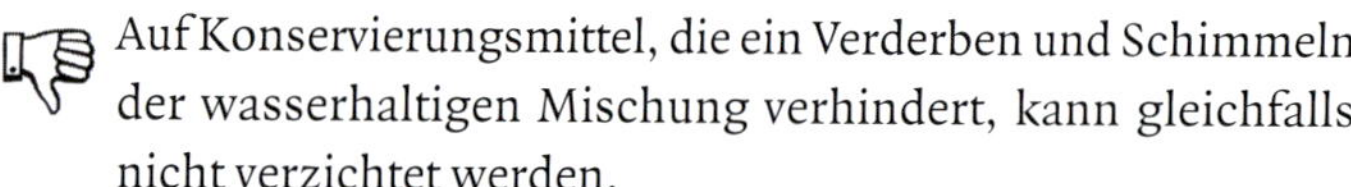

Auf Konservierungsmittel, die ein Verderben und Schimmeln der wasserhaltigen Mischung verhindert, kann gleichfalls nicht verzichtet werden.

Trotzdem lässt die Industrie Holzwerker/innen glauben, Wasser in Oberflächenmitteln sei grundsätzlich unbedenklich. Was aber im Lackbereich sinnvoll ist, nämlich den Anteil an eindeutig gesundheitsschädlichen organischen Lösungsmitteln zu reduzieren und sogenannte Wasserlacke zu produzieren, lässt sich nicht gleichermaßen auf den Ölbereich übertragen. 53 54

Wasserverdünnte Öle enthalten Emulgatoren und Konservierungsmittel, die ohne Wasseranteil überflüssig wären. Aus meiner Sicht sind sie daher nicht zu empfehlen!

Pflegeöle

Öle mit einem Festkörpergehalt unter 30% tragen i.d.R. den Namen Pflegeöl. Sie kommen überall dort zum Einsatz, wo die Holzoberfläche nur einen geringen Ölgehalt aufnehmen kann bzw. soll.
Zur Auffrischung und Pflege von zu einem früheren Zeitpunkt geölter Flächen werden Pflegeöle empfohlen, um keine klebrige Oberfläche zu riskieren *(siehe Überölung, Seite 168)*.
Auch innen in Möbeln sollten, wenn überhaupt, nur Pflegeöle verarbeitet werden, da die Geruchsbildung zu stark sein kann. 55

Verdünnung von Ölen

Viele Öle werden zur Optimierung ihrer Viskosität, also der perfekten Auftragskonsistenz, mit Lösemitteln verdünnt. Sie verbessern die Verbindung von Holz und Öl, indem sie während der Trock-

Tipps & Tricks

Da natürliche Terpene in einem relativ kurzen Zeitraum von bis zu 15 Min. verdunsten, sollte der Ölauftrag von werkseitig verdünnten Ölmischungen zügig erfolgen!

Tipps & Tricks

Zähflüssig gewordenes Öl am Boden eines Gebindes kann man mit einer Zugabe von max. 10% Lösungsmittel wieder besser verarbeitbar machen.

nung des Ölgemisches verdunsten. Löse- bzw. Verdünnungsmittel sind also immer flüchtig. 56

Manche Hersteller verwenden zur Verdünnung ihrer Öle natürliches Terpentin, d. h. **Balsamterpentin**, destilliert aus Kiefernharz oder Orangenschalenöl.

Obwohl natürlichen Ursprungs, kann Terpentin auf Grund seines Gehaltes an ätherischen Ölen hautreizend sein und muss entsprechend gekennzeichnet sein:

früher mit , heute mit .

Von der jeweiligen Firmenphilosophie hängt ab, ob ein Hersteller zwar natürliche, aber mit Warnhinweisen gekennzeichnete Verdünnungen in seinen Produkten vertreten kann oder eben nicht.

Es gibt nämlich genauso die Möglichkeit, Öle mit **Isoparaffinen, Isoaliphaten** bzw. **Testbenzin** (hochgereinigtes Testbenzin wird auch als Kristallöl bezeichnet) zu verdünnen. Sie sind alle mineralischen Ursprungs, d. h. sie werden aus Erdöl gewonnen. Erdölprodukte werden von manchen Verbrauchern und auch Firmen grundsätzlich vermieden, obwohl sie als so hautfreundlich gelten, dass sie im Medizinbereich zum Entfernen von Pflasterkleberesten auf der Haut verwendet werden.

Alle lösemittelhaltigen Ölmischungen (unabhängig von ihrem pflanzlichen oder mineralischen Ursprung) werden vom Hersteller in der passenden Konzentration für den jeweiligen Verwendungszweck verdünnt. Ein höherer Prozentsatz an Verdünnung erhöht nicht, wie fälschlicherweise oft angenommen, die Eindringtiefe, sondern reduziert nur den Sättigungs- und damit Wirkungsgrad des Öls.

Als Haut ausgehärtetes Öl im Gebinde kann nicht mehr aufgelöst, sondern muss entfernt werden.

57

58

Lösemittelfreie Öle

Um der Diskussion kritischer Inhaltstoffe aus dem Weg zu gehen, sind einige Hersteller dazu übergegangen, völlig lösemittelfreie Öle zu entwickeln. Dabei handelt es sich um die sogenannten **High Solid** Öle. 57 Ihr Festkörpergehalt liegt bei 60 bis nahezu 100%. High Solid Öle sind auf Grund der hohen Konzentration ergiebiger als verdünnte Öle. Sie werden i.d. R. genauso verarbeitet wie Öle mit einem niedrigeren Festkörpergehalt.

Ölauftrag

Alle bisher genannten Öle sind so dünnflüssig, dass sie sowohl mit dem Pinsel, Schwamm, Lappen oder einer Walze aufgetragen werden können. *(siehe Kapitel 9 Auftragsgeräte)* 58

Der Überstand muss bei allen einziehenden Ölen nach der auf dem Gebinde angegebenen Einwirkzeit unbedingt abgenommen werden, weil die Oberfläche sonst dauerhaft klebrig bleibt.

Was verursacht eine Überölung?

Vor allem bei lösemittelfreien High Solid Ölen besteht die Gefahr der Überölung. 59 Man erkennt das Phänomen daran, dass selbst nach dem Entfernen des Überstandes aus Vertiefungen wie Längsfugen, Astlöchern und Rissen Öl an die Holzoberfläche wandert. Das überschüssige Öl bildet dort glänzende Stellen, die nach der Trocknung klebrig bleiben. 60 Dies ist kommt besonders bei Stäbchen-Massiv-Parkett und bei Hirnholzparkett vor.
Eine Überölung kann auch auftreten, wenn zu viel Öl aufgetragen und der Überstand zu schwach oder zu spät entfernt wurde.

Tipps & Tricks

Am besten poliert man gegen Ende dieser Einwirkzeit die geölten Flächen mit einem weißen Pad, bei Fussböden mit einer Einscheibenmaschine.

Um das zu verhindern, muss nach der empfohlenen Einwirkzeit, die je nach Hersteller zwischen 10 bis 40 Minuten liegen kann, der Überstand noch gründlicher als sonst abgenommen werden. 61

Was tun bei klebrigen Stellen?

Sollten nach der ersten Trocknung noch klebrige Stellen da sein, muss man so schnell wie möglich dagegen vorgehen. Orangenschalenöl oder Balsamterpentin (beides ätherische Öle) helfen in der Not. Man trägt das Eine oder Andere großzügig auf die klebrigen Stellen auf, lässt die Flüssigkeit kurz einwirken und poliert kräftig mit einem Vlies (Körnung 240 bis 320) so lange, bis nichts mehr klebt. Evtl. verbleibenden Ölabrieb kann man mit einem gut saugenden Lappen abnehmen. Nach 24 Std. Wartezeit kann man mit ein paar Tropfen Öl auf einem weißen Polierpad die Fläche ein letztes Mal abpolieren.

Auch hier gilt es auf die Selbstentzündungsgefahr der öligen Lappen zu achten!

59

60

61

Checkliste einziehende Öle:

- Öle werden auf rohe Holzflächen aufgetragen.
- Zur Auffrischung bereits geölter Flächen Pflegeöle mit einem Festkörpergehalt bis zu 30% verwenden.
- Der Holzuntergrund muss trocken, sauber, geschliffen und staubfrei sein.
- Wässern vor dem Ölauftrag ist nicht notwendig, schadet aber auch nicht.
- Einziehende Öle können mit Lappen, Schwamm, Pinsel und Walze aufgetragen werden.
- Der Überstand muss nach einer Einwirkzeit von 10–30 Minuten (siehe Herstellerangaben) mit einem saugenden Lappen abgenommen werden.
- Vor jedem Ölauftrag (1–3 mal) muss ein Zwischenschliff erfolgen, mit Körnung 240–400, entsprechend der Feinheit des Untergrundes.
- Geeignet für schwach bis stark beanspruchte Oberflächen wie Möbel, Arbeitsplatten, Fussböden, Kinderspielzeug.
- Nicht geeignet für sehr stark beanspruchte Flächen mit häufigen Wasserkontakt, z. B. Waschtische.

Gartenmöbel und Terrassen entgrauen und neu ölen

Vor allem waagrecht verbautes Holz (Terrassenholz) vergraut besonders schnell, da es mehr und länger mit Wasser in Berührung kommt als beispielsweise eine Verschalung. Die Holzauswahl spielt bei allen Alterungs- und Vergrauungsprozessen eine ganz entscheidende Rolle. Am wenigsten müssen besonders witterungsresistente Holzarten *(siehe Kapitel 1 Holzwissen)* gepflegt und saniert werden.

Doch jede Holzart, sei sie noch so witterungsresistent, vergraut mit der Zeit. Das ist ein natürlicher Prozess, der das Holz weder schützt noch angreift noch abbaut. Es ist eine einfache chemische Reaktion.

Sollte Ihnen vergrautes Holz aber nicht gefallen, so besteht auch bei so großen Holzflächen wie Terrassen die Möglichkeit, sie vor einem erneuten Einlassen zu entgrauen. Das Verfahren ist dasselbe, wie wenn Möbel von ihrem Grauschleier befreit werden. *(siehe Kapitel 4 Flecken)* **62**

62

Arbeitsschritte:
Es ist sinnvoll, die Terrassendielen vor einer Behandlung mit Holzentgrauer/Antigrau mit Wasser zu befeuchten, damit nicht zuviel Oxalsäure aufgesaugt wird. Diese wird dann am besten mit einer Bodenbürste oder einem breiten Pinsel aufgetragen. Die Säure sollte zwischen 10 und 20 Minuten einwirken, bevor sie mit reichlich Wasser abgewaschen bzw. am besten abgebürstet wird.

Als nächsten Schritt ist es wichtig, die Terrassendielen wirklich gut trocknen zu lassen, bevor sie erneut eingelassen werden. Das kann durchaus einige Tage dauern. Auch zuvor nicht entgrautes Holz muss für eine Neubehandlung völlig trocken sein. Denn nur bei ausreichender Trockenheit ist das Terrassenholz aufnahmefähig genug für den folgenden Ölanstrich. Bei harzreichen Hölzern schleifen Sie die Holzterrassen vor der Ölbehandlung ab.

Das erneute Einlassen sollte nur mit einem für Holzfussböden geeigneten Öl geschehen, das die Bezeichnung Terrassen- oder Bodenöl trägt. Wenn Sie ein pigmentiertes Öl verwenden, wird es deutlich länger halten und das Sanierungsintervall verlängert sich dadurch. Mit einer Bodenbürste oder einem brettbreiten Pinsel trägt man es so gleichmäßig wie möglich auf. Überschüssiges Öl kann wie üblich mit einem Tuch abgenommen werden. Achten Sie immer darauf, dass die aufgetragene Menge nicht zu groß ist und keine sichtbare Schicht bildet. Ein zweimaliger Auftrag mit mindestens 12 Stunden Trocknungszeit davor wird das beste Ergebnis erzielen.

Kapitel 11

Schichtbildende Oberflächenmittel

Schichtbildende Mittel

Schichtbildend sind die eher dickflüssigen Oberflächenmittel. Auf Grund ihrer geringen Viskosität legen sie während der Trocknungsphase, also während des Aushärtens, eine Schicht bzw. einen Film auf die Holzoberfläche. Der Schutz einer so behandelten Oberfläche ist solange gewährleistet, solange diese Schicht keine Mikrorisse bildet und in der Folge von Feuchtigkeit unterwandert wird. 1 2
Beispiele für schichtbildende Oberflächenmittel sind Dickschichtlasuren, Leinölfarben, Hartwachsöle, alle Wachse, Naturharz-, Kunstharzlacke, Schellack, Kreidefarben, Milchfarben.

 Schichtbildende Oberflächenmittel sind i.d.R. aufwändiger zu renovieren als einziehende Mittel, da sie vor einem Renovierungsanstrich vollständig entfernt werden müssen.

Leinölfarben

Farbige Pigmente gemischt mit diversen Leinölvarianten ergeben traditionelle Leinölfarben. Die Pigmente, die im Außenbereich vor Verwitterung schützen sollen, können mit rohem und gebleichtem Leinöl, Leinölfirniss und Öllack gemischt werden. Da alle Leinölprodukte zwar gut, aber sehr langsam trocknen, werden ihnen Sikkative (Trocknungsbeschleuniger) beigemengt. 3 4

1

2

3

4

5

Checkliste Leinölfarben:

- Sicherheitshalber einen Probeanstrich vornehmen, um die Farbgebung sowie die Trocknungszeiten zu bestimmen.
- Helle Töne sind besser für den Außenbereich geeignet. Dunkle Farbtöne heizen sich an sonnigen Tagen sehr auf, was zu vermehrt zu Rissen und Verzug führen kann. Dunkle Farbtöne beschleunigen den Ölabbau und verkürzen dadurch die Pflegeintervalle.
- 24 Std. nach einem Auftrag im Außenbereich sollte es möglichst nicht regnen. Wassertropfen auf der frisch behandelten Oberfläche ergeben Flecken.
- Leinölfarbe darf nur sehr dünn aufgetragen und sollte ins Holz einmassiert werden. Zu dicke Farbschichten trocknen schlecht und ergeben eine gekräuselte Oberfläche.
- Stark saugende Untergründe sollte man zuvor mit Öl grundieren.
- Unbehandeltes Holz im Außenbereich sollte mindestens dreimal gestrichen werden, um die bestmögliche Wetterbeständigkeit zu erreichen.
- Auf frisch gehobeltem harzreichen Holz (Lärche) ist ein Anstrich mit Leinölfarben nicht zu empfehlen.
- Ist das Holz schon etwas verwittert (1 Jahr) ist ein Auftrag ohne weiteres möglich.
- Gartenmöbel, die ständig im Freien stehen, können abfärben. Hier empfiehlt sich eine jährliche Auffrischung mit reinem Leinöl oder die Behandlung mit Öllack.
- Liegen die Farbpigmente trocken auf dem Holz, ist es Zeit für einen neuen Anstrich. Unter Witterungseinfluss ist das alle 1–2 Jahre nötig.
- Davor sollte die Fläche feucht gereinigt werden, ein Anschliff ist nicht nötig.

Hartwachsöl

Bei Hartwachsöl werden einem Ölgemisch noch etwa 5% Wachs beigemischt, was es zu einem schichtbildenden Öl macht. Ähnlich einem Naturharzlack ist Hartwachsöl zähflüssig und bildet eine besonders widerstandsfähige Oberfläche, die aber nicht mehr diffusionsoffen ist. 5

Im Unterschied zu den einziehenden Ölen wird bei Hartwachsöl der Überstand nicht abgenommen, damit sich überhaupt eine Schicht bilden kann. Je nach Saugfähigkeit des hölzernen Untergrundes braucht es 2–3 Durchgänge mit entsprechenden Trocknungszeiten und Zwischenschliff (Körnung 320), bis sich eine gleichmäßige geschlossene Schicht gebildet hat.

Hartwachsöl gibt es in unterschiedlichen Glanzgraden von matt bis hochglänzend.

6

8

7

9

Lackierte Oberfläche mit Hartwachsöl renovieren

Die massive Ahorntischplatte aus den 1980er Jahren ist, wie es damals üblich war, hochglänzend und dick lackiert. Diese Beschichtung hat so starke Flecken, dass sie vollständig abgeschliffen werden muss. 6 7 Feuchtes Abwischen (Wässern) der geschliffenen Oberfläche macht evtl. Lackreste sichtbar und simuliert den Farbton, den der folgende Überzug mit Hartwachsöl haben wird. 8 Fein nachgeschliffen und gründlich entstaubt kann mit dem ersten Auftrag begonnen werden. Der kann mit einem breiten flachen Pinsel oder besser noch mit einem Schwamm erfolgen. 9
Nach der Durchtrocknung sollten die eingelassenen Flächen mit Schleifpapier Körnung 320 fein geschliffen werden. Erst danach folgt der Zweite Auftrag, der vermutlich erst jetzt eine geschlossene Schicht Hartwachsöl ergibt. Evtl. ist noch ein dritter Durchgang mit entsprechendem Zwischenschilff notwendig, um eine völlig gleichmäßige Beschichtung zu erzielen.

Gefärbtes Hartwachsöl

Der geschnitze Löwenkopf bewacht Haus und Hof. 10 Da das farbige Hartwachsöl zwar für einige Jahre das wetteranfällige Fichtenholz schützt, aber letztendlich doch relativ schnell von Feuchtigkeit unterwandert wird, muss der Hauslöwe häufig renoviert werden.

10

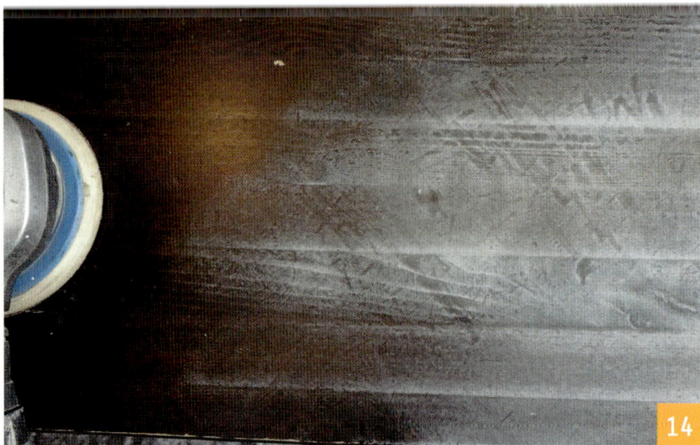

11 Dies geschieht mit gefärbtem Hartwachsöl. Bei den farbigen Hartwachsölen erreicht man durch Beimengen von Farbkonzentraten noch mehrunterschiedliche Farbvarianten.

Hier bewahrheitet sich die Regel, dass ein hochwertiger Anstrich auf einem eher minderwertigen, d.h. in diesem Fall eher ungeeigneten Fichtenholz nicht die volle Schutzwirkung erzielen kann!
Egal, wie es oberflächenhehandelt wird, hat so Werk keine unbegrenzte Lebensdauer, da die Holzart Fichte wenig wetterresistent ist. 12

Hartwachsöl deckend

Gefärbtes Hartwachsöl (Dekorwachs von Osmo) kommt einem Lack sehr nahe. 13 Es kann völlig deckend und glänzend verarbeitet werden. Dazu muss der Untergrund gut angeschliffen sein, sonst haftet der deckende Überzug nicht genügend. 14 15 Es empfiehlt sich, Ecken und Vertiefungen zuerst mit schmalen Werkzeugen wie Walzen und Pinseln zu bearbeiten 16, um anschließend die großen Flächen mit einer breiteren Walze mit abgerundeten Kanten zu beschichten. 17 Nach Trocknung muss alles noch einmal leicht angeschliffen und abgestaubt werden. Der zweite Auftrag sollte nur so dick sein, dass durchscheinende Dunkelheit bedeckt ist. Die Gefahr besteht, mit diesem hochdeckenden Mittel sonst eine „speckige“ Oberfläche zu erzeugen.

16

17

18

Da das Hartwachsöl deutlich länger zur Trocknung braucht als beispielsweise ein deckender Lack auf Wasserbasis, hat man mehr Zeit, große Flächen gleichmäßig zu beschichten.

Kein Vorteil ohne einen Nachteil: die lange Trocknungszeit gibt Staub und Flusen einen größere Chance, sich auf der feuchten Fläche abzusetzen

Checkliste schichtbildende Öle

- Sowohl zum Erstauftrag auf unbehandelte Holzoberflächen als auch zur Auffrischung bzw. Renovierung bereits geölter Flächen geeignet.
- Der Holzuntergrund muss trocken, sauber, geschliffen und staubfrei sein.
- Wässern vor dem Ölauftrag ist nicht notwendig, schadet aber auch nicht.
- Schichtbildende Öle können mit Schwamm oder Walze aufgetragen werden.
- Der Überstand wird nicht abgenommen, aber die Ölschicht muss ohne dicke Stellen egalisiert sein.
- Vintage-Effekte entstehen, wenn farbiges Hartwachsöl nach der Trocknung an den Kanten durchgeschliffen wird.
- Ein Zwischenschliff sollte mit Schleifpapier Körnung 320–400 vor dem 2. bzw. 3 Auftrag erfolgen.
- Mit einem mindestens zweimaligen Auftrag als Überzug gebeizter Flächen geeignet.
- Für einen Renovierungsanstrich muss der alte Ölauftrag angeschliffen werden.

Was ist Lack?

Unter dem Begriff Lackieren von Holzoberflächen versteht man das Auftragen einer flüssigen Harzsubstanz, früher waren das Naturheute sind das Kunstharze. Der Sammelbegriff Lack steht somit für Beschichtungsstoffe auf der Basis organischer Bindemittel. Abhängig von diesen Bindemitteln enthalten Lacke organische Lösemittel und/oder Wasser sowie Pigmente, Füllstoffe und andere Zusätze. 18

19

21

20

22

Wir unterscheiden zwei Gruppen:

Klarlacke sind unpigmentierte, d. h. transparente Lacke, die abhängig von ihren Bindemitteln eine Eigenfärbung haben können. Es gibt sie von matt bis hochglänzend. 19
Lackfarben sind deckende, farbig pigmentierte Lacke von matt bis hochglänzend. 20

Auftragsarten

Grundsätzlich lassen sich alle Lackarten so einstellen, dass sie gestrichen, gerollt oder gespritzt werden können, d. h. der Hersteller gibt die möglichen Auftragsarten vor. 21 Lacke, die für den Auftrag mit Walzen, Rollen und Pinseln eingestellt sind, binden und trocknen in der Regel langsamer ab als Spritzlacke. Die meist gut sichtbare Struktur des Pinselstriches oder der Rolle bekommt dadurch die nötige Zeit, auf der Fläche gleichmäßig zu verlaufen. 22 23

Spritzlacke, die speziell als solche gekennzeichnet sein sollten, sind in der Regel schnelltrocknend und in ihrer Struktur so fein, dass sie bei ganz kurzen Ablüftzeiten gut auf der Fläche verspannen. 24 Auch sind sie normalerweise dünnflüssiger als diejenigen, die gestrichen oder gewalzt werden. Für eine saubere Verarbeitung mit Walze und Pinsel trocknen Spritzlacke zu schnell und sind daher auch nicht dafür zu empfehlen.

23

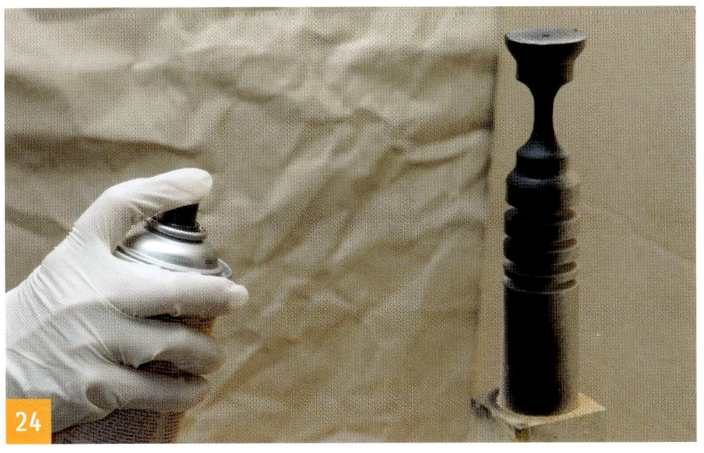
24

25

26

Polierbare Lacke

Nur sehr wenige Lackarten können mit einem Ballen in dünnen Schichten aufgetragen werden. Traditionell wird Schellack aufpoliert *(siehe Kapitel 12, Schellack)* Auch sein „Nachfolger", die Nitro Ballenmattierung wird in dieser Technik von Hand aufgetragen. *(Siehe ebenfalls Kapitel 12)*

Naturharzlacke

Lacke früherer Jahrhunderte bestanden aus harzigen Substanzen wie Schellack, Kopal, Bernstein oder Mastix. Durch Reinigung und Zusatz von Lösemitteln wie Leinöl, Alkohol etc. wurden sie zu Naturharzlacken verarbeitet. Dabei zieht sich die Trocknung der ölverdünnten Varianten auf Grund ihres Ölgehaltes über einen längeren Zeitraum hin.
Heute bieten nur mehr Ökohersteller Naturharzlacke an, die aber mit Sikkativen, dh. Trocknungsbeschleunigern, so verbessert wurden, dass ihre Trocknungszeit ca. 24–48 Std. beträgt. 25

Urushi – Chinalack

Der Saft asiatischer Lackbäume wird seit Jahrtausenden zu einem äußerst widerstandsfähigen glänzenden Lack verarbeitet. Fertig ausgehärteter Urushi-Lack ist beständig gegen Wasser, Alkohol, Lösungsmittel und Säuren. Zudem ist der Lackfilm dauerelastisch und lebensmittelecht. Ständige Einwirkung von Sonnenlicht aber schadet dem Lack und lässt ihn brüchig werden.
Der flüssige Urushi Lack kann während seiner Verarbeitung allergische Hautausschläge hervorrufen. Er ist außerdem in einem komplizierten Verfahren aufzutragen, bei dem völlige Staubfreiheit herrschen muss.

Schellack

Alles Wissenswerte über hochwertige Schellackoberflächen finden Sie im Kapitel 12, Schellack

Kunstharzlacke

Mit der Entdeckung des Phenolharzes um 1900 wurden die ersten Lacke auf der Basis von Kunstharzen entwickelt, die die früher gebräuchlichen Naturharze ersetzten.
Ziel einer Lackierung ist es, die Holzoberfläche durch den geschlossenen Film widerstandsfähig und lichtecht zu machen. Zudem soll die Kunstharzschicht gegen chemische Einflüsse, mechanischen Abrieb, Feuchtigkeit, Flecken und Verziehen schützen. Kunstharzlacke besitzen eine hohe Stoß-, Schlag- und Scheuerfestigkeit. All das macht sie strapazierfähig und wie geschaffen für alle Oberflächen, die großen Belastungen ausgesetzt wird. 26

Lackvielfalt

Heute gibt es fast für jeden Zweck und Anwendungsbereich speziell abgestimmte Lackmaterialien.
Sie sind in unterschiedlichen Glanzgraden von matt bis hochglänzend und grenzenloser Farbvielfalt erhältlich. Da bei den Lackfarben nicht jeder Farbton UV-beständig ist, kann starke Sonneneinstrahlung den gewünschten Farbton nach einer Weile blass aussehen lassen.
Ebenso sollte vor der Lackierung klar sein, welchen Belastungen der Lackfilm ausgesetzt sein wird. Und je nach Schichtdicke und Lackart reduziert sich die Atmungsaktivität des lackierten Holzes ganz erheblich.

27

28

29

> **Tipps & Tricks**
>
> Informieren Sie sich ausführlich vor der Entscheidung, welcher Lack der passende für Ihr Holzprojekt ist.

Handwerk

Im Tischler/Schreinerhandwerk werden aktuell beim Möbelbau hauptsächlich Zwei-Komponenten-Lacke auf Polyacrylbasis (Polyurethanlacke/PUR-Lacke) verarbeitet. Außerdem haben sich seit Jahrzehnten Alkydharzlacke bewährt, die hoch belastbar und leicht zu verarbeiten sind. Holzprofis verarbeiten nur in geringem Masse Wasserlacke (wasserdispergierte Arylatharzlacke), Nitrokombinationslacke und sonstige (Kunstharzlacke, Öllacke, Schellack).

Industrie

Die Industrie arbeitet hauptsächlich mit strahlungshärtenden Kunststofflacken, die mit Hilfe von UV-Licht oder unter Infrarotlicht blitzschnell aushärten. Im industriellen Bereich, wo die Kosten möglichst niedrig gehalten werden müssen, spielen eine möglichst geringe Lagerfläche und schnellstmögliche Stapelbarkeit der Möbelteile die größte Rolle.

Lacke im Do-it-yourself-Bereich

Für die meisten Anwendungsgebiete gibt es mehrere alternative Lacksysteme, die die Wahl schwer machen. Soll man nun zu einem Alkydharzlack, einem wasserverdünnbaren Lacksystem auf Acryl-Basis oder einen High-Solid-Lack greifen?
Wegen der deutlichen Geruchsbelastung bei Alkydharz- und High-Solid-Lacken entscheiden sich daher die meisten Heimwerker/innen für den Einsatz wasserverdünnbarer Lacke. Das bedeutet aber, dass man gewisse Abstriche in der Oberflächenqualität und bei den Verarbeitungseigenschaften machen muss. Denn die sogenannten Wasserlacke trocknen sehr schnell und evtl. blasig auf. Außerdem sind sie nicht so robust wie beispielsweise PU-Lacke. Aber wasserverdünnbare Acryllacke enthalten wenig Lösemittel

Tipps & Tricks

An den Stellen, wo das blanke Holz vor einem Renovierungsanstrich sichtbar ist, kann man zunächst mit einem Pinsel den Lack etwas dicker auftragen, um anschließend alle Flächen mit der Walze zu beschichten. 27 28 29

und sind daher geruchsmild. Zudem lassen sich Werkzeuge und Pinsel wieder leicht mit Wasser säubern. Als Weißlacke haben sie noch den Vorteil, dass sie nicht vergilben. Die Verarbeitung dieses leicht eierschalfarben abgetönten Wasserlackes ist sowohl mit Pinsel als auch Walze möglich.

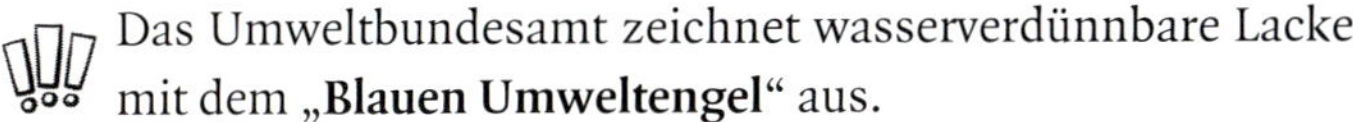

Das Umweltbundesamt zeichnet wasserverdünnbare Lacke mit dem „**Blauen Umweltengel**“ aus.

Wasserlacke

Für Holzwerker sind bei Neulackierungen Wasserlacke am ehesten zu empfehlen, da sie schadstoffarm und einfach in der Verarbeitung mit Pinsel, Rolle und Spritzpistole sind. Sie machen 90% der auf dem Heimwerker-Markt befindlichen Lacke aus. Bei wasserbasierenden Lacken liegt der Anteil der schädlichen Lösungsmittel aber immer noch bei 5–10%. Die Annahme, Wasserlacke würden bei der Verarbeitung nur Wasserdampf abgeben und wären damit gänzlich unschädlich, ist weit verbreitet, aber trotzdem falsch. Vor allem beim Spritzen ist Vorsicht geboten! Aerosole, die feinen Lacknebel, die beim Spritzen entstehen, bestehen aus Wasser und Lösungsmitteln. Die mikrofeinen Lackstäube sind wasserlöslich und legen sich beim Einatmen auf die feuchten Lungenbläschen der spritzenden Person. Selbst wenn eine Lackabsaugung zur Verfügung steht, sollte man sich beim Spritzen von Lack immer mit einer Partikelfiltermasken schützen! 30

30

31

Versiegelung – ein missverständlicher Begriff

Weit verbreitet ist die Ansicht, dass die einzige Möglichkeit, die Aufnahme von Feuchtigkeit an Holzoberflächen zu unterbinden, darin besteht, die Oberfläche zu versiegeln. Wobei der Begriff **Versiegelung** leicht misszuverstehen ist, da vor allem massive Holzoberflächen kaum dauerhaft verschlossen werden können. Über kurz oder lang bekommt jede Beschichtung, auch eine sogenannte Versiegelung, feinste Haarrisse, durch die dann Feuchtigkeit eindringt, was in der Folge zu einer Lockerung und dem Abplatzen der geschlossenen Beschichtung führt.

Das Phänomen kennt jeder, der sich schon einmal massive transparent versiegelte Treppenstufen näher angesehen hat. Im Trittbereich der Stufen zeigt der Lack viele weißliche bis gräuliche Risse. Ist er dort schon völlig abgetreten, erscheint das freigelegte Massivholz auch noch dunkler und schmutziger als die unbeschadeten Stellen. 31

Tipps & Tricks

Holzflächen mit häufigem Wasserkontakt (Küche, Sanitärbereich) können durch Lack nicht dauerhaft versiegelt werden. 32

32

33

34

Lackvielfalt

Da alle Lacke, die man in der heimischen Werkstatt verwenden kann, ähnlich verarbeitet werden, soll hier auf eine Aufzählung sämtlicher Lacke verzichtet werden. Hier sieht man den eher seltenen Fall, dass die lackierte Treppenstufe nach 20 Jahren Benutzung, in deutlich besseren Zustand ist als die stark vergraute Öloberfläche. Das mag an einem damals schon ungenügenden Ölauftrag liegen oder an falschen Pflegemaßnahmen

Bei der Renovierung einer beschädigten Lackoberfläche kommt es nämlich weniger darauf an, welche Art Lack der ursprüngliche war, als dass der Renovierungsanstrich auf der vom alten Lack befreitet Oberfläche haftet. I.d.R. müssen schadhafte Lackschichten sowieso vollständig entfernt werden, bevor man an eine Neulackierung denken kann. 33 34

Checkliste Lacke:

- Oberflächen müssen roh oder grundiert, sauber, trocken und staubfrei sein.
- Lose Altanstriche werden vorsichtig mit grobem Schleifpapier oder einer Drahtbürste entfernt.
- Staub und Fett kann man mit Universalverdünnung oder Alkohol abwaschen.
- Gut haftende Altanstriche müssen nicht entfernt, sondern mit Körnung 180 angeschliffen werden.
- Risse und Fehlstellen sind vor einer Renovierung auszubessern.
- Beim Lackieren sollte man für eine möglichst staubarme Umgebung sorgen.
- Raumtemperaturen zwischen 18 und 20° C sind optimal.
- Sicherheitsmaßnahmen sollte man immer beachten, d. h. einen Atemschutz tragen und den entstehenden Lacknebel möglichst absaugen.
- Lacke und Grundierungen können gestrichen, gewalzt und/oder gespritzt werden.
- Vor allem Tür- und Fensterlacke sind vor ihrer Verarbeitung gut umzurühren, damit die Füllstoffe gleichmäßig in der Lackflüssigkeit verteilt werden.
- Ein Zwischenschliff sollte mit Schleifpapier Körnung 320–400 vor dem 2. bzw. 3. Auftrag erfolgen.
- Zum Aufbewahren von Lackresten die Dose fest verschließen und kurz umdrehen. So bleibt die Dose luftdicht verschlossen. Lacke sollten Sie trocken, kühl und frostfrei lagern.

35

36

Entscheidungshilfe: Ölen oder Lackieren?

Einziehende Öle und Lasuren bilden eine offenporige Schutzschicht auf Holz, die tiefer eindringt als Lack. Geölte Flächen nehmen zwar schneller Patina an, sind aber durch Abwaschen mit entsprechenden Reinigungsmitteln, leichtem Schleifen und Nachölen ohne allzu großen Aufwand zu erneuern.
Wenn man es genau nimmt, ist das Lackieren von Holz nichts anderes, als es mit einer Kunststoffschicht zu überziehen. Aber eine lackierte Holzoberfläche ist in den ersten Jahren strapazierfähiger als eine geölte. Ist die Lackschicht aber durch intensive Nutzung verfärbt, vergraut oder gerissen, ist der Renovierungsaufwand bedeutend höher. Beschädigter Lack muss nämlich vollständig entfernt werden, bevor neu lackiert werden kann. Hier ist die lackierte Stufe noch in deutlich besserem Zustand als der geölte Boden. 35
Ob man nun lackiert oder ölt, hängt vom persönlichen Geschmack und der Nutzung eines Werkstückes ab. Dazu gehört bei geölten Flächen auch die Bereitschaft, sie mit extra dafür entwickelten rückfettenden Pflegeprodukten zu reinigen. Übliche Haushaltsreiniger greifen geölte Flächen zu stark an und waschen das Öl aus dem Holz. 36

Wann lackieren?

Grundsätzlich gilt: Wenn ein Möbelstück gebeizt wurde, ist es durch Lack später besser geschützt als durch einen Ölüberzug. Geölte Oberflächen sind nur wasserabweisend, aber nicht wasserfest. Allerdings darf Flüssigkeit auch auf lackierten Flächen nicht länger stehen bleiben. Durch allerfeinste Haarrisse im Lack kann sie eindringen und durch die geschlossene Schicht schlecht wieder entweichen und weißliche Flecken verursachen.
Eine Ausnahme bilden Bootslacke, da sie extra für den Kontakt mit Wasser entwickelt wurden. Aber auch sie müssen regelmäßig erneuert werden. Wer beizt und anschließend lackiert, sollte darauf achten, dass Beize und Lack nicht dieselbe Verdünnung haben. Wasserbeize z. B. wird von Wasserlack wieder angelöst. Kombinieren sie nur die vom Hersteller empfohlenen Systeme!
Auch eignet sich ein Lacküberzug eher für furnierte als für Massivholzflächen. Massives Holz arbeitet wesentlich stärker unter Feuchtigkeits- und Temperaturschwankungen der Raumluft als z. B. furnierte Platten. Der Lackfilm kann vor allem bei höheren Schichtdicken reißen, abblättern und hässliche Flecken bilden.
Lack als Überzugsmittel ist auch dann besonders geeignet, wenn die Oberfläche stark glänzend werden soll. Hochglanz ist mit natürlichen Überzugsmitteln wie Öl nicht zu erreichen.
Wenn Holz deckend farbig behandelt werden soll, ist auch hier ein farbiger Lack die beste Wahl. 37

37

Öl:

Rohes ungebeiztes Massivholz behandelt man am besten mit Öl. Seine Poren nehmen auf Grund der Kapillarwirkung der Holzzellen das elastische Öl gut auf, die Atmungsaktivität des Holzes bleibt so auch weitgehend erhalten.
Da massives Holz wesentlich stärker unter Feuchtigkeits- und Temperaturschwankungen arbeitet als z. B. furnierte Platten, ist eine Behandlung mit elastisch bleibendem Öl sinnvoller als mit schichtbildendem Lack. Wenn Lack als Film auf dem sich stärker verändernden Massivholz liegt, kann er vor allem bei höheren Schichtdicken reißen, abblättern und hässliche Flecken bilden. Dickeres Massivholz, wie man es für Tischplatten und Bänke verwendet, eignet sich besonders für eine Behandlung mit Öl.
Wer ölt, sollte sich allerdings auch dessen bewusst sein, dass geölte Flächen intensiver gepflegt werden müssen als lackierte. Besonders geeignet dafür sind speziell rückfettende Mittel, wie sie für die Fußbodenpflege passend zu Fußbodenölen angeboten werden. Auch geölte Möbel können damit gelegentlich gewischt werden. Vermeiden sollte man dabei aber auf alle Fälle Microfaser, da ihre mikrofeinen Häkchen geölte Oberflächen durch häufiges Wischen „aufreißen“ und damit vergrauen lassen.
Sperrholz und furnierte Platten kann man sowohl ölen als auch lackieren. Diese Materialien „arbeiten“ kaum und bilden so auch selten die häufig bei Lack vorkommenden feinen Haarrisse.
Geölte Oberflächen gelten als wasserabweisend, aber nicht wasserfest. Das bedeutet, dass Wasser, sollte es über einen längeren Zeitpunkt darauf stehen, Flecken verursacht und immer sofort entfernt werden sollte.
Hartölwachs, dass auf Grund des 5%igen Wachsgehaltes eine Schicht bildet, hat im Vergleich zu anderen Ölen und Ölgemischen eine deutliche höhere Wasserresistenz, aber erst, wenn es mindestens zweimal aufgetragen wird.
Hartwachsöl eignet sich bei mehrmaligem Auftrag als einziges Produkt aus dem Ölbereich auch für die Behandlung gebeizter Flächen, da es schichtbildend ist und so die Beize „abschirmt“.

Lack:

Industrie und Handwerk lackieren Holz vor allem deswegen, weil es weniger Zeit und Lagerraum beansprucht als eine Ölbehandlung. Auch kann sich der Hersteller normalerweise sicher sein, dass Lackflächen die Garantiezeit unbeschadet überstehen.
Der mögliche Einsatz von Lack hängt beim Holzwerker vor allem von seinen technischen Möglichkeiten ab. Im Optimalfall spritzt er ihn mit einer geeigneten Sprühpistole und hat die Möglichkeit, den entstehenden Lacknebel abzusaugen. Aber auch das Lackieren mit der Walze erfordert geeignete Räumlichkeiten ohne große Staubentwicklung.
Wenn furnierte Flächen gebeizt werden, bietet nur ein schichtbildendes Mittel wie Lack bzw. Hartwachsöl den nötigen Schutz davor, dass die Beize Schaden nimmt.
Deckend farbige Oberflächen lassen sich nur mit Lack optimal erzielen. Seine Farbdeckkraft ist in der Regel höher als beispielsweise die einer farbigen Lasur auf Ölbasis.
Auch Hochglanz ist mit natürlichen Überzugsmitteln wie Öl nicht zu erreichen. Nur Lack erzeugt durch seine geschlossene Schicht den gewünschten Glanz. Bei antiken Möbeln erreicht man den edlen Glanz am besten mit der Handpolitur von Schellack.
Gute PU-Lacke gelten als wasserbeständig, da sie lange Zeit der Einwirkung von Wasser und Haushaltschemikalien standhalten. Prüfnormen bestätigen hier eine Resistenz von 6–48 Std. Ihre anspruchsvolle Anwendung macht sie für den Holzwerker allerdings nur bedingt geeignet.
Der von Holzwerkern so gerne verwendete Wasserlack ist hydrophil, d. h. er zieht auch im getrockneten Zustand noch Wasser an, was ihn zwar wasserabweisend, aber nicht auf Dauer wasserbeständig macht. Dennoch kann ich Ihnen, wenn Sie lackieren wollen, nur Wasserlack empfehlen, da er auf Grund seines geringen Lösemittelgehaltes und der relativ einfachen Handhabung für Holzwerker am sichersten zu verarbeiten ist.

38

39

40

Wachs

Wachse sind Stoffe, die im Urzustand fest bis brüchig sind. Ab ca. 20° C lassen sie sich kneten und über 40° C fangen sie an zu schmelzen. Wachse sind somit sehr temperaturabhängige Stoffe. Der Schmelzpunkt eines Wachses steht in direktem Zusammenhang mit seiner Widerstandsfähigkeit, je höher sie ist, desto mehr Schutz verleiht ein Wachs oder Wachsgemisch dem Holz.
Die Eigenfarben der verschiedenen Wachse schwanken zwischen transparent bis gelblich-bräunlich, je nach Sorte und Herstellung. 38 Alle Wachse lassen sich leicht mit Lösungsmitteln vermischen, was ihnen eine pastenartige Konsistenz verleiht, die sich auf Glanz polieren lässt. Wachsschichten sind reversibel, d. h. sie können im Gegensatz zu einem modernen Lack wieder aufgelöst werden. In der Regel haften Wachse gut auf Holz, sind lichtbeständig und verspröden nicht.

Verarbeitung

Alle Wachse sind bei Zimmertemperatur fest. Um sie miteinander zu verbinden und sie zu einer polierbaren Paste zu verarbeiten, müssen sie mit Lösemitteln verdünnt werden. Das können Alkohol, Äther, Benzin oder fast geruchlose Isoparaffine sein. Die natürlichen, aber auch kostspieligeren Varianten sind reines Terpentinöl, was auch als Balsamöl oder Balsamterpentinöl bezeichnet wird, und Orangenschalenöl. Da manche Kunden darauf allergisch reagieren und auch aus Kostengründen, verwenden Wachshersteller eher die geruchsneutralen Isoparaffine. In lebensmittelechten Wachsmischungen ist Leinöl zur Verdünnung am besten geeignet. Wachse eignen sich vor allem zur Endbehandlung nach dem Ölen, da sie die Holzoberfläche schließen. Es bildet sich eine polierbare Wachsschicht, die sich glatt und geschmeidig anfühlt und auf Glanz polieren lässt. Die Bearbeitung von Weichholz mit einer groben Drahtbürste hebt die Struktur deutlicher hervor und verstärkt den Vintage Eindruck von Antikwachs.“ 39 40 Die Widerstandsfähigkeit des Holzes wird durch den Vorgang des Wachsens erhöht und die Wasseraufnahme je nach Wachssorte für eine gewisse Zeit reduziert bis verhindert. Allerdings stößt Wachs alle anderen Mittel wie Beize, Öl, Lasur, Lack etc. ab. Es kommt also immer auf richtige Reihenfolge der aufgebrachten Mittel an. Wenn vom Hersteller nicht explizit anders empfohlen, sollte Wachs die letzte Oberflächenbeschichtung auf dem behandelten Holz sein.

Wachs in reiner Form ist auf Grund seiner Porenfüllung, Schichtbildung und seines Abstosseffektes nur als letzte Schicht einer Oberflächenbehandlung auf Holz geeignet.

Vintage/Shabby Chic

Die Begriffe **Vintage** oder **Shabby Chic** stehen für einen behaglichen Einrichtungsstil, bei dem die natürlich wirkenden Gebrauchsspuren künstlich herbeigeführt werden. Aber wer meint, dass man ein Möbel nur schlampig zusammenzimmern und anstreichen müsste, um den gewünschten used look zu erhalten, der irrt. Denn nur der Zahn der Zeit und der häufige Gebrauch haben altehrwürdigen, ordentlich gebauten Möbelstücken früher den heute begehrten Shabby Chic verliehen.
Es gibt viele verschiedene Methoden und Mittel, Oberflächen alt und gebraucht aussehen zu lassen. Charakteristisch für alle ist i.d.R. ein deckender Anstrich, unter dem man an künstlich abgewetzten Stellen entweder das rohe Holz oder einen anderen Farbton durchschimmern sieht.

Vintage Effekte mit Hartwachsöl

Mit weiß pigmentiertem Hartwachsöl kann man auf Eiche einen sehr gleichmäßigen „Kalkeffekt" erzielen. Diese Holzsorte ist so strukturiert, dass in ihren Faservertiefungen besonders gut Farbe hängen bleibt und die grobe Struktur so schön betont. Man trägt dünn das weiß deckende Hartwachsöl auf und reibt mit einem Lappen oder Schwamm so viel Überstand weg bis der passende Deckungsgrad erreicht ist. 41 42
Auch auf Weichholz kann man mit weißem Hartwachsöl schöne Vintage Effekte erzielen. Die über 100 Jahre alte Tischplatte war so vom Holzwurm angegriffen, dass die Wurmlöcher großflächig verspachtelt werden mussten. Eine derartig ausgebesserte Oberfläche kann nur mehr deckend behandelt werden. Dazu wurde die gesamte Platte deckend mit weißem Hartwachsöl abgewalzt. 43 nach der völligen Durchtrocknung wurden die Fladerungen durch Schleifen wieder frei gelegt. 44 Für einen noch besseren Schutz empfiehlt es sich zum Schluss, die gesamte Platte mit farblosem Hartwachsöl zu überziehen.
Als besonders individuelle Note kann man Vintage-Oberflächen zusätzlich mit Holzmodeln und Strukturfarbe bedrucken 45 oder durch gezieltes Anschleifen von Profilen betonen. 46

41

42

43

44

45

46

47

Milk Paint/Milchfarben

Milk paints sind traditionelle Farben, die durch die Möbel der amerikanischen Shaker bekannt wurden. Sie bestehen aus wenigen Zutaten: Milchprotein (Casein), Kalkstein, Ton, Kreide und natürlichen sowie synthetischen Pigmenten. Milchfarben sind atmungsaktiv, lösemittelfrei und auf natürliche Weise schimmelresistent. Das macht sie für Allergiker attraktiv. Da sie sich mit der Oberfläche verbinden, blättern sie auf offenporigen Untergründen nicht ab und kommen dennoch ohne Grundierung aus. Milchfarben sind matt und erhalten erst durch einen Wachsüberzug einen leichten Glanz. Außer auf Holz kann man sie auch auf Gipsputz, Gipskarton und viele andere Oberflächen aufbringen. 47
Milchfarben sind sowohl für die Anwendung in Innenräumen als auch außen geeignet.
Im Außenbereich sollte man sie zusätzlich mit Tung Oil überziehen.

Hier der kleine Kerzenkasten wurde mit Haushaltswachs poliert. 48
Milchfarben sind unter dem Begriff milkpaints als Pulver in vielfältigen Farbtönen zu beziehen.
Um streichfähige Farbe herzustellen, müssen sie sorgfältig mit Wasser angerührt werden. Die Trocknungszeit beträgt ca. 20–30 Minuten. Angerührte Farben sind sofort gebrauchsfähig, müssen aber innerhalb weniger Tage verarbeitet werden, um nicht zu verderben.

Chalkpaints/Kalkfarben

Kalkfarben sind mineralische Farben auf Wasserbasis. Sie bestehen nur aus wenigen Zutaten wie Löschkalk, Naturpigmenten und Wasser. Kalkfarben sind diffusionsoffen, atmungsaktiv und schimmelhemmend. Da sie fast frei von Weichmachern, Konservierungs- und Lösemitteln sind, sind sie bei Allergikern recht beliebt. Chalk Paints werden i.d.R. gemäß der Richtlinie EN 71/3 Sicherheit für Kinderspielzeug eingestuft. Sie sind damit für sensible Anwendungsbereiche gedacht. 49

Das Charakteristische an Kalkfarben ist ihre extrem matte pudrige Oberfläche mit einer wolkigen Oberflächenstruktur.

Ein perfekt deckendes und gleichmäßiges Streichergebnis ist mit Kalkfarbe nicht zu erreichen.

Ob es aus restauratorischen Gesichtspunkten passend ist, ehemals aufwändig furnierte Möbel mit Kalkfarbe zu überstreichen, muss jeder für sich selbst entscheiden. Es sollte aber klar sein, dass es nur unter sehr großem Aufwand möglich ist, eine mit Kalkfarbe behandelte Oberfläche in ihren Urzustand zurück zu versetzen.

Verschiedene Vintage-Oberflächen

- Der wettergraue Effekt wird mit grauer Beize, weiß pigmentiertem Hartwachsöl und gelblichem Antikwachs erzielt.
- Das Gelbbraun uralten Kiefernholzes kommt durch den Auftrag von Wasserbeize und dunkelbraunem Antikwachs zustande.
- Und für die deckend blaugrüne Variante wurden traditionelle Milchfarben verwendet, wie sie bei den „Shaker"-Möbeln gebräuchlich waren. 50

48

49

Tempera Farben

50

Temperafarben wurden früher oft auf Holzflächen im Innenbereich gestrichen. Sie sind Emulsionen aus dem wässrigen Bindemittel Kasein mit trocknenden Ölen. Temperafarben eignen sich besser für Holzanstriche als reine Kaseinfarben, da der Ölanteil die Haftung verbessert und die Farbe ähnlich einem Weichmacher etwas flexibler macht. 51
Temperafarben haben eine geringere Belastbarkeit als z. B. mit Lack beschichtete Oberflächen. Aber durch einen Überzug mit Wachs wird der Anstrich für wenig beanspruchte Objekte ausreichend geschützt.
Eine beliebte Technik ist, das unbehandelte Holz zuerst mit einer dunklen Temperafarbe zu grundieren und nach deren Trocknung einen deckenden Anstrich in hellen Pastelltönen darüber zu streichen. 52 Der helle Überzug wird dann stellenweise wieder durchgeschliffen oder abgeschabt, wodurch der gewünschte Shabby Chic entsteht. 53 54 Dabei sind die schnelle Trocknung, die gute Schleifbarkeit und geringe Härte der Temperafarben von Vorteil.

51

53

52

54

Checkliste Vintage Oberflächen

- Zunächst ist entscheidend, einen tragfähigen Untergrund herzustellen. Mit einem Anlauger können alte Lasuren oder Ölbeschichtungen abgelaugt bzw. maschinell oder von Hand abgeschliffen werden.
- Wenn Sie die Zweifarbigkeit von Vintage Oberflächen betonen wollen, müssen Sie dafür sorgen, dass die Maserung plastischer wird. Verwenden Sie hierfür eine nicht zu grobe Drahtbürste und bearbeiten Sie das Holz entlang der Maserung. Anschließend noch einmal gründlich feucht reinigen.
- Nachdem das Holz getrocknet ist, erfolgt der erste Farbauftrag mit Pinsel oder Schwamm. Achten Sie darauf, dass sämtliche Vertiefungen mit Farbe gefüllt sind.
- Nutzen Sie zwischendurch immer wieder einen trockenen Lappen oder Pinsel, um die Farbe zu verwischen. Die traditionellen Farben trocknen schnell, arbeiten Sie also zügig und ohne Unterbrechungen.
- Lassen Sie nun den ersten Farbauftrag trocknen, ohne ihn zu schleifen
- Die zweite, kontrastierende Farbschicht tragen Sie auf dieselbe Weise auf und lassen sie wiederum trocknen.
- Der ersehnte Vintage-Effekt entsteht durch sanftes Anschleifen oder Schaben der farbigen Deckschicht. Bearbeiten Sie so hauptsächlich die Bereiche, die sich bei einem langjährigen Gebrauch auch als erstes abnutzen würden. Denn unmotiviertes Schleifen an wenig benutzen Stellen wirkt unnatürlich.
- Je nach Herstellerangabe und gewünschtem Effekt können Sie die fertige Oberfläche noch mit Wachs oder Öl schützen.
- Anhand von kleinen Kästen sollen hier drei Vintage-Methoden exemplarisch vorgestellt werden:

Maserieren

Das Nachahmen der natürlichen Zeichnung von Hölzern nennt man maserieren. Lasierende Farben auf der Basis von Öl, Essig, Bier, Milch oder Leim ahmen auf einer deckenden Grundierung alle holztypischen Merkmale wie Jahresringe, Fladern, Äste und Markstrahlen nach. Die Holzimitationen werden mit speziellen Kämmen und Pinseln gezeichnet. Die getrocknete Maserierung wird zum Schutz mit farblosen Lacken überlackiert.

Im 19. Jahrhundert erlebte die Technik der Holzmalerei – wie auch allen anderen dekorativen Maltechniken aus dem Malerhandwerk – Ihren Höhepunkt. Die damaligen Maler – Dekorationsmaler genannt – übten die Holzmalerei in höchster Perfektion aus. Auf Werkstoffen wie unter anderem Türen, Tore oder Möbel, die aus „billigem“ Weichholz hergestellt wurden, wurde damals vom Maler und Anstreicher bzw. dem Dekorationsmaler mit Farbe teures edles meist Hartholz vorgetäuscht. Zum Einen wären oft Möbel oder Türen aus harten Hölzern unerschwinglich gewesen, zum anderen konnte der Maler das Holz in seiner schönsten Form und Farbe malen, wie es dem Tischler meist gar nicht oder nur selten zur Verfügung stand. Der Untergrund dafür wurde damals mit Ölfarbe aus Leinöl (Leinölfarbe) vorbereitet und dann mit Öllasur oder Wasserlasur maseriert. Solche Ölfarbenanstiche waren extrem haltbar. Oft findet man heute noch Maserierungen die über 100 Jahre alt sind. Gemalt wurden Holzarten wie Pitch Pine, Palisander, Silbereiche, graues Ahorn sowie Vogelaugenahorn oder amerikanisches Ahorn, Esche und Blumenesche bzw. ungarische Esche, Amboina und Thuja, Rosenholz, Zitronenholz sowie alle Arten von Mahagoni usw. In besonderen Bereichen wurde zur Holzimitation Schildpatt imitiert. Eigentlich ein Material, das aus dem Tierreich stammt. Bei besonderen Ausführungen wie z. B. auf Salontüren wurden die Plattbahnen mit Schildpatt in rot, grün oder Gold imitiert. Emil Becker – Maler und Lehrer an der gewerblichen Fachschule der Stadt Köln – schrieb 1893 dazu „Obschon französische Holzmaler häufig ganze Doppeltüren mit rotem Schildpatt bemalen, wollen wir dieser Geschmacksverwirrung nicht folgen und dasselbe höchstens als Einlage für Plattbahnen gebrauchen ...“.

Die Technik war bei uns nach dem 1. Weltkrieg sehr beliebt, da so recht kostengünstig einfaches Nadelholz das Aussehen von edlem Hartholz erhielt.

Eine angeschlagene Maserierung lässt sich kaum restaurieren. I.d.R. muss die beschädigte Oberfläche entfernt und neu grundiert und maseriert werden.

Mit einiger Übung kann man aber auch mit Acrylfarben und Pigmenten Holz imitieren. 55 56 57 58 59 60

55

59

Acrylfarbe, dann Tiefgrund
+ Pigmente
Dispersionsfarbe, dann
Tiefgrund + Pigmente + Dispersion
56

58

60

Kapitel 12

Schellack

1

2

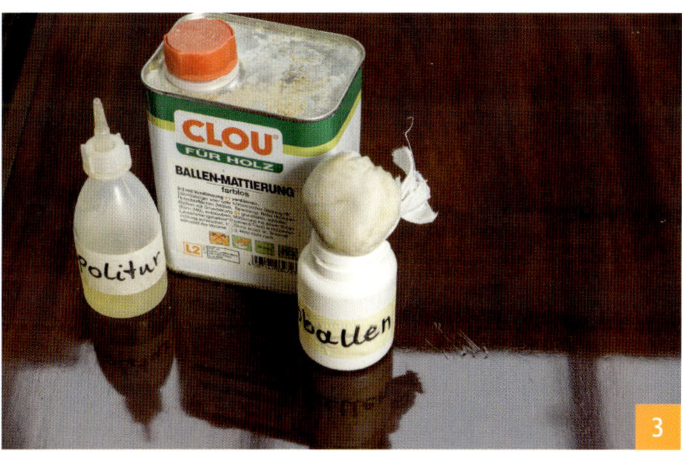

3

Seidig glänzender **Schellack** auf alten Möbeln, das ist echte Handwerksgeschichte! 1 2

Seefahrer brachten vor 400 Jahren diese altehrwürdige Oberflächentechnik aus Asien mit. Seitdem werden auch in Europa hochwertig verarbeitete Möbel mit diesem aufwändigen Politurlack veredelt. Der Besitz und Gebrauch eines auf Hochglanz polierten Möbels zeigte in früheren Jahrhunderten, dass dessen Besitzer es sich leisten konnte, gute Handwerker für sich arbeiten zu lassen. Denn das Ansetzen und die Rezeptur von Schellacklösungen waren gut gehütete Geheimnisse erfahrener Lackmeister, von deren Erfolg ganze Möbelwerkstätten abhingen. Bis etwa 1920 war es bei uns üblich, hochwertige Hartholz furnierte Möbel ebenso wie Intarsienarbeiten mit Schellack von Hand zu polieren. Später ersetzte man den Schellack durch weniger sensible Lacke, denn Schellack ist zwar ziemlich abriebfest, aber reagiert mit unschönen Flecken auf wässerige bzw. alkoholische Flüssigkeiten. Auch wenn heutige Stilmöbel mit der robusteren Nitropolitur auf Hochglanz gebracht werden, so gibt es wohl kaum jemanden, dem der feine Glanz einer frisch polierten Schellackoberfläche auf einem alten Möbel nicht gefällt.

Der in vielen Schichten handpolierte Glanz von echtem Schellack wirkt geschmeidiger und natürlicher als die später gebräuchliche **Nitrozellulose-Politur**. Als sogenannte **Ballenmattierung** auf der Basis von Nitrolack versucht man damit, den seidigen Charakter von Schellack zu imitieren. Auf Grund der höheren Widerstandsfähigkeit und des leichteren Auftrags waren Nitrozellulose-Polituren für den industriellen Einsatz ab der Industrialisierung rentabler als die aufwändigen Schellack-Polituren. Man findet sie daher auch heute noch auf „unechten“ Antiquitäten, den sogenannten Stilmöbeln, die auch in der Oberflächenbehandlung bemüht sind, die alten Meisterwerke zu kopieren. 3

Was ist Schellack?

Das Wort Lack leitet sich ab von dem altindischen „laksha“, was soviel wie „hunderttausend“ bedeutet. Gemeint ist damit eine riesige Menge von Schildläusen. Denn Schellack wird aus den harzigen Ausscheidungen von unzähligen Exemplaren einer asiatischen Schildlausart gewonnen. Man reinigt, trocknet und verarbeitet die zähflüssige Substanz zu bernsteinfarbenen Plättchen, dem sogenannten **Blätterschellack**. 4

Wann handelt es sich um Schellack oder Nitrozellulose-Lack?

Auf dem Markt sind viele Produkte, die für das Polieren von Hand auf alten und neuen Möbeln angeboten werden. Dabei muss man grundsätzlich zwischen **Schellack-** und **Nitrozellulose-Produkten** unterscheiden.

4

Die handelsüblichen **Schellackprodukte** sind:

Blätterschellack 5 ist die Basis aller Schellackprodukte. Die Blättchen werden je nach Herstellerangabe im Verhältnis 1:2 bis 1:4 mit 96%igem Alkohol/Ethanol gelöst, um eine polierfähige Mischung zu erhalten. Da aufgelöster Schellack auf Grund seines hohen Alkoholgehalts nicht nur sehr rasch, sondern auch hart auftrocknet, kann man ihm nach alten Rezepturen weichere, langsamer trocknende Baumharze wie Mastix, Kopal und Dammar beimengen. Je nach Sorte der aufgelösten Naturharze erscheinen die unterschiedlichen Lösungen von gelblich über rötlich bis zu dunkelbraun. Heute ist Blätterschellack im Handel unter den Farbbezeichnungen Weißlack (gebleicht), blond, orange und rubin erhältlich.

Aufgelöster Blätterschellack ist nur für die Handpolitur geeignet.

Die **Durchtrocknungszeit** beträgt min. 8 Std.

Produktbeispiele: Pigmente Kremer, Dictum, Clou

Sanding Sealer 6 ist eine spezielle Grundierung auf der Basis von Schellack und Alkohol. Sie enthält Bimsmehl und weitere Füllstoffe, die in einem einzigen Arbeitsgang die Poren einer Holzfläche füllen und verschließen und dadurch für eine exzellente Schleifbarkeit sorgen.

Sanding Sealer soll satt, aber möglichst zügig mit einem breiten flachen Pinsel aus Kunststoffhaaren aufgestrichen werden.

Tipps & Tricks

Achten Sie beim Auftrag mit dem Pinsel unbedingt darauf, nirgends Nasen und dicke Stellen zu hinterlassen, denn diese sind bei der späteren Bearbeitung mit dem Ballen kaum mehr zu beseitigen.

5

6

Nach min. 1 Std. Trocknungszeit muss die fühlbar körnig gewordene Oberfläche mit Schleifpapier Körnung 320–400 so gründlich geglättet werden, dass sie keinerlei Rauigkeit mehr aufweist. Aber erschrecken Sie nicht über den starken Grauschleier beim Schleifen, dieser entsteht durch den hohen Bimsmehlgehalt. Der auf die Grundierung folgende erste Politurdurchgang stellt die Farbsättigung der Fläche aber sofort wieder her.

Tipps & Tricks

Ein ordentlicher gleichmäßiger Pinselauftrag von flüssigem Sanding Sealer ist für Sie als nichtprofessionellen Restaurator leichter zu bewältigen als das umständliche Hantieren mit losem Bimsmehl, wie es in der klassischen Schellackpolitur praktiziert wird. *Siehe Seite 201.*

Bei unbehandeltem neuen Holz spart diese Art der Grundierung einen Arbeitsschritt ein, da sie das Einlassen und Porenfüllen der klassischen Politurtechnik zusammenfasst.
Aber auch gründlich mit Alkohol abgewaschene alte Holzflächen sind, nachdem sie mit Sanding Sealer grundiert wurden, leichter mit dem Ballen zu bearbeiten. Auch hier vermindert der einmalige Auftrag der Grundierung die darauf folgenden Politurdurchgänge um bis zu ein Drittel.
Produktbeispiele: Borma, Schierding Schellack Sanding Sealer, Rustins Sanding Sealer,

Schellackpolitur 7 ist eine in Alkohol gelöste Mischung aus entwachstem Schellack und dem langsam trocknenden Harz Mastix und Beimengung von Terpentin, was die Polierfähigkeit und Elastizität erhöht. Sie muss noch mit Ethanol verdünnt werden.

Nach der ersten Politurrunde und 5–6 Std. Trocknungszeit (besser noch über Nacht) und gründlichem Zwischenschliff mit feinem Schleifpapier oder -vlies (Körnung 320–400) kann die nächste Schicht aufpoliert werden. Es können bis zu zehn Durchgänge notwendig sein, wobei nach den ersten 3–5 immer zwischengeschliffen werden sollte. Im Handel sind Schellackpolituren in den natürlichen Farbtönen blond, lemon, orange und rubinrot erhältlich.
Je nach Firma und Produkt variieren die Angaben zum Mischungsverhältnis zwischen Schellack und verdünnendem Ethanol. Achten Sie auf die Herstellerangaben und machen Tests, ob das angegebene Mischungsergebnis zum gewünschten Ergebnis führt.

Polituren müssen von Hand aufpoliert werden.
Die **Durchtrocknungszeit** beträgt min. 8 Std.
Produktbeispiele: Borma Schellack Politur, Borma Petersburger Lack 33, Clou Schellack Politur, French Polish, Rosner Schellack Politur, Schierding reiner Schellack

Schellackmattierung bzw. -mattine 8 enthält zusätzlich Wachse im Vergleich zu einer Politur. Sie lässt sich außerdem leichter verarbeiten, d.h reißt nicht so schnell auf bei der Handpolitur. Sie trocknet schneller und (laut Hersteller) matter auf als eine Politur. Nach mindestens 1 Std. Trocknungszeit und gründlichem Zwischenschliff mit feinem Schleifpapier oder -vlies (Körnung 320–400) kann die nächste Schicht aufpoliert werden.
Auch hier variiert das Verhältnis zwischen Schellack und verdünnendem Ethanol. Achten Sie auf die Herstellerangaben und machen Tests, ob das angegebene Mischungsverhältnis zum gewünschten Ergebnis führt.

Mattierungen werden in gleicher Weise von Hand poliert wie Polituren.
Produktbeispiele: Clou Schellack Mattierung, Hermann Sachse Schellackmattine, Rosner Schellackmattierung,

7

8

Streichschellack 9 ist in Alkohol gelöster Schellack, der durch Binde- und Entlüftungsmittel streichfähig gemacht wird.

Gedrechselte, profilierte und geschnitzte Bereiche, die sich nur schwer mit einem Ballen erreichen lassen, werden dünn und zügig mit dem Pinsel bestrichen, wobei sich eine gewisse Rauigkeit nicht vermeiden lässt. Die so behandelten Teile sollten ebenso gründlich geschliffen werden wie polierte Flächen, um die Voraussetzung für ein gleichwertiges Endergebnis zu schaffen. Ein zweiter Durchgang mit dem Pinsel erfolgt in einer so hauchdünnen Schicht, das sich jetzt schon ein recht gleichmäßiger Glanz einstellen sollte.

Produktbeispiel: Clou Streich- und Spritzschellack, Natural Schellackmaskierung,

Tipps & Tricks

Nach ausreichend Trocknungszeit (möglichst über Nacht) und ohne einen weiteren Schliff empfehle ich alle erhabenen Bereiche zusätzlich mit dem Ballen zu polieren. Auf diese Weise werden etwaige Pinselspuren eingeebnet und der typische besonders feine Schellackglanz zeigt sich auch auf stark profilierten Flächen.

Spritzschellack 10 lässt sich, wie der Name signalisiert, gut spritzen. Es entsteht aber, wenn man ohne professionelle Absaugung arbeitet, der beim Sprühen typische Sprühnebel, der in die Umgebung entweicht, sich aber auch auf die gespritzten Flächen absenkt.

Das Spritzen von Schellack hinterlässt i.d.R. sichtbare Spuren, schlimmstenfalls die für eine Schellackoptik untypische Orangenhaut. I.d.R. sind Streich- und Spritzschellack identisch, d. h. das Produkt lässt sich sowohl streichen als auch spritzen.

Die **Durchtrocknungszeit** beträgt min. 8 Std.

Produktbeispiele: Clou Streich- und Spritzschellack, Schierding Spritz Schellack.

9

11

10

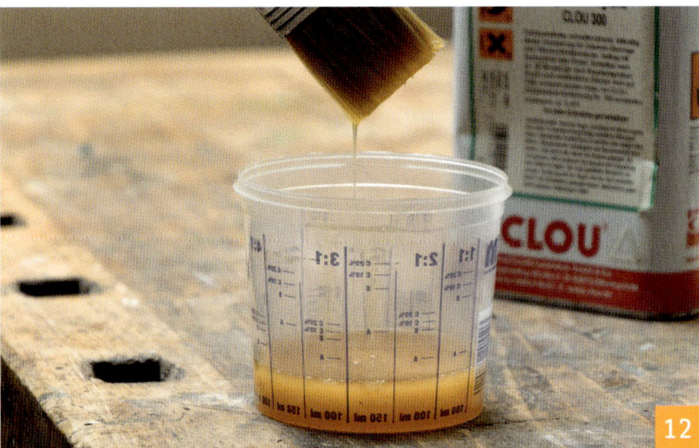

12

gefärbter Schellack: ist i.d.R. eine mit synthetischen Farbstoffen und Pigmenten gefärbte Mattierung.

Als Möbel-Lasur-Lack der Firma Clou ist er vor allem für die Ergänzung fehlender Farbe an weniger sichtbaren Stellen geeignet. Da ein Auftrag ohne Pinselspuren kaum möglich ist empfiehlt sich seine Verwendung nicht für größere Flächen. 11

Gefärbte Politur bzw. Mattierung lässt sich selber herstellen, indem man spirituslösliche Beutelbeize in einer fertigen Politur bzw. Mattierung auflöst. Damit lässt sich die Farbintensität von Schellack erhöhen. 12

Gefärbten Schellack zu polieren ist eine hohe Kunst, da Ungleichmäßigkeit im Auftrag bzw. der verwendeten Lackmenge sofort ins Auge springen. Denn je dunkler und glänzender eine Fläche gestaltet wird, umso mehr werden Fehler im Auftrag sichtbar.

Produktbeispiel: Clou Möbellasurlack, Hermann Sachse Schellack Politur schwarz.

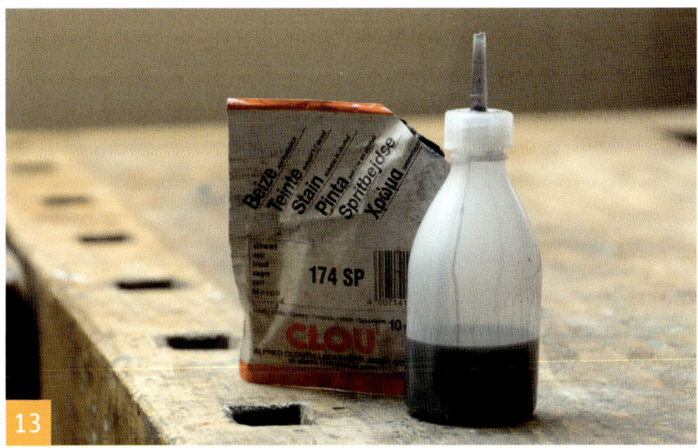

13

14

Die handelsüblichen Nitrozellulose-Produkte sind:

Schnellschliffgrund oder **Schnellschleifgrundierung** 13 ist eine gebrauchsfertige, schnelltrocknende, füllkräftige Grundierung für Zellulose- und Nitro-Kombinationslacke. Der Auftrag erfolgt mit der Spritzpistole oder dem Pinsel.

Produktbeispiel: Clou 300 Schnellschliffgrund

Nitro-Zelluloselacke 14 auf Nitrobasis unter der Bezeichnung **Ballen-** oder **Zellulosemattierung** bzw. **Nitropolitur** im Handel.

Die um 1900 entwickelten Kunstharze ersetzten die davor gebräuchlichen Naturharze, was die Trocknungszeiten von Nitro- im Vergleich zu Schellackpolituren erheblich verkürzte. Ballenmattierungen bestehen aus Nitrozellulose, synthetischen Harzen, Weichmachern, Mattierungs-, Schleif-, Lichtschutz-, Verdünnungs- und Lösungsmitteln.

Nitrozelluloselacke ähneln optisch zwar einer Schellackpolitur oder -mattierung, ihr Glanz ist aber nicht so strahlend und die Haptik nicht so fein. Ein typisches Einsatzgebiet für polierte Nitrozelluloselacke sind Stilmöbel.

I.d.R. wird zuerst mit einem Pinsel ein Schnellschliffgrund auf Nitrobasis aufgetragen. Nach dem Feinschliff erfolgt dann die Politur von Hand in gleicher Weise wie eine Schellackpolitur.

Die **Durchtrocknungszeit** beträgt min. 2–3 Stunden.

Produktbeispiele: Ballenmattierung L2 von Clou, Hard Top Polish von Borma

Verdünnungen für die Handpolitur sind:

alkoholische Verdünnungen: **Brennspiritus** eignet sich zum Abwaschen alter Schellack Schichten, für das Ansetzen neuer Polituren funktioniert er sich nicht. **Ethanol** mit 96% Alkoholgehalt ist die richtige Verdünnung für alle Schellackprodukte. 15

Nitroverdünnung für Nitrozellulose-Lacke und Schnellschliffgrund auf Nitrobasis.

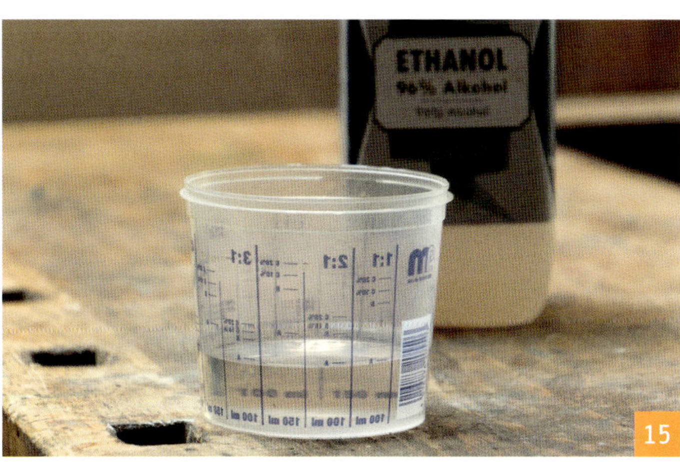

15

Hilfsmittel für die Handpolitur sind:

Bimsmehl besteht aus fein vermahlenem porösem Lavagestein. Seine hohe Porenfüllkraft schließt Holzporen so, dass ein geeigneter Untergrund für die darauf folgende Politur mit dem Ballen entsteht. Bei der klassischen „akademischen" Politurtechnik wird Bimsmehl in Pulver- oder Pastenform verarbeitet, bei der vereinfachten „handwerklichen" Mattierungsmethode ist Bimsmehl in geeigneter Konzentration im flüssigen Sanding Sealer gebunden. 16

16

17

Benzoe Abziehpolitur: Ist eine harzhaltige Lösung, die nach einer vollendeten Schellackpolitur einen besonders strahlenden Glanz und feinen Abschluss erzeugt. 17

Benzoe Abziehpolitur wird auch mit dem Ballen aufgetragen. Sie muss aber besonders sparsam verarbeitet werden, da ein zu stark getränkter Ballen sehr leicht die geschlossene Schellackschicht aufreißt und damit anlöst. Sie wird daher nur dem professionellen Anwender empfohlen.

Produktbeispiel: Borma Finishing Spirit, Zweihorn Cripowa

Vergleich Schellack – Nitrozelluloselack (Ballenmattierung)

Schellack zählt im Gegensatz zu vielen anderen Lacken zu den reversiblen Oberflächenbeschichtungen, d. h. dass er mit Alkohol, seinem Lösungsmittel, fast vollständig wieder abgewaschen werden kann. 18

Der positive Effekt dessen ist, dass man ihn mit geringerem Aufwand reparieren und restaurieren kann als moderne chemisch oder physikalisch aushärtende Lacke.

Leider ist Schellack im Vergleich zu einer Nitro-Ballenmattierung wesentlich empfindlicher in Bezug auf Flecken verursachende Flüssigkeiten wie Wasser, Alkohol, Tee, Kaffee etc. Für intensiv benutzte waagrechte Flächen ist er daher weniger geeignet.

Nitrozelluloselack lässt sich nicht oder nur sehr schwer mit Alkohol anlösen, das Abwaschen mit Nitroverdünnung verspricht einen größeren Erfolg. 19

18

19

Polituren auf Nitrozellulose-Basis härten schneller aus als Schellack, sind leichter aufzutragen und widerstandsfähiger gegen fleckenbildende Substanzen, was sie wiederum für den industriellen Einsatz rentabel machte und immer noch macht.

Polituren auf Nitrozellulose-Basis sind nicht reversibel, alte beschädigte Lackschichten müssen mechanisch entfernt werden, was Ihre Reparatur bzw. Erneuerung zeitaufwändiger macht.

Tipps & Tricks

Bei Restaurierungsaufträgen hat sich für mich daher folgende Vorgehensweise als besonders praktikabel herausgestellt: Alle senkrechten Teile eines furnierten Schreibmöbels oder Tisches erneuere ich mit Schellack. Unter Hinweis auf die nicht wieder rückgängig zu machende Beschichtung poliere ich alle waagrechten stark benutzten Teile = Schreibtischplatten mit Nitropolitur. Das macht aus einer Antiquität ein alltagstaugliches Möbel im Vergleich zu einem Museumsstück und steht damit als Beispiel für eine praxisnahe handwerkliche Restaurierung.

Wieso sind die Trocknungszeiten so unterschiedlich?

Obwohl der flüchtige Alkohol jeder Schellacklösung grundsätzlich rasch verdunstet, benötigt eine mit dem Ballen aufpolierte Schicht dennoch 1–24 Std. zur Durchtrocknung. Abhängig ist der große Zeitunterschied von der genauen Zusammensetzung der Lösung und der Schichtdicke des aufpolierten Schellacks. Reiner Schellack beispielsweise trocknet sehr viel langsamer als eine Mattierung aus Schellack, der Wachs und gelegentlich auch Zellulose für eine unkompliziertere Handhabung beigemengt werden.

Welche Hölzer eignen sich für die Schellackpolitur?

Hartholz: Zum Polieren, bzw. Mattieren mit Schellack eignen sich besonders mittel- bis feinporige Hölzer wie Kirsche und andere Obstbaumhölzer, Nussbaum, Birke, Ahorn und Mahagoni, sowohl massiv als auch furniert.
Eiche wird wegen seiner groben Struktur und offenen Poren seltener mit Schellack behandelt. Es war aber um 1900 durchaus üblich, Eichenholz mit Körnerbeize mittel- bis schwarzbraun zu beizen und anschließend mit Schellack zu polieren. Der Glanz dieser rustikaler wirkenden Eichenholzmöbel kann allerdings nie so stark sein wie auf feinporigen Hölzern wie Kirsche oder Nussbaum. 20

Im französischen und angelsächsischen Raum wurden Möbel früher oft mit Wachs poliert. Optisch ist da kaum ein Unterschied zu einer mit Schellack behandelten Oberfläche auszumachen. Man erkennt den Wachsüberzug erst, wenn man versucht, die Oberfläche zu reinigen: Wachs schmiert Schleifpapier sofort zu und lässt sich nur mit Waschbenzin oder Wachsentferner abwaschen.

Nadelholz: Nadelhölzer wie Fichte und Kiefer sind i.d.R. zu weich und daher im Möbelbereich ungeeignet für eine Behandlung mit Schellack.

Eine Ausnahme bilden die Decken von Musikinstrumenten wie Gitarren, Geigen etc. Sie sind aus extrem feinjährigen Nadelhölzern gefertigt und weisen daher eine größere Festigkeit und feinere Struktur auf als im Handel erhältliches Nadelholz. Da Schellack zu einer dicht geschlossenen, aber dünnen Lackschicht aufpoliert werden kann, verleiht er Holzinstrumenten sehr gute Klangeigenschaften. 21

20

21

Wann polieren oder streichen?

Schellackpolituren bzw. -mattierungen werden als flüchtige Lacke bezeichnet, da der verdünnende Alkohol während des Auftrages in sehr kurzer Zeit verdunstet. Die rasante Trocknung erschwert den Auftrag mit dem Pinsel, der schon während des Auftrags unschöne Spuren wie Streifen und Wülste verursacht. Aus diesem Grund hat sich die Technik der Ballenpolitur entwickelt. Der Vorteil liegt dabei in der dem Holz angepassten Lackabgabemenge. Durch den Druck des Ballens wird an harten feinporigen Stellen im Holz weniger Politur angenommen als an den weicheren und somit porösen Stellen. Der der Oberflächenstruktur angepasste Auftrag sorgt für eine gleichmäßige Entwicklung des Glanzes. Außerdem wirkt jede Polierbewegung wie ein weiterer Feinschliff der Oberfläche, der sie zusätzlich einebnet. So entsteht durch Aufpolieren vieler hauchdünner Schichten der typische feine strahlende Schellackglanz. Alle Polituren und Mattierungen werden in der Regel also am besten von Hand poliert. 22 23

22

Nur speziell dafür eingestellte Produkte wie Sanding Sealer, Streichschellack und Möbellasurlack sollten mit dem Pinsel aufgetragen werden.

Wie entsteht ein perfekter Ballen?

Für die Füllung eines Polierballens drückt man eine Handvoll Baumwollfäden (aus dem Restaurationsbedarf) oder Wollstoff „maus-

23

24

25

förmig" zusammen. Über die zusammengedrückte Füllung spannt man ein glattes Stück Stoff aus Baumwolle- oder Leinen und verdreht die Ecken so fest in der Hand, bis eine flache glatte Unterseite zum Polieren entsteht. Optimal ist, wenn die Größe des Ballens der zu bearbeitenden Fläche angepasst ist, d. h. ein 4–5 cm großer Ballen erleichtert das Polieren großer Flächen wie Platten und Schrankseiten. Kleinere Flächen, breite Profile, Füße etc. bearbeitet man am leichtesten mit einen 3–4 cm großen Ballen. Und für die Politur von Innenecken dreht man sich zusätzlich noch mit einen ganz kleinen Ballen, das „Mäuschen" (maximal Walnussgröße).
Auch unversponnene Schafwolle eignet sich als Ballenfüllung, ist aber für Anfänger nicht empfehlenswert, da sie mehr Feuchtigkeit speichert als Baumwollfäden. Der Ballen wird dadurch schnell zu feucht, ohne dass es der/die ungeübte Anwender/in bemerkt. 24 25

Tipps & Tricks

Profis klopfen den frisch beträufelten Ballen auf den Handrücken der unbenutzten Hand, um einerseits die Feuchtigkeit des Ballens zu prüfen und andererseits die Unterseite so abzuflachen, dass der Ballen eine glatte Auflagefläche bekommt.

Wann handelt es sich um Schellack?

Die Epoche, aus der das Möbel stammt, liefert den entscheidenden Anhaltspunkt: wenn das Möbelstück aus massivem Hartholz und mit Hartholz furnierten evtl. intarsierten Teilen besteht, aus dem deutschsprachigen Raum stammt, nach 1800 und vor 1920 gebaut wurde und eine glatte und (ehemals) glänzende Oberfläche aufweist, handelt es sich dabei in den meisten Fällen um eine Schellackpolitur. 26 27

26

Falls Sie den Entstehungszeitpunkt und die Herkunft des restaurierungsbedürftigen Möbelstücks nicht kennen, aber sichergehen wollen, ob es sich bei der ramponierten Oberfläche um Schellack handelt, empfiehlt sich folgender Test:

Wie entfernt man alten Schellack?

Reiben Sie an einer möglichst unsichtbaren Stelle mit einem mit Brennspiritus benetzten Wattestäbchen oder einem Stück Schleifvlies ein paar Sekunden über den alten Lack. Wenn dieser zu kleben und schmieren beginnt, ist der Lack auf alle Fälle alkohollöslich und mit größter Wahrscheinlichkeit handelt es sich dann auch um Schellack. Auf einen positiven Test folgt die gründliche Reinigung der rissigen fleckigen Schellackoberfläche.
Vor der Reinigung sollten alle Metallteile und Beschläge von den zu behandelnden Flächen entfernt werden, da sie sowohl beim Abwaschen des alten Schellacks als auch beim zu erneuernden Schellackauftrag stören würden.

27

28

29

Reiben Sie nun mit einem mit Alkohol oder Brennspiritus getränkten Schleifvlies (Körnung 320) so lange mit Druck, aber in Faserrichtung des Holzes über den alten Lack, bis dieser sich anzulösen beginnt und einen Schmierfilm bildet. Bevor diese „Dreckschicht“ verdunstet, was innerhalb einiger Sekunden geschieht, muss der schmierige Lack vollständig mit Papiertüchern abgenommen werden. **28** Diesen Vorgang sollten Sie so oft wiederholen, bis keine glänzenden gelb- oder weißlichen Stellen mehr zu sehen sind. Sie sind ein Zeichen für noch vorhandene Schellackreste, die am Schluss auf der neu mattierten Fläche als gelbliche Flecken erscheinen würden. I.d.R. werden das 2–3 Durchgänge sein. **29** Wenn trotz gründlichen Abwaschens noch Flecken, dunkle Kratzer oder stärkere Unebenheiten zu sehen sind, sollte man mit Schleifpapier Körnung 180–240–320 (je nach Stärke der Fehler und Feinheit des Holzes) nachschleifen. Dabei alle Ungleichmäßigkeiten wegschleifen zu wollen, wäre falscher Ehrgeiz: ein altes Möbel sollte durchaus noch Gebrauchsspuren haben, sie machen seinen ganz besonderen Charme aus.

Auch wenn Sie Furnierstellen ausgebessert haben, ist ein Schleifen des neuen und alten Furniers unumgänglich. Nur so lässt sich die unterschiedliche Oberflächenstruktur aneinander angleichen.

Tipps & Tricks

Mein dringender Rat: Lassen Sie bei der Aufarbeitung alter Möbel die Schleifmaschine im Schrank. Messerfurnier ist in der Regel nur 0,5 bis 1,0 mm dick und kann leicht durchgeschliffen werden. Außerdem gibt es bei Jahrhunderte alten Möbeln keine hundertprozentig ebenen Flächen mehr, denn alles Holzmaterial hat „gearbeitet“, d. h. sich verändert. Schleifmaschinen mit ihren ebenen, großflächigen Tellern sind daher ungeeignet für einen sanften Schliff, sie tragen an den erhabenen Stellen zu viel Material und in den Vertiefungen gar nichts ab.

Klassischer, akademischer Polituraufrag in vier Schritten:

Eine klassische Schellackpolitur besteht aus folgenden Arbeitsgängen:

1. **Einlassen = Grundieren** der gereinigten Flächen mit **stark verdünnter Schellackpolitur** (mit einem breiten, möglichst flachen Pinsel); nach der Trocknung fein schleifen (320er Schleifpapier oder -vlies).
2. **Poren füllen** mit einer dicken Paste aus Bimsmehl und Politur; nach der Trocknung wieder fein schleifen.
3. **Deckpolieren** mit dem Ballen mit mässig verdünnter Politur und einigen Tropfen Polieröl; diesen Vorgang einige Male wiederholen, je nach Aufnahme und Glanzgrad 3-10 mal, nach jedem Durchgang und entsprechender Trocknung Zwischenschliff mit 400er Schleifpapier oder -vlies machen.
4. **Auspolieren** mit stark verdünnter Politur, letzte Ölschleier werden dadurch aus der Fläche geholt.

Die größte Schwierigkeit beim Handpolieren besteht in der genauen Einhaltung der notwendigen Polituregeln. Wenn die Zusammensetzung der Schellacklösung, der Auftragsdruck und die Bewegungsabläufe nicht aufeinander abgestimmt sind, werden die unteren Schellackschichten immer wieder angelöst und die Oberfläche bleibt stumpf und wird fleckig statt glänzend. 30

30

Handwerkliche, vereinfachte Alternative mit zwei Produkten:

Eine vereinfachte, für Holzwerker leichter erlernbare Methode:

1. Einlassen = Grundieren mit **Sanding Sealer auf Schellackbasis**, nach der Trocknung fein schleifen.
2. Mattieren mit einer einzigen Lösung, mit der alle weiteren Schichten von Hand aufpoliert werden.

Die in einer Mattierung enthaltenen Wachse und Zellulose sorgen für eine höhere Widerstandsfähigkeit der Oberfläche und einen leichteren Auftrag. Das Ergebnis ist, wenn es perfekt gemacht ist, von einer klassischen Schellack-Politurfläche nicht zu unterscheiden, aber wesentlich leichter zu erlernen und zeitsparender anzuwenden. 31

Das Mischungsverhältnis

Geben Sie 96%igen Alkohol/Ethanol und Schellackmattierung von Rosner zu gleichen Teilen in eine kleine Schraubflasche mit Tropfverschluss. Mattierungen bzw. Mattinen anderer Firmen müssen evtl. in einem anderen Verhältnis verdünnt werden. Beachten Sie bitte die diesbezüglichen Herstellerangaben. Fügen Sie der Mischung noch ca. zwei Prozent Gleit- oder Nähmaschinenöl (auf alle Fälle mineralisches Öl) hinzu.
Geben Sie nun einen kräftigen Spritzer dieser Mischung innen auf das Fadenknäuel, spannen den Stoff stramm darüber und halten die Ränder fest verdreht in der Hand, so dass die Unterseite des Ballens faltenfrei wird. 32

31

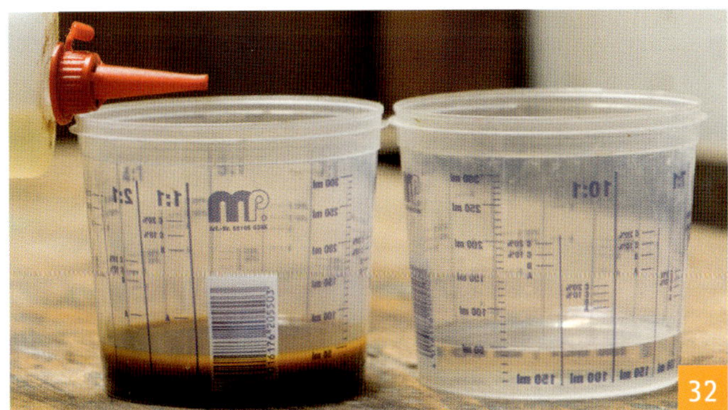

32

Erste Versuche mit dem Ballen

Für erste Polierversuche eignet sich eine Rückwand oder eine nicht so sehr ins Auge springende Fläche ohne Ränder, d. h. ohne Vertiefungen, Erhebungen, Profile etc. Wenn man nämlich mit einem mit Schellack beträufelten Ballen die schwungvolle Polierbewegung noch außerhalb der Fläche beginnen und darüber hinaus "fliegen" kann, entsteht leichter ein gleichmäßiger Glanz als in begrenzten oder unebenen Flächen. Die größte Herausforderung beim Polieren stellen nämlich die Ecken dar, in denen man den Schwung des Ballens beenden oder abrupt in eine andere Richtung lenken muss. Die Folge ist eine Körnigkeit bzw. matte Stellen im Schellack, weil jede gestoppte Polierbewegung die Gefahr in sich birgt, den Untergrund „aufzuziehen", d. h. die unteren Schellackschichten anzulösen. 33

Arbeitsweise beim Polieren bzw. Mattieren

Ich empfehle neues Holz, z. B. ein edelfurniertes Stück Sperrholz zum Ausprobieren der Poliertechnik zu verwenden, da dort noch keine nicht nachvollziehbaren Einflüsse auf die Oberfläche stattgefunden haben und Sie ganz unbefangen ans Werk gehen können.

Grundierung 34 Eine gleichmäßige satte Grundierung mit Sanding Sealer mittels eines breiten flachen Kunststoffpinsels ist die optimale Voraussetzung für die darauf folgende Arbeit mit dem Ballen. 35 Nach der vom Hersteller angegebenen Trocknungszeit muss die Fläche gründlich mit Schleifpapier oder -vlies Körnung 320–400 geschliffen und entstaubt werden.

36 Sanding Sealer entwickelt auf Grund seines hohen Füllkörpergehaltes (Bimsmehl) beim Schleifen einen ausgeprägten Grauschleier.

Tipps & Tricks

Gebeizte Flächen werden vor allem an den Kanten schnell durchgeschliffen, was sich aber durch partielles Nachbeizen mit Wasserbeize oder wasserlöslichem Filzstift beheben lässt. 38

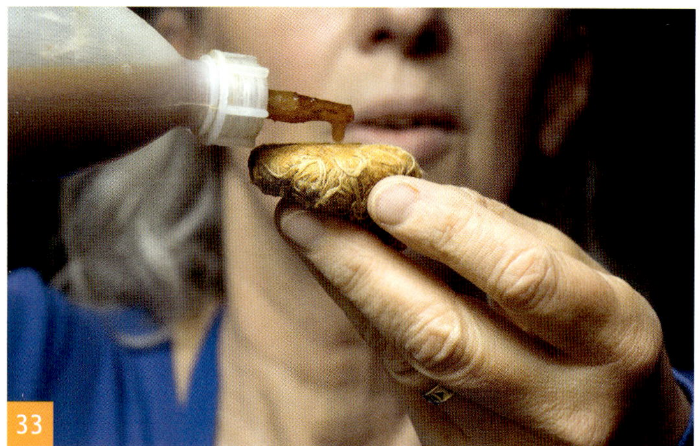
33

35

34

36

Der verschwindet aber wieder bis zu einem gewissen Grad, wenn man den Schleifstaub mit einem feinen Besen, einem Lappen bzw. einem Staubbindetuch vollständig entfernt. 37

Wasserlösliche Beizen und Farben (Filzstifte) und Alkohol löslicher Schellack vertragen sich, da sie sich nicht gegenseitig anlösen.

Polieren, bzw. Mattieren 39 Geben Sie nun ein paar Tropfen Politur auf Ihren vorbereiteten Ballen, klopfen Ihn auf dem Handrücken flach und fahren nun zügig Bahn neben Bahn in Längsrichtung mit leichtem Druck über die Fläche. Anschließend reibt man die Mattierung quer zur Faser in die Fläche, um daraufhin den ersten Durchgang wiederum in der Längsrichtung zu beenden. Dieser sogenannte **„Kreuzgang"** bewirkt, dass alle Stellen gleichmäßig benetzt werden. Während des Kreuzgangs müssen Sie evtl. den Ballen von Neuem mit der Mattierung beträufeln, je nachdem wie groß die zu bearbeitende Fläche ist. Sollte der Ballen auf der Fläche kleben bleiben, beenden Sie die Polierarbeit und lassen die Fläche gründlich (min. 1 Std.) trocknen. Das Haften des Ballens auf der Fläche kann zwei Ursachen haben: entweder haben Sie schon im ersten Durchgang zu viel Schellack aufgetragen oder grundsätzlich mit einem zu feuchten Ballen poliert.

Da benutze Ballen in Minutenschnelle trocknen, sollten sie in den Arbeitspausen in einem gut schließenden Gefäß, z. B. Glas mit Gummidichtung aufbewahrt werden. Sie können so über Jahre benutzt werden und benötigen für den Einsatz an einem neuen Projekt meist nur ein frisches Ballentuch.

Nach der entsprechenden Trocknungszeit (laut Herstellerangabe) muss die polierte Fläche wieder gründlich und fein mit Körnung 320–400 geschliffen und entstaubt werden.

Vorgehensweise an Möbeln mit Füllungen, Profilen etc.

40 Bei komplexen Oberflächen mit Vertiefungen, Profilen oder Schnitzereien ist es empfehlenswert, zuerst an den unzugänglichen Stellen und in Ecken mit dem „Mäuschen" Mattierung aufzutragen und dort einen möglichst gleichmäßigen Glanz zu erzeugen. Das ist bedeutend schwieriger als an den glatten Flächen, da

37

39

38

40

der Ballen in Ecken immer wieder stoppen und seine Richtung abrupt ändern muss. Die Folge des Stoppens bzw. Verharrens mit dem Ballen auf einer bereits polierten Fläche besteht darin, die darunter liegende Schellackschicht aufzureißen und den Glanz zu zerstören. Sind große Flächen einmal perfekt glänzend poliert, ist es sehr schwer, im Nachhinein denselben Glanz auch an den schwierigen Stellen (Ecken und Vertiefungen) zu erzeugen. Aus diesem Grund sollte man unbedingt die Reihenfolge, zuerst an den Problemstellen Glanz zu erzeugen und anschließend die größeren Flächen zu bearbeiten, einhalten.

Raue Stellen 41 Falls schon beim Grundieren raue Stellen in den Ecken entstanden sind, schleifen Sie diese besonders gründlich

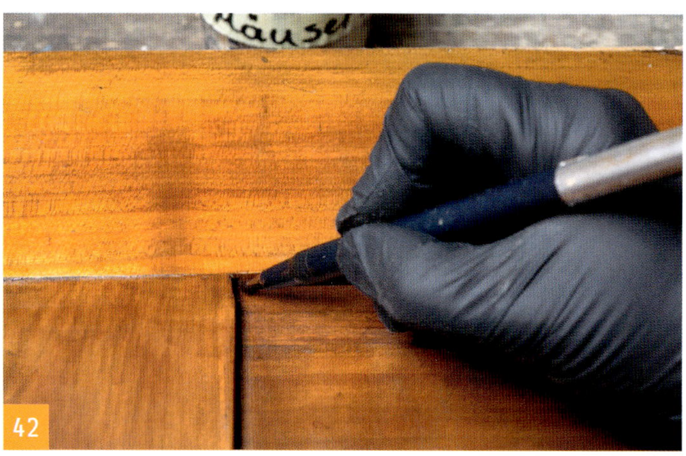

und fein (400). Die perfekte Glätte des Untergrundes ist die unbedingte Voraussetzung für den sich entwickelnden gleichmäßigen Schellackglanz.

Fälze 42 In tiefliegenden Profilen und Fälzen lässt sich auch durch gründliches Entstauben ein heller Staubstreifen manchmal nicht völlig entfernen. Auch ein noch so kleines Schellack-Mäuschen erreicht die Vertiefung womöglich nicht vollständig. Hier hilft wieder ein Filzstift in passender Farbe, den grauen Streifen zu beseitigen.

Jetzt können schwierigen Ecken mit dem Mäuschen auf Hochglanz gebracht werden. 43

Zweiter Durchgang: Nach etwa einer Stunde Trocknungszeit (wenn man mit der Mattierung von Rosner mit Zelluloseanteil arbeitet) und Zwischenschliff mit Schleifpapier oder -vlies 320–400 starten Sie mit dem zweiten Durchgang. 44 45 46 Jetzt ist der richtige Zeitpunkt, die Flächen kreisförmig und in „Achtern" zu polieren und matte Stellen stärker zu bearbeiten als bereits glänzende. Auch beim zweiten Durchgang sollten die Ecken und Fälze zuerst poliert werden, um anschließend größere Flächen zu bearbeiten. Der Abschluss des zweiten Durchgangs sollte auch wieder in der Längs. bzw. Faserverlaufsrichtung erfolgen.

Nach Einhaltung der empfohlenen Trocknungszeit sollten Sie nach jedem Polituranftrag gründlich, aber fein schleifen, d. h. entweder mit Schleifpapier (Körnung 320, besser noch 400) oder Schleifvlies derselben Körnung. Selbst wenn sich die polierte Fläche schon glatt genug anfühlen sollte, so hilft das Schleifen bzw. Abreiben mit Schleifvlies, unterschiedliche Auftragsstärke auszugleichen und evtl. entstandene Fehler abzumildern.

Tipps & Tricks

Falls eine Stelle partout fleckig oder körnig bleiben sollte, waschen Sie die gesamte sie umgebende Fläche vorsichtig mit etwas Verdünnung ab und beginnen mit dem Mattierungsvorgang von vorne. Das geht meist schneller, als wieder und wieder nachzuschleifen.

Wie viele Polier-/Mattiervorgänge sind ratsam?

In der Summe der Mattierungsaufträge sollte bei jedem Durchgang die Feuchtigkeit des Ballens ab- und der Druck kontinuierlich zunehmen. Dabei arbeiten Sie immer wieder im **Kreuzgang** bzw. in **Achtern** oder **Kreisen**. 47

48 Am Schluss sollten Sie mit einem fast trockenen Ballen bis zum gewünschten Glanzgrad mattieren und in der Längsrichtung die Polierbewegungen beenden. Insgesamt werden mindestens drei Durchgänge nötig sein, es können aber auch fünf oder mehr werden. Zwischen den letzten Durchgängen brauchen Sie nicht mehr zwischenzuschleifen, wenn der Untergrund schon völlig glatt ist. Das Ziel ist ein völlig gleichmäßiger Glanz sein, der zwischen glänzend und hochglänzend liegen kann. Polieren Sie so einfach so oft, bis Ihnen der Glanzgrad gefällt. 49

47

48

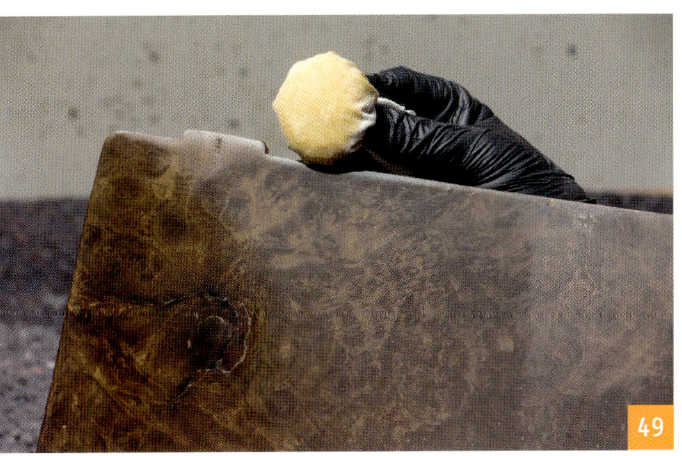
49

Wie vorgehen bei profilierten Bereichen und tiefliegenden Stellen?

50 Glänzende gedrehte Stuhlbeine, Profile, Schnitzereien sind selbstverständlich ursprünglich auch mit Schellack poliert worden. Bei der Restaurierung eines derartig verzierten Möbels stellt sich Ihnen bestimmt die Frage, wie man mit einem Ballen ein so tiefes Profil erreicht? Da das mit der klassischen Ballenpoliertechnik nicht möglich ist, muss man hier zusätzlich mit Pinseln arbeiten. 51 Dabei ist der erste Arbeitsschritt derselbe wie bei glatten Flächen auch, nämlich alles mit Schellackgrundierung gleichmäßig einzustreichen und wie gewohnt gut trocknen zu lassen. Auch

50

53

51

54

52

55

der anschließende feine Schliff unterscheidet sich nicht von der üblichen Vorgehensweise. Um aber zu guter Letzt überall den feinen Schelllackglanz zu erhalten, müssen Pinsel- und Ballentechnik miteinander kombiniert werden. Die geschliffenen unzugänglichen Bereichen bestreichen Sie nun ganz dünn und möglichst gleichmäßig mit Streichschellack.
Nach der Trocknung werden nur mehr die erhabenen und besser sichtbaren Stellen mit Schellackmattierung auspoliert. 52

Was tun, wenn sich in einer mit Schellack behandelten Fläche Furnier gelöst hat?

Bei einer mit Nussbaum-Maserfurnier belegten Kommode hat sich nach einer vorherigen Restaurierung eine Furnierstelle gelöst. Vermutlich ist bei dieser Bearbeitung das Furnier zu dünn geschliffen worden, was die Gefahr erhöht, dass sich nach der Politur noch einmal Blasen unter dem Furnier bilden. Diese lassen sich aber ohne großen Aufwand mit Fischleim, der kalt verarbeitet werden kann, verleimen. Dazu schneidet man die Blase auf, bringt den Leim mit einem flachen Spachtel ein, entfernt den austretenden Leim und beschwert die Stelle bis zur Durchtrocknung. Ausgetretene Fischleim-Spuren verursachen keine Verfärbungen und lassen sich im getrockneten Zustand vorsichtig schabend entfernen. 53

Was tun bei hellen Rissen?

Die gräulichen Risse in der Schellackoberfläche sind ein Zeichen von lockerem Lack. Zudem ist die Schellackschicht zu dünn, so dass sich Mikrorisse im Furnier gebildet haben und an den Stellen den Schellack gelockert haben. In so einem Fall ist es ratsam, den gelockerten Schellack mit Schleifvlies Körnung 320 so stark anzuschleifen, bis die gräulichen Stellen fast verschwunden sind. 54
Die erste neue Politurschicht muss nun so feucht sein und mit so viel Druck einpoliert werden, dass evtl. noch vorhandener lockerer Schellack mit dem Untergrund verbunden wird. Diese Vorgehensweise sollte die unschönen grauen Mikrorisse im Schellack beseitigen, mit Schleifvlies Körnung 320. Um den gewünschten Schellackglanz zu erzeugen, waren hier drei Politurdurchgänge mit dazugehörigem Zwischenschliff notwendig. 55
Und zum Trost: auch Profis schaffen es nicht, in allen Ecken exakt denselben Glanz aufzupolieren wie in Flächen. Im Gegenteil: Die stumpfen Stellen sind Beweis für eine Handpolitur! Sie sollten aber nur an schwer zugänglichen Stellen und in nicht zu großem Ausmaß sichtbar sein. 56

Was tun bei Flecken?

Auf dieser schon ziemlich abgenutzten Schellack Oberfläche springt ein ringförmiger Fleck, vermutlich verursacht durch ein abgestelltes feuchtes Gefäß, unschön ins Auge. 57
Um ihn unsichtbar zu machen, muss der alte Schellack vollständig entfernt werden, da die Verfärbung nicht im Schellack, sondern im Furnier entstand. 58

56

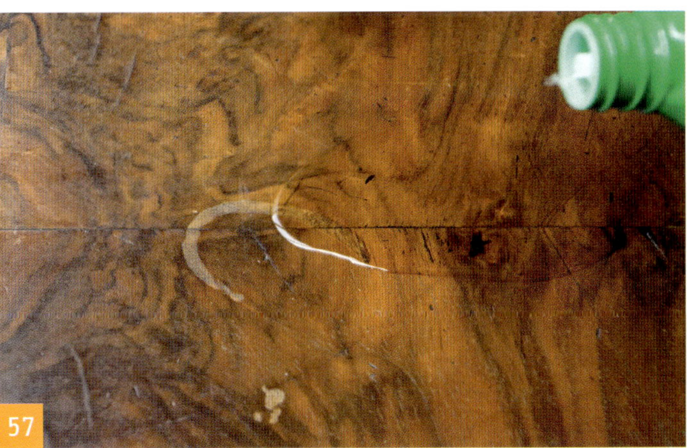
57

58

59

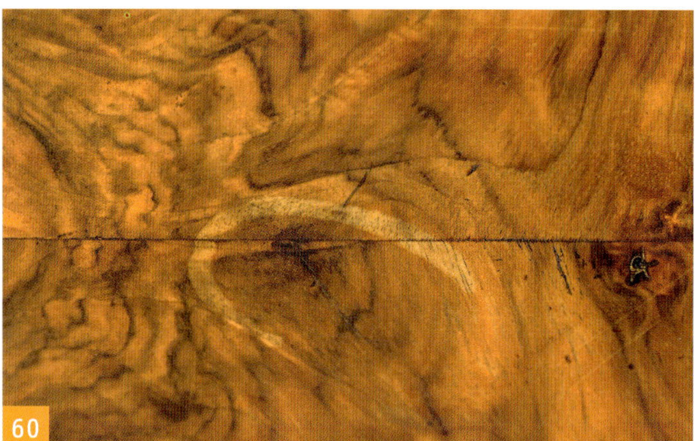
60

61

Das bereits beschriebene Abwaschen mit Brennspiritus reicht hier leider nicht aus. Zur vollständigen Entfernung des Schellackes müssen die letzten Reste mechanisch entfernt werden, hier durch Abschaben mit einem senkrecht gestellten, scharfen, breiten Stemmeisen. 59

Gehen Sie in so einem Fall möglichst vorsichtig zu Werke, da scharfe Stemmeisen leicht unschöne Kratzspuren im Furnier hinterlassen, wenn man sie verkantet.

Die völlig vom alten Schellack befreite Fläche wird nun gründlich mit Schleifpapier Körnung 180 in Faserrichtung geschliffen. Dadurch tritt der ursprüngliche helle sattere Farbton des Furniers zu Tage. Leider ist der Fleck, wenn auch abgeschwächt, immer noch zu sehen. Aber erst ein erneutes Abwischen mit Alkohol, das den späteren Schellack Auftrag farblich simuliert, kann die Gewissheit bringen, ob der Fleck tatsächlich verschwunden ist. 60

Hier hat sich der Fleck verflüchtigt und die Fläche kann, wie schon beschrieben, von Neuem poliert bzw. mattiert werden. 61

Tipps & Tricks

Sollte der Fleck immer noch heller als seine Umgebung sein, hilft es, die gesamte Fläche leicht zu befeuchten und gleichzeitig die helleren Stellen mit Wasserbeize oder wasserlöslichem Filzstift farblich an die feuchte Umgebung (die den Schellack Farbton simuliert) anzugleichen.

Wie bei partieller Restaurierung vorgehen?

Die Oberfläche des Rahmens einer mit gepunztem und gefärbtem Leder belegten Schreibtischplatte soll restauriert werden, ohne das Leder zu beschädigen. In einem solchen Fall sollte man besonders umsichtig zu Werke gehen und testen, ob vorsichtiges Schleifen schon den gewünschten Erfolg bringt.

Da dies hier nicht der Fall ist, wird der alte Schellack mit so wenig Brennspiritus angelöst, dass nichts auf das Leder läuft. 62

Auch das gründliche Abreiben mit Küchenpapier sollte sich nur auf den Rahmen beschränken, um keine Verfärbungen im Leder zu verursachen. 63

Ein feiner Schliff beseitigt die letzten Schmutzreste. 64

Da der Rahmen durch den Reinigungsprozess heller geworden ist und so nicht mehr zum übrigen Möbel passt, wird er mit Tütenbeize auf Wasserbasis dem übrigen Möbel angepasst. Den passenden Farbton kann man sich durch Mischen mehrerer Beiztöne selbst zusammenstellen. 65

Vollständig getrocknet braucht es nur ein bis zwei Politur- bzw. Mattierungsdurchgänge, um der Schreibtischplatte ihren alten Glanz wiederzugeben. 66

64

62

65

63

66

Einsatz von gefärbtem Schellack

Beim asiatisch anmutenden Kabinett-Schränkchen musste nicht nur die Schellackoberfläche restauriert werden. Nach dem Beheben der technischen Mängel kommt nun die Restaurierung der Schellackoberfläche an die Reihe. Nach der Befestigung der Orginalbänder werden ausgebrochene Stellen mit farbig passendem Schmelzkitt heiß aufgefüllt. Beim Einebnen der Oberfläche lässt es sich nicht vermeiden, dass der schwarze Schellack-Orginalfarbton angegriffen wird. 67

Nun müssen die unterschiedlichen Materialien farblich aneinander angeglichen werden. Da wasserlösliche Beize auf der wachsartigen Oberfläche des Schmelzkittes weder decken noch haften würde, muss man zu einem stärker deckenden Mittel greifen. Streichschellack, mit Spiritusbeize im passenden Schwarz eingefärbt, macht die Fehlstelle nahezu unsichtbar. Nach einer besonders gründlichen Trocknung über Nacht wird dann die gesamte Oberfläche mit schwarz eingefärbter Mattierung poliert. 68

Beim ovalen Deckel einer Biedermeierdose passt sich ein kleiner Ballen gut an die profilierten Rundungen an. 69

67

69

68

70

72

71

73

Möbel-Lasur-Lack

Möbel-Lasur-Lack färbt helle Flecken und füllt Löcher im alten Schellack. Es handelt sich dabei um eine Art Streichschellack, der werkseitig eingefärbt wird, d. h. dass er in vielen Farbtönen in kleinen Mengen im Handel erhältlich ist. 70

Es empfiehlt sich, diesen gefärbten Schellack nur an wenig sichtbaren Stellen einzusetzen, da der Auftrag mit dem Pinsel kaum ohne Spuren bleibt. Ein abschließendes Polieren der eingefärbten Stellen ist möglich, sollte aber erst nach der völligen Durchtrocknung des Lacks erfolgen. Auch sollte der Ballen dabei lieber zu trocken als zu feucht sein. 71

Gefärbten Schellack farblos zu polieren gehört zu den anspruchsvollsten Aufgaben im Bereich der Schellackpolitur. Die Gefahr, Flecken zu produzieren, ist besonders groß! Versuchen Sie es in einem Fall wie diesem erst gar nicht, sondern schleifen die abgescheuerte Stelle fein und lassen Sie anschließend mit Streichschellack in der passenden Farbe mit dem Pinsel ein. 72

Ein ramponiertes Stuhlbein bekommt durch Möbellasurlack seine ursprüngliche Farbe zurück. 73

Schellackpolitur bei neuem Holz

Hochwertige Musikinstrumente, in dem Fall eine in Handarbeit hergestellte Gitarre, sollten eine passende Oberflächenbeschichtung erhalten. Schellack bietet sich besonders an, da er dünn aufgetragen werden kann und so den Klang nicht beeinträchtigt. Die Vorgehensweise beim Polieren von neuem Holz ist dem von altem Holz sehr ähnlich, das Grundieren sollte allerdings mit größter Sorgfalt durchgeführt werden. 74

Die Poren sind bei neuem Holz noch offen und sollten, um schlussendlich eine perfekte Schellackoberfläche zu bilden, besonders vollständig gesättigt und verschlossen werden. 75

74

77

75

78

76

79

80

Ein Schrägstrichzieher, ein breiter flacher Pinsel mit schräger Kante, erleichtert den Auftrag des Sandig Sealers in den Ecken, aber auch auf den Flächen. Der Auftrag sollte satt, aber trotzdem dünn und zügig erfolgen. Zusammenhängende Flächen, z. B. der Deckel oder die Rückseite, müssen feucht ohne Ansätze bestrichen werden.

Achten Sie unbedingt darauf, keine Nasen und Läufer zu produzieren und die Grundierung nicht über die Kanten laufen zu lassen. Sollte dies trotz aller Vorsicht passieren, kann man verdickte Stellen in der getrockneten Grundierung mit einem senkrecht gestellten Stemmeisen einebnen und anschließend mit Schleifvlies Körnung 320 bearbeiten. 76

Das Entstauben sollte auch hier so gründlich wie möglich ausfallen. Handbesen entfernen den gröberen Staub. Zurück bleibender Schleifstaub birgt die Gefahr in sich, raue Stellen im Schellack zu verursachen. 77

Letzte Staubreste entfernen Sie noch effektiver mit einem Staubbindetuch. Für dieses hochwertige neue Bauprojekt gelten dieselben Politurregeln wie bei Antiquitäten. 78

Schwer zugängliche Stellen mit einem Miniballen zuerst zum Glänzen zu bringen erhöht die Chance, später auf dem gesamten Instrument einen gleichmäßigen, strahlenden, feinen Glanz zu erhalten. 79

Die letzte Politur mit einem größeren Ballen verleiht dem Instrument den erwünschten strahlenden Glanz. 80

Polierregeln:

- Neues Holz sollte vor der Politur bzw. Mattierung immer grundiert werden, entweder mit Sanding Sealer auf Alkoholbasis oder mit Bimsmehlpaste.
- Gründlich gereinigtes altes Holz kann auch mit Sanding Sealer grundiert werden, aber nur ganz dünn. Es bilden sich sehr leicht unschöne Pinselspuren.
- Zum Grundieren mit Sanding Sealer eignen sich besonders breite, aber möglichst flache Pinsel mit Borsten aus Kunststoff. Mit einem Schrägstrichzieher erreicht man auch Vertiefungen und Ecken gut.
- Bereiten Sie zwei Ballen vor: einen größeren, bei dem Sie eine Handvoll Baumwollfäden mit einem ca. 15 x 15 cm großen glatten Leinen oder Baumwollstoff umhüllen, und einen kleineren Ballen („Mäuschen") in Walnussgröße für Ecken und Ränder.
- Beim Poliervorgang sollte die Mattierung immer innen auf den Ballen geträufelt werden, nie außen auf das Ballentuch. So diffundiert sie gleichmässig durch den Stoff.
- Nicht benötigte Ballen sollte man selbst bei einer kurzen Unterbrechung immer luftdicht verschließen, sie trocknen sonst sofort aus.
- Fangen Sie, wo immer möglich, ausserhalb der zu polierenden Flächen mit der Polierbewegung an und streichen mit gleichmäßigem Schwung über die Fläche.
- Setzen Sie den Ballen nicht auf der Fläche auf und bleiben Sie nicht darauf stehen, die unteren Schichten bleiben sonst kleben und verursachen matte Stellen.
- Bei rundum begrenzten Flächen wie einer Füllung versuchen Sie vor jedem Politurdurchgang mit dem „ Mäuschen" Glanz in den Ecken zu erzeugen.
- Mit dem „Mäuschen" sollten Sie zuerst versuchen, in den Ecken Glanz zu erzeugen, bevor Sie sich an die größeren Flächen machen. In umgekehrter Reihenfolge besteht die Gefahr, dass die Flächen von zu viel Schellack speckig werden und die Ecken stumpf bleiben.
- Polieren Sie beim ersten Durchgang nach der Grundierung und einem gründlichen Zwischenschliff (Körnung 320 oder feiner) zuerst in der Längs- dann in der Querrichtung und zum Abschluss der ersten Schicht wieder in Längsrichtung. Das ist der sogenannte „Kreuzgang" Bei weiteren Durchgängen zusätzlich in Achtern oder Kreisen.
- Versuchen Sie mit dem Ballen immer in Bewegung zu bleiben.
- Die Auftragsmenge sollte bei jedem Durchgang ab, der Druck dagegen zunehmen.
- Falls sich das den Ballen umhüllende Tuch zugesetzt hat, erneuern Sie es.

Kapitel 13

Holzmaterial-Ergänzungen

Will man Möbel renovieren, reparieren oder restaurieren, wird man um Ergänzungen nicht herum kommen. Sei es, dass Stuhlbeine durch Holzwurmlöcher geschwächt sind, Profilleisten fehlen oder Kleinteile abgebrochen sind. Ergänzungen sind nicht schwieriger durchzuführen als andere Arbeiten an alten Möbeln, es müssen aber ein paar Bedingungen erfüllt sein, damit die neuen Teile halten und nicht zu sehr ins Auge stechen.
Exemplarischen seien hier einige typische Ergänzungen und unterschiedliche Vorgehensweisen vorgestellt:

Füße und Stuhlbeine ergänzen:

Ist ein Schrankfuß so vom Holzwurm zerfressen wie bei unserem Beispiel, lohnt sich kein Ausspachteln der Löcher. Wurmlöcher schwächen die Holzsubstanz, vor allem bei einem so belasteten Möbelfuß, so dass ein Austausch am rationellsten und sinnvollsten ist.
Das Hauptkriterium für die Holzauswahl des Ersatzfußes ist eine möglichst ähnliche Holzstruktur und -farbe. Sie sollten in so einem Fall prüfen, ob der neue Fuß evtl. etwas größer sein muss, damit die Kommode wieder gerade steht. In das neue Holzstück werden an denselben Stellen wie beim alten Fuß mit Hilfe von Dübelfix Löcher für die neue Dübelverbindung gebohrt. (Die Verleimung dieses Fußes ist im Kapitel Leim zu finden) 1

1

An einem Stuhlbein aus Buche fehlt ein gutes Stück. Beim Absägen der zerstörten Stelle ist auf einen möglichst geraden Schnitt in Faserrichtung zu achten. 2 Mit einem kleinen Einhandhobel nachgearbeitet, kann man ohne großen Aufwand eine gleichmäßige Leimfläche herstellen. 3 Wenn das anzuleimende neue Buchenholzstück nur minimal größer als die Fehlstelle ist, lässt es sich ohne Verrutschen verleimen. 4 Dabei ist auf möglichst Parallele Flächen zum Ansetzen der Zwingen zu achten. 5 Hat der Leim abgebunden, wird die genaue Form mit Hobel und Schleifpapier heraus gearbeitet. Mit Wasserbeize gefärbt, fällt das ergänzte Stück kaum mehr auf. 6 7

Gerundete Teile zu verleimen ist besonders schwierig, da Zwingen an dem fertig ausgearbeiteten Ersatzstück abrutschen würden. 8 Es gibt wie so oft mehrere Möglichkeiten, mit einer schwierigen handwerklichen Aufgabe fertig zu werden. Entweder sägt man sich exakte Zulagen zum gerundeten Ergänzungsstück. Oder man verleimt ein großes Holzstück so, dass sich parallele Leimflächen ergeben. Es ist bei allen Ergänzungen immer besonders darauf zu achten, dass die Leimflächen möglichst in Faserrichtung verlaufen. Erst nach dem Abbinden des Leims wird die Form mit Handsägen bzw. einer Stichsäge herausgearbeitet. 9 Das In-Form-Feilen und Schleifen muss bei dieser Methode besonders fein ausfallen, um dieselbe glatte Struktur von altem Holz und Ergänzungsstück zu erreichen. Das abschließende Angleichen mit Wasserbeize macht die Fehlstelle nahezu unsichtbar. 10

Profilleisten ergänzen

Oft fehlen an alten Möbeln nur kurze Profilleisten. Diese mit einer Oberfräse herstellen zu wollen, wäre extrem aufwändig, da es die passenden Fräser i.d.R. nicht gibt. Leichter ist es, die markanten Kanten und Vertiefungen des Profils an der Kreissäge vorzuschneiden 11 mit Schnitzeisen und Feilen nach zu arbeiten. 12 Da diese Profilleiste zu einem mit Schellack polierten Möbelstück gehört 13, empfiehlt es sich, die Oberflächenbehandlung schon vor dem Befestigen vorzunehmen. 14

11

Tipps & Tricks

Fertigen Sie aus Sicherheitsgründen die benötigten evtl. kurzen Stücke aus einer viel längeren Leiste an. Dadurch wird die Gefahr des Kippens des Werkstückes vermindert, was gerade an Kreissägen zu extrem gefährlichen Situationen führen könnte. Eine zu lange Leiste müssen Sie nicht in der gesamten Länge durch die Kreissäge schieben, sondern können sie nach jedem Schnitt, der nur in der benötigten Länge durchgeführt wird, wieder ruhig und vorsichtig zurückziehen.

12

13

14

Gedrechselten Knopf ergänzen

Hier fehlt ein kleines Stück an einem kleinen Möbelknopf. 15 Besteht nicht die Möglichkeit, gleich den ganzen Knopf neu zu drechseln, ist es auch nicht schwierig, den kaputten Knopf zu ergänzen. Das Hauptkriterium für das Gelingen und den Halt des angesetzten Stückes ist eine völlig exakte Leimfläche zwischen neu und alt. Die Neuverleimung wird aber nur dann halten, wenn die Bruchstelle parallel zur Faserrichtung im Holz verläuft *(siehe Kapitel 16 Leim)*. Die Rundung wird vor dem Verleimen exakt heraus gearbeitet, 16 17 das Profil erst danach mit passenden Schlüsselfeilen. 18 Darauf folgt die Oberflächenbehandlung mit Nussbaum Körnerbeize und Schellack, genauso wie beim gesamten Möbelstück. 19

15

16

18

17

19

20

21

22

23

24

25

Fehlende Rosette

An einem antiken Tischchen fehlt auf der Rückseite eine profilierte Rosette. 20 Selbstverständlich könnte man sich dieses kleine Holzstück aus einem Buchenstab selber drehen oder drechseln lassen. Aber da die ergänzte Rosette im restaurierten Zustand kaum zu sehen sein wird, fiel die Entscheidung, die Profilierung nur vorzutäuschen. Dazu müssen die neuen Holzteile wie bei jeder anderen Retuschierung zunächst durch verschiedene Beizen den passenden Grundton erhalten. 21 22 Mit Filzstiften in verschiedenen Gelb und Brauntönen werden dann die Vertiefungen angedeutet und durch Wegwischen der Beize die erhöhten Bereiche simuliert. Hier die-

26

28

27

29

nen verschieden große Geldstücke als Zirkel. 23 24 Da die Rosette zwar aufgeleimt, zur Sicherheit aber auch genagelt wird, müssen die glänzenden Nagelköpfe versteckt werden. Dicke Nägel dienen dabei als Versenker. 25 26 Die so entstehenden kleinen Löchlein werden mit Weichwachs gefüllt und fallen nun kaum mehr auf. 27

Fehlendes Querholzstückchen aus Ebenholz

An einer Biedermeierkommode fehlen etliche kleine schwarze Querholzstückchen. Da entsprechendes Ebenholz nicht zur Verfügung steht, werden die fehlenden Teile durch möglichst feinjähriges und dunkles Nussbaumholz ergänzt. 28 Auch hier sind der glatte Untergrund am Möbel und das absolut plan gesägte Leistchen Voraussetzung für eine geglückte Verleimung, zumal hier, wenn auch nur an einem sehr kurzen Stück, zwei Faserrichtungen aufeinandertreffen. Der dunkle Farbton der eingesetzten Stückchen kann gut mit wasserlöslichem Filzstift imitiert werden, die den abschließenden alkoholhaltigen Schellackauftrag nicht stören. 29 30

30

31

33

32

Fehlendes Querholzstückchen aus Eiche

An einem reich beschnitzten Brettstuhl fehlt ein Stückchen an der Lehne. Auch hier sollte das einzusetzende Stückchen möglichst aus derselben Holzsorte bestehen. Bei derartigen Ergänzungen ist immer besonders darauf zu achten, dass altes und neues Holz eine möglichst identische Holzfaserrichtung aufweisen. 31 32 33 Dieser Brettstuhl war stilgmäß mit braunem Antikwachs behandelt. Um das Ergänzungsstück unsichtbar zu machen, wird es zunächst mit Nussbaum Körnerbeize eingefärbt und anschließend mit dem gesamten Stuhl neu gewachst.

34

36

35

Fehlendes profiliertes Leistenstück aus Mahagoni

An einem Stuhl fehlt ein Stückchen der Armlehne. Bevor man ein neues Stückchen Mahagoniholz einsetzen kann, sollte das gebrochene Hirnholz begradigt werden. Mit Stemmeisen beschnitzt und schon auf die passende Breite und Dicke geschnitten, passt das neue Stück gut in die Lücke. Die Rillen schnitzt man besser erst am fertig verleimten Stück, da die Passgenauigkeit so eher gewährleistet ist. 34 35 36 Auch hier muss das neue Stück farblich angepasst werden: Diesmal sind es rötliche Wasserbeize und Schellackpolitur. Mit rötlicher Wasserbeize gefärbt, Sanding Sealer grundiert und zum Schluss mit Schellack poliert, fällt das ergänzte Stückchen kaum mehr auf.

37

40

38

41

39

42

Großes ausgerissenes Schlüsselloch

Diese Schublade wurde über Jahrzehnte nur mit Hilfe eines Schlüssels auf und zu geschoben. Die dazugehörige Kommode stammt aus der Zeit des Biedermeier, in dem kaum metallische Beschläge verarbeitet wurden. **37** Das schwarze, hölzerne Schlüsselschild ist als neues Ersatzteil im Restaurierungsbedarf erhältlich. Da aber ein wesentlich größeres Teil zerstört ist, als dieses Ersatzteil abdecken würde, soll auch das Basisholz um das Schlüsselschild ersetzt werden. Die Seitenlinien werden gesägt und das Sägefurnier mit einem breiten Stemmeisen ca 4 mm tief und ganz eben weggestemmt. **38** **39** Hier wird beim Verleimen mit zweierlei Leim gearbeitet: Spachtelleim füllt das ausgerissene Schlüsselloch aus und Weißleim hält das neue Stück Kirschbaum an seinem Platz. *(siehe Kapitel 16 Leim).* **40** Da zwar Dicke und Struktur des neuen Holzstückes gut zum alten umgebenden Holz passen, die Maserung aber nicht, **41** muss hier noch nachgeholfen werden. Zunächst wird das Basisholz im Farbton des alten Holzes mit Wasserbeize gefärbt. **42** Ist diese getrocknet, kann man mit wasserlöslichen Filzstiften die Maserung über das neue Holzstück weiter malen. **43** Da die Schublade später mit alkohollöslichem Schellack endbehandelt wird, passt eine Retuschierung mit Farben auf Wasserbasis am besten, da diese vom Schellack nicht verwischt werden. *(siehe Kapitel 14, Retuschieren)*

43

44

46

45

47

Fehlendes Ziergitter an schwarzem Asiamöbel

An einem antiken Asiamöbel fehlt ein schwarz poliertes Ziergitter. 44 Um es zu ersetzen, werden die Umrisse und Ausschnitte des alten Teils auf ein neues Stück Ahorn übertragen. Die stark durchbrochene Form wird an der Dekupiersäge herausgesägt und fein geschliffen. Die breiten Fasen des alten Stückes können am ehesten mit einem flachen Schnitzeisen am neuen Stück imitiert werden. 45 Ausserdem fehlt noch ein schmückendes Ei. Dieses wird von einem ebenso dicken Rundstab aus Kiefer gesägt und an der stationären Bandschleifmaschine abgerundet. 46 Ein Dübel verbindet das Ei mit dem gesägten Zierstück. Da die Oberfläche des gesamten Möbels nicht restaurierungsbedürftig ist, wird hier nur das neue Zierteil farblich angepasst. Es erhält einen schwarz-rot pigmentierten Ölüberzug. 47

Kreatives Ergänzen

An einem kleinen, asiatisch anmutenden Schränkchen wurde der Bereich des Schlosses so stark zerstört, dass ein Ausspachteln des ausgebrochenen Löcher optisch nicht befriedigt. Deswegen fiel die Entscheidung, den Bereich neu zu gestalten. Zwei dünne Sperrholzstückchen wurden in zum Stil des Schränkchens passende abgerundete Dreiecke gesägt. Zusammen mit den schlichten massiven Möbelknöpfen wurden sie im Kölner System mit Schlagmetall vergoldet und aufgeklebt. So erhält das alte Schränkchen eine ganz neue individuelle Note. (Vergoldungen im Kölner System mit Schlagmetall sind im Kapitel 15, Gold beschrieben) 48 49

Checkliste Ergänzungen:

- Zu ergänzende Holzteile sollten eine möglichst identische Faserrichtung mit dem Untergrund aufweisen.
- Die zu verleimenden Flächen sollten genau zusammenpassen.
- Bei Ergänzungen an Stuhl- und sonstigen Beinen ist auf eine möglichst lange Leimfläche parallel zur Faserrichtung zu achten.
- Ergänzungen sollten aus derselben Holzart bestehen, ist dies nicht möglich, sollten sie eine möglichst ähnliche Faserstruktur aufweisen.
- Ergänzendes Holz darf heller als die alte Umgebung sein, dunkleres Holz lässt sich i.d.R. kaum farblich anpassen.
- Ergänzte Teile benötigen i.d.R. einige Schichten mehr Überzugsmittel als das übrige Möbel, vor allem, wenn die alte Oberflächenbeschichtung nur angeschliffen und nicht vollständig entfernt wurde.

48

49

Kapitel 14

Retuschieren

Unter Retuschieren versteht man das farbliche Anpassen ersetzten Holzes. „Retouche" kommt aus dem Französischen und bedeutet wörtlich „noch einmal berühren". Bei der nachträglichen Veränderung einer Oberfläche werden fehlerhafte Stellen so ausgebessert und dem umgebenden Holz anpasst, dass sie möglichst wenig ins Auge springen. Das Retuschieren ist praktisch das i-Tüpfelchen auf einer gelungenen technischen Reparatur. Es kommt nämlich nicht nur darauf an, den richtigen Farbton zu treffen, sondern auch die ursprüngliche Oberflächenstruktur zu imitieren. Das Ziel einer gelungenen Retuschierung sollte also sein, eingesetzten bzw. gefärbten Holz- oder Furnierstücken den gleichen Glanzgrad bzw. dieselbe Haptik zu verpassen wie dem übrigen Holz. Selbst wenn eine Fehlstelle technisch perfekt ausgebessert wurde, wird sie, wenn Struktur und Farbe nicht zum übrigen Holz passen, immer fehl am Platze wirken. Bei den meisten Retuschierungen geht es also darum, neues Holz alt aussehen zu lassen und den Übergang zwischen alt und neu möglichst unauffällig zu gestalten.
Retuschierungsarbeiten lassen sich in zwei Gruppen einteilen: das farbliche Anpassen des unbehandelten Untergrundes und das Einfärben und Strukturieren des Überzugs. Häufig muss beides hintereinander erfolgen. 1

Farbanpassung von unbehandeltem Holz

Neues Holz, dass altes ergänzt, entwickelt selbst bei gleicher Holzart und Struktur einen deutlich abweichenden Farbton. Jede Holzart, ob behandelt oder nicht, reagiert im Laufe von Jahren und Jahrzehnten, vor allem unter UV-Einfluss. Weichholz wird dunkler und gelblich 2 und Hartholz eher blasser 3 *(siehe Kapitel 5: Farbveränderung)*. Im Außenbereich ist es durchaus üblich, ersetztes unbe-

1

2

3

4

5

6

handeltes Holz auch so zu belassen. Mit der Zeit und der Witterung passen sich alt und neu schneller aneinander an, als man es für möglich halten würde.

Beizen von eingesetztem oder ergänztem Holz

Neu hinzugefügte Holzteile im Innenbereich müssen i.d.R. zunächst gebeizt werden, um den Unterschied zwischen alt und neu zu verwischen. Dabei versteht man unter Beizen das Färben von rohem Holz. *(siehe Kapitel 10: Oberflächenmittel)* 4
Man unterscheidet hier grundsätzlich zwischen zwei Hauptgruppen:
Farbstoffbeizen, im Aussehen eigentlich **Negativbeizen** genannt, gibt es in Pulverform oder in Wasser aufgelöst zu kaufen. In die weicheren hellen Jahresringe dringen mehr Farbstoffe ein als in die harten dunkleren, wodurch sich die natürliche Maserung des Holzes umkehrt. Das gilt sowohl für Laub- als auch Nadelholz, fällt aber nur bei Weichholz wirklich auf. Der negative Beizeffekt wird auf den Packungen normalerweise nicht erwähnt.
Vor der Behandlung mit wasserlöslichen Beizen ist es sinnvoll, das zu beizende neue Holzteil zu wässern, damit es nach dem Beizauftrag nicht wieder rau wird. Man reibt also das neue Holz mit einem Schwamm feucht ab und schleift nach der Trocknung ohne Druck mit einem feinen Schleifpapier (Körnung 180–240) nach. Das eingesetzte, neue Holzteil darf erst gebeizt werden, nachdem man das Teil gründlich entstaubt hat. Das Befeuchten der Umgebung hilft außerdem, die passenden Beiztöne zu finden, die nach Bedarf gemischt werden dürfen. 5 Der angefeuerten Farbton des alten Holzes sollte, so gut es eben geht, mit der neu gebeizten Teilfläche übereinstimmen. 6 7

Bei den **chemischen** oder **Lösungsmittelbeizen**, auch **Positivbeizen** genannt, sind die Farbstoffe und Pigmente in flüchtigen Lösungsmitteln wie Nitro, Zellulose oder Alkohol gelöst. Die Gerbstoffe im Nadelholz reagieren mit dem Beizmittel, die dunklen Jahresringe nehmen mehr Farbstoffe auf als die hellen, es entsteht ein natürliches d. h. positives Beizbild. Auf den Fotos ist links das alte Nadelholz und rechts das neue zu sehen, im ersten Bild ungebeizt und im zweiten mit Positivbeize gefärbt. 8 9

Vorsicht ist übrigens bei dem Begriff **Antikbeize** geboten. Wenn man neues Holz an altes angleichen möchte, könnte man meinen, dass sie dafür am ehesten geeignet sind. Doch dieser Begriff ist nicht geschützt!. Es kann sich sowohl um einfache Farbstoffbeizen, die ein negatives Beizbild erzeugen, als auch um chemische Beizen handeln, deren Effekt positiv ist. Außerdem wird der Begriff auch für Beizen verwendet, mit denen man auf einem gebeizten und anschließend lackierten Holz einen Patiniereffekt erzeugen kann, z. B. auf Profilen, in Füllungsecken und Löchern.

Alle Farbstoff- und Lösungsmittelbeizen sind in der Regel nicht wasserfest und müssen im getrockneten Zustand mit Öl, Wachs oder Lack überzogen werden. *(siehe Kapitel 10)*

7

8

9

Neue Fichte auf alt beizen

Hier handelt es sich um unbehandeltes Fichtenfurnier im Innern eines alten Schrankes, bei dem ein neues Furnierstück ein zerstörtes ersetzt. 10 Jetzt geht es darum, das neue Furnier farblich dem alten anzupassen. Theoretisch wäre es natürlich möglich, auf die natürliche Nachdunklung zu vertrauen, aber das würde Jahrzehnte dauern. Das ursprüngliche Holz ist über 100 Jahre alt und ohne das neue Holz zu beizen, würde das neue Furnierstück lange Zeit unnötig als Reparaturstelle auffallen.

Mit Positivbeize im richtigen Farbton kann man die reparierte Stelle ohne Aufwand fast unsichtbar machen. Befeuchten des umgebenden Furniers dient als Farbmuster für die feuchte Beize, beide, neu und alt, sollten sich möglichst genau entsprechen. 11 12 Eigentlich kann man den endgültigen Farbton aber erst wirklich beurteilen, wenn das gebeizte getrocknete neue Holzstück seinen Überzug in Form von Öl, Wachs oder einem Lack erhalten hat.

Hier wurde das Schrankinnere nach der Reparatur mit farblosem Streichschellack behandelt. Weil das eingesetzte Stück immer noch etwas heller als seine Umgebung erschien, trägt gefärbter Streichschellack zur optimalen Farbangleichung bei. 13

Neue Buchenapplikation auf Nußbaum beizen

An einer auf Nussbaum gebeizten massiven Ahornkommode ist nur noch eine der beiden Lisenenapplikationen erhalten. Lisenen sind Verzierungen, die Kanten betonen. Da dieselbe oder ähnliche nicht aufzutreiben waren, wurden zwei neue Applikationen für die symmetrische Verzierung besorgt. Applikationen findet man im Handel i.d.R. aus Fichte für alle Weichholzmöbel oder aus Buche für alle Hartholzmöbel. 14

Vor der farblichen Anpassung sollte der endgültige Holzton des gesamten Möbels feststehen, d. h. es sollte bereits einmal mit dem endgültigen Oberflächenmittel (hier Schellack) eingelassen sein. Um Kleinteile farblich anzupassen, sind wasserlösliche Tütenbeizen die rationellste Alternative. Wenn wenig Fläche gebeizt werden soll, ist es sinnvoll, nur eine winzige Menge des Beizpulvers in Wasser aufzulösen und den Ton gegebenenfalls durch Eintauchen des feuchten Pinsels in die Beiztüte zu verstärken.

10

12

11

13

14

15

Die auf den Tüten angegebenen Farbtöne, selbst wenn sie bestimmte Holzsorten bezeichnen, können auch auf allen anderen Hölzern verwendet werden. „Eiche hell“ beispielsweise entsprecht dem Farbton, den helle neue Eiche nach einem Überzug mit einem üblichen Nitrolack erhält. Farblich ähnelt der Ton aber auch altem Fichtenholz. In unserem Fall gibt „Kirschbaum“ den Applikationen noch den fehlenden rötlichen Touch. 15
Sollte der Beizton beim ersten Mal zu dunkel ausfallen oder einen zu starken Farbstich haben, können Sie die Beize mit Wasser und Schwamm gründlich abwaschen, um anschließend mit einem entsprechend verbesserten Ton nachzubeizen. 16

Tipps & Tricks

Suchen Sie sich im Internet oder Fachgeschäft nach Beizmusterkarten, bevor Sie Ihre speziellen Farbtöne auswählen.

16

Retuschierstifte

Auf dem Markt werden diverse Retuschierstifte angeboten. Hier muss auch wieder unterschieden werden zwischen solchen, die den Untergrund bzw. das Holzmaterial lasierend färben oder denen, die lasierend bis deckend auf der Oberflächenbeschichtung liegen. 17
Im ersten Fall handelt es sich eigentlich um Filzstifte. Im Fachhandel werden diese dann relativ teuer als Retuschierstifte angeboten, einfache Schulfilzstifte auf Wasserbasis erfüllen aber denselben Zweck. In vielen Gelb bis Brauntönen erhältlich, kann man mit ihnen fast jede Maserung imitieren und Übergänge unsichtbar machen. Voraussetzung für eine gelungene Retusche ist, vergleichbar mit Beizen, dass die verdünnende Flüssigkeit im Stift sich von der Verdünnung des Überzugsmittels unterscheiden muss. So können Schulfilzstifte auf Wasserbasis problemlos mit Öl-, Nitro-, und Schellack überzogen werden, ohne zu verwischen. Für den Überzug mit einem Wasserlack sollte man auf alkohol- bzw. nitrolösliche Stifte (Eddings) ausweichen.

17

18

19

Ausgekittetes Astloch retuschieren

Die Astlöcher oder Fehlstellen in Leimholzplatten sind meist von Seiten des Herstellers mit einem einheitlich hellen Kitt ausgespachtelt. **18** Auch solche Problemstellen lassen sich ohne weiteres farblich anpassen. Dazu wird mit Hilfe von wasserlöslichen Filzstiften die Astmaserung nachempfunden. Zuerst sollte man die helle Fläche im passenden Farbton grundieren. **19** In diesem Fall gleicht ein spezieller Retuschierstift die fehlende Farbe an. Anschließend werden mit einem einfachen Filzstift die dunklen Maserringe aufgemalt. **20** Teure Retuschierstifte sind in beiden Fällen dazu nicht notwendig.

Zu starker oder falscher Farbauftrag lässt sich während des Bemalens mit einem feuchten Lappen gut entfernen. Sie werden vielleicht etwas experimentieren müssen, bis Sie die optimale Farbe und Maserung gemalt haben. **21** Anschließend sollten die retuschierten Stellen mit etwas Lack oder Öl fixiert werden.

Astlöcher und Risse bei rustikalen Massivholzböden sind häufig in einer einheitlichen Farbe ausgekittet, was an manchen Stellen mehr, an manchen weniger auffällt. Hier sind Filzstifte leider nicht genügend abriebfest. I.d.R. hält auch nitrolösliche Retusche nicht allzu lange auf diesen Kittstellen.

20

21

22

23

Maserung imitieren

Ein eingesetztes Nussbaum-Furnierstück passt schon ziemlich gut, was den Maserungsverlauf und die Farbe angeht. Um es noch unsichtbarer zu machen, kann man ihm mit Nussbaumkörnerbeize in der entsprechenden Konzentration den passenden Grundton geben. 22 Ist die Beize etwas angetrocknet, helfen wasserlösliche Filzstifte, die Maserung an den entsprechenden Stellen zu verstärken und Übergänge anzugleichen. 23 Sie dürfen dabei ohne weiteres die Malerei auf dem alten schon vorhanden Furnier fortsetzen.

Zum Abschluss muss die gesamte Fläche beschichtet werden. Hier wird ausnahmsweise auf Kundenwunsch der größeren Belastbarkeit wegen der antike Tisch mit Hartwachsöl beschichtet. Bei langsam trocknenden Überzugsmitteln wie Öl oder eben Hartwachsöl ist es sogar möglich, diese selbst noch zu retuschieren. Hier wird auf die erste getrocknete Schicht aus Hartwachsöl vor dem zweiten Auftrag die Maserung mit öliger Pigmentpaste verstärkt. 24

24

25

Retuschekästen

Verschiedene Hersteller bieten gut sortierte Retuschekästen an, die auf der Basis von Acryllack mit Nitroverdünnung löslich sind. 25 Durch Mischen der Farbtöne untereinander wird ein breites Farbspektrum, von lasierend bis deckend abgedeckt. Da Retuschefarben sowohl überlackierbar, als auch lichtecht und sogar witterungsbeständig sind, sind sie sowohl für den Innen- als auch den Außenbereich vorgesehen. Sowohl Massivholz als auch Furnier können damit lasierend bis deckend bemalt werden. Diese Farben haften sogar auf Lack-, Kunststoff- und Metalloberflächen. Kleine farblich auffallende Fehlstellen können mit Retuschefarben im Nu angeglichen werden. 26 27

Meiner Erfahrung nach sind nitrolösliche Retuschefarben die einzigen Farben, mit denen man dunkle Fehlstellen heller machen kann. Mit allen anderen Retuschefarben und -stiften kann man nur helle Stellen dunkler färben.

26

27

Farbkonzentrate

Im Baumarkt erhältlich sind Universal-Abtönkonzentrate auf Glykolbasis, die sowohl wässrige als auch lösemittelhaltige Überzüge abtönen. Das bedeutet, man kann mit ihnen sowohl Dispersionsfarben, als auch Öle, Wachse und Lacke einfärben. Die Farbkonzentrate in den kleinen Fläschchen bestehen aus gelösten synthetischen Pigmenten und Farbstoffen, entweder auf der Basis von Glykol oder Öl.

Da Abtönkonzentrate keine Bindemittel enthalten, dürfen sie nicht pur verwendet werden, da sie alleine nicht trocknen.

Ein weiterer Vorteil der kleinen farbigen Helfer ist, dass sie weder Haut noch Klumpen bilden und dadurch jahrelang verarbeitungsfähig bleiben. Die untereinander mischbaren Farbtöne sind weitgehend frost- und hitzebeständig und daher sowohl im Innen- als auch im Außenbereich einsatzfähig. Die maximale Zugabemenge ist je nach Art des Anstrichmittels unterschiedlich. So können Öle und Lacke mit bis zu 6%, Holzwachse mit bis zu 5% abgetönt werden.

Abtönkonzentrate sind in größeren Mengen schwer einrührbar. Es empfiehlt sich daher, ein Rührgerät, z. B. eine Bohrmaschine mit Flügelrührer zum Mischen zu verwenden.

Alle mit Farbkonzentraten in Berührung gekommenen Werkzeuge können mit Wasser gereinigt werden.

Der Farbton alter weiß lackierter Möbel ist normalerweise etwas gelbstichig, da es sich um Lacke auf Naturharzbasis handelt. Um das eierschalfarbene Weiß zu imitieren, kann man ockerfarbene Pigmentpaste tröpfchenweise in weißen Lack einrühren, so lange, bis der Farbton passt. 28 29 Die gesamte Lackieranleitung ist in *Kapitel 11 Oberflächenmittel, schichtbildend* zu finden. Die alte Backmodel mitsamt dem kleinen, eingeleimten Ergänzungsstück soll mit Hartöl behandelt werden. Da das neue, unbehandelte Buchenstückchen noch deutlich heller ist, kann man das feuchte Öl mit einem Tupfer Farbkonzentrat entsprechend einfärben. 30

28

29

30

Tipps & Tricks

Sinnvoll ist in jedem Fall, einen Verträglichkeitstest mit einer „Aufreibe-Probe" zu machen. Dazu muss man die getönte Farbe aufstreichen und sofort mit dem Finger kräftig reiben. Wird dabei der Farbton dunkler, ist das Konzentrat nicht richtig eingerührt oder es besteht eine Unverträglichkeit zwischen Farbkonzentrat und Basisfarbe.

31

33

32

Pigmentpasten

Pigmentpasten auf Ölbasis bieten manche Ölhersteller separat an, damit sich die Kunden ihr pigmentiertes Öl selber abtönen. Die Pasten bestehen aus UV-beständigen Eisenoxidpigmenten und sind wirkstoff-, schadstoff- und aromafrei. 31

Da die öligen Pigmentpasten selbst in ungeöffneten Gebinden nur bis zu 18 Monaten haltbar sind, lohnt sich keine Vorratshaltung.

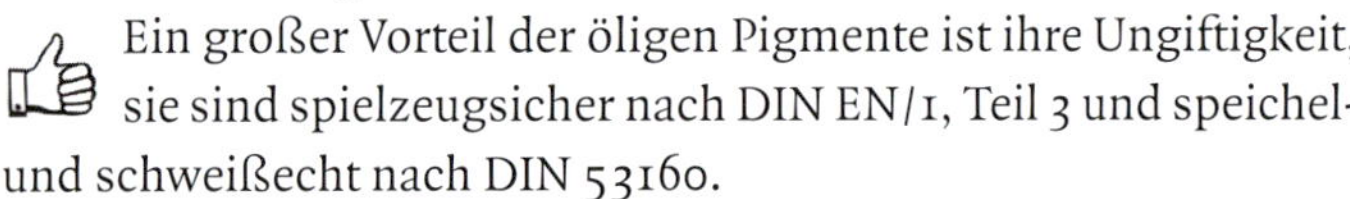
Ein großer Vorteil der öligen Pigmente ist ihre Ungiftigkeit, sie sind spielzeugsicher nach DIN EN/1, Teil 3 und speichel- und schweißecht nach DIN 53160.

Wenn das Basisöl, in das die Pigmente eingerührt werden, auch dieselben DIN-Normen erfüllt, kann die Mischung ohne Bedenken im Spielzeug- und Küchenbereich verwendet werden. Die maximale Pigmentpastenkonzentration sollte 20% nicht überschreiten, ansonsten wird das Trocknungsverhalten der öligen Mischung gestört. Alle Töne sind untereinander mischbar, müssen aber sehr gründlich in das Basisöl eingerührt werden. Das so gefärbte Öl ist in gleicher Art und Weise zu verarbeiten wie das jeweils ungefärbte Produkt. 32 33

Das Farbergebnis ist wie bei jeder anderen Oberflächenbehandlung auch abhängig von der Holzart, dem Schleifbild und der richtigen Verarbeitung. Es empfiehlt sich auch hier, stets einen Probeauftrag auf einem Musterstück des originalen Werkstoffs durchzuführen. Werkzeuge können mit natürlichem oder Terpentinersatz gereinigt werden.

Messen Sie die benötigte Menge mit einer Pipette ab und notieren sich das Mischungsverhältnis, damit Sie denselben Farbton später wiederherstellen können.

Retuschieren auf gefassten Untergründen

Fassen von Holz bedeutet, geschnitzte bzw. profilierte Teile farbig zu bemalen. Um Holzuntergründe überhaupt deckend bemalen zu können, müssen sie so grundiert sein, dass keinerlei Holzstruktur mehr zu sehen ist, so dass die aufgetragene Farbe nicht eingesaugt werden kann. Früher hat man bis zu mehreren Millimetern dick Holzuntergründe mit einer Mischung aus Leim und Kreide (Gips) grundiert. Natürliche Pigmente mit ebenso natürlichen Bindemitteln aus Harzen, Leimen und Ölen wurden anschließend für die Bemalung verwendet. 34

Handelt es sich aber nicht um wertvolle historische Stücke, kann man fehlerhafte farbige Untergründe heutzutage durchaus mit modernen Acrylfarben retuschieren.

34

37

35

38

36

In unserem Fall sollen die Oberflächen von drei Tischchen im Rokkoko-Stil erneuert werden. Dabei fällt die Entscheidung, nicht bei allen dreien das Blumenmotiv in der Mitte zu retten. Außerdem war der ehemals weiße Untergrund stark vergilbt und sollte im restaurierten Zustand wieder deutlich heller werden. Deswegen werden zunächst alle Vertiefungen verspachtelt und nach der Trocknung glatt und mit der Umgebung eben geschliffen. Die eierschalenfarbene Acrylfarbe ist soweit mit Wasser verdünnt, dass sie keine unschönen Pinselspuren hinterlässt. Zwischen den Blumenmotiven darf die Farbe nur vorsichtig getupft werden, um die Konturen der Blumen nicht zu überdecken. 35 *(Wie die vergoldete Fassung zu restaurieren ist, entnehmen Sie bitte dem Kapitel 15, Gold).* Sogar auf einem Acryl- bzw. Gipsuntergrund kann man mit ganz normalen Filzstiften retuschieren. So lassen sich Umrandungen gleichmäßiger nachziehen als mit einem Pinsel. 36 37 38
Auf den Bildern nicht zu sehen ist der abschließende Überzug mit Streichschellack, der dem weißen Untergrund zum Schluss doch noch einen leichten Honigton verpasst hat.

Kapitel 15

Gold

Als Echtvergoldung wird das Aufbringen von hauchdünnem Blattgold auf einem Untergrund, in unserem Fall Holz, bezeichnet. Historisch gesehen haben vergoldete Gegenstände mehrere Funktionen: Zuallererst wäre da das dekorative und prestigeträchtige Aussehen, dass ihnen allein durch die prächtige Optik einen großen Wert verleiht. Alle früheren Kulturen, die Gold zur Verfügung hatten, nutzten seine herausragende Pracht für kultische und religiöse Gegenstände.
Möglich wird der strahlende Glanz durch eine chemische Besonderheit: Gold zeichnet sich durch eine geringe Empfindlichkeit gegenüber Substanzen aus, die andere Metalle anlösen oder verändern würden. Es ist resistent gegen einfache Säuren und Alkalien, wird also kaum vom Sauerstoff in der Luft angegriffen. Gold an sich zeigt keinerlei oxidative Reaktionen, d. h. es verändert sich über einen sehr langen Zeitraum nicht. Seine Korrosionsbeständigkeit ist der Grund, wieso viele Untergründe im Innen- und Außenbereich mit einer dünnen Goldschicht veredelt werden und über lange Zeit ihren Glanz nicht verlieren. Standard waren und sind Vergoldungen mit 22 Karat, davon bestehen allerdings 2 Karat aus Silber und Kupfer. Diese beiden Metalle oxidieren aber sehr wohl, wodurch altes Gold dann eben doch leicht dunkler erscheint als frisch aufgebrachtes. 1 2

1

2

Was war und ist heute noch vergoldet?

Polimentvergoldungen mit Echtgold findet man vor allem auf repräsentativen Möbeln früherer Jahrhunderte, deren meist anspruchsvolle Restaurierung man aber professionellen Restauratoren überlassen sollte. 3 Gebrauchsmöbel waren und sind auch heute i. d. R. nicht vergoldet. Das Material ist einfach zu wertvoll und die Technik des Aufbringens zu zeitaufwändig.
Aber vergoldete Bilderrahmen sind auch heute noch viel in Gebrauch und daher auch entsprechend restaurierungsbedürftig. 4 5 Meistens fehlen Teile der vergoldeten Profile, wobei i. d. R. weniger das Gold Schaden genommen hat als sein Untergrund. Die Gipsprofile sind angeschlagen und ausgebrochen und damit natürlich auch das sie überziehende Gold nicht mehr an seinem Platz. Die Renovierung von ausgebrochenen Stuckprofilen entnehmen Sie bitte entsprechenden Ratgebern, wir können uns hier nur dem Auftrag der edlen Goldschicht widmen.

3

Was wird als Vergoldung bezeichnet?

Alles was golden glänzt, darf als Vergoldung bezeichnet werden. Beim Vergolden wird eine Holzoberfläche entweder mit einer Lage aus echtem Blattgold oder Blattgoldimitat, dem sogenannten Schlagmetall belegt. Auch das Objekt mit einer Schicht Goldfarbe zu bestreichen, bezeichnet man als Vergoldung. Für welche Methode Sie sich entscheiden, hängt vom Anwendungszweck, den eigenen Ansprüchen und Fähigkeiten ab. 6 7

Man spricht von aber nur von einer **Echtvergoldung**, wenn das aufgebrachte Goldmaterial wirklich 22–24 karätiges Gold ist und entweder im Polimentverfahren, als Ölvergoldung oder mit dem Kölner System aufgebracht wurde.

6

4

7

5

Goldarten

Gold ist wahlweise als loses **Blattgold** oder als **Transfergold** zu beziehen. Das Transfergold wird auch als **Sturm-** oder **Abziehgold** genannt. Es haftet auf einem Seidenpapier und kann problemlos mit den Fingern angefasst und mit einer Schere in das gewünschte Format geschnitten werden. 8 Die Verarbeitung von Transfergold ist wesentlich einfacher als die von losem Blattgold und wird daher bevorzugt bei glatten Flächen angewandt.
Gold gibt es in einigen Farbvarianten und unterschiedlichen Glanzgraden. 9

Vorbereitung zum Vergolden

Um Blattgold aufbringen zu können, muss man zunächst einen glatten, porenlosen und haftenden Untergrund in der richtigen Farbe herstellen.
In jedem Fall ist die Vorbereitung auf das Vergolden stets die gleiche: Die zu vergoldende Fläche muss sauber, trocken, fettfrei und möglichst porenfrei glatt sein. Es gibt verschiedene traditionelle und moderne Techniken, den glatten geschlossenen Untergrund für eine Vergoldung zu produzieren. 10 11

8

10

9

11

Polimentvergoldung

Besonders aufwändig ist die sogenannte Polimentvergoldung, die der Optik von massivem Gold am ehesten gleicht. Das ist an sich erstaunlich, da eine Blattgoldschicht nur einen viertausenstel Millimeter dick ist und trotzdem so gut deckt!

Eine Polimentvergoldung besteht aus einem vielschichtigen Aufbau des Untergrundes und poliertem Blattgold als oberster Schicht. Für eine Neuvergoldung von unbehandeltem Holz ist sie die klassische restauratorisch korrekte Art der Vergoldung.

Eine Polimentvergoldung ist aber nur für Gegenstände im Innenbereich geeignet, da sie nicht resistent gegen Wettereinflüsse ist.

Die Technik der Polimentvergoldung findet man hauptsächlich auf antiken geschnitzten Figuren und Gegenständen aus dem religiösen, sakralen und feudalen Bereich. Als höchste Kunst gilt eine harmonische Mischung zwischen hochglänzendem und mattem Gold. 12 13

Arbeitsschritte einer Polimentvergoldung

Bei einer Polimentvergoldung sind bis zu 25 Arbeitsschritte nötig, mit jeweils langen Trockenzeiten dazwischen. Die zu vergoldenden hölzernen Flächen werden mit Glutinleim vorbehandelt und in mehreren Schritten grundiert. Bevor man mit dem Aufbringen des Blattgolds beginnen kann, muss das haftende Anlegemittel trocknen. Erst dann geht es an die eigentliche Vergoldung. Als Werkzeuge benötigt man ein Vergolderkissen und -messer, sowie einen Anschusspinsel. 14 Zunächst wird das Blattgold in der gewünschten Größe zugeschnitten, mit dem Anschusspinsel aufgenommen und auf die mit Anlegemittel bestrichene Fläche gelegt. Dabei ist das Aufbringen des Blattgolds der schwierigste Teil, da es hier auf präzises Arbeiten ankommt. Einmal auf der Oberfläche befindliches Blattgold kann nicht wieder entfernt oder verschoben werden. Auch sollte das Blattgold beim Aufbringen keine Falten schlagen. Hat man die Fläche oder einzelne Teilstücke vollständig vergoldet, entfernt man überschüssiges und loses Gold. Zum Abschluss des Vergoldungsvorganges drückt man nun vorsichtig mit einem Wattebausch oder einem speziellen Vergolderpinsel das Blattgold

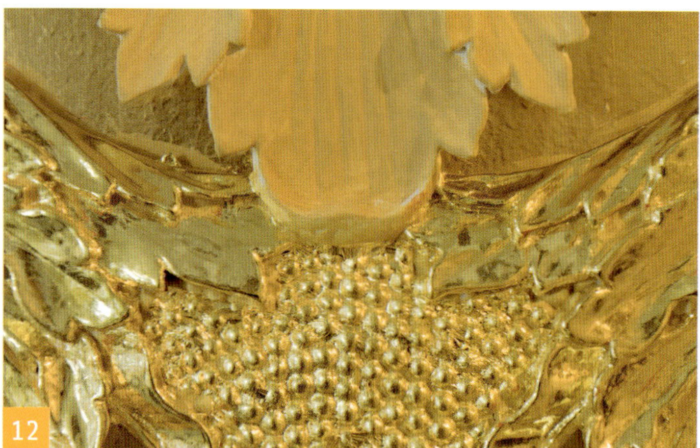
12

14

13

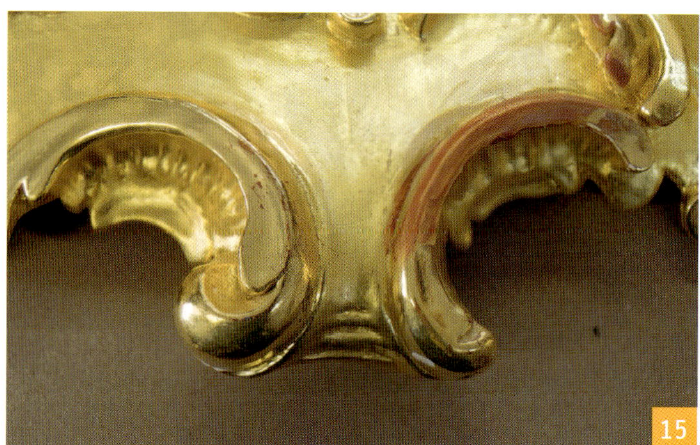
15

16

18

17

19

an der Oberfläche fest und lässt sie dann für 24 Stunden trocknen. Hier sehen wir Vergoldermeister Dietmar. E. Feldmann bei diesem Arbeitsschritt. Um eine längere Haltbarkeit des Goldes zu gewährleisten, empfiehlt sich ein Überzug mit einem geeigneten Lack. 15 16 17

Ölvergoldung

Die Mixtion (franz. für Mischung) ist ein spezielles Anlegeöl für Blattmetalle, die seit 600 Jahren vor allem im Außenbereich Anwendung findet. Bei einer **Ölvergoldung**, auch als **Klebevergoldung** bezeichnet, schafft Öl die Verbindung zwischen Gold und Untergrund. Es handelt sich dabei um einen hellen, fetten und zähflüssigen Öllack auf der Basis von Leinöl, Bleiglätte und Terpentinöl. 18 19 Nach der vom Hersteller vorgegebenen Trocknungszeit der Mixtion hat man etwa 45 Minuten Zeit, das Blattgold aufzulegen. 20

Klassische Ölmixtion enthält Blei und Schwermetalle, die Arbeit damit ist durchaus gesundheitsschädlich!

20

Heutige Ölmixtion ist grundsätzlich bleifrei, was ihre Anwendung im Innenbereich eher ermöglicht.

Da Ölmixtion aber einen gewissen Eigengeruch entwickelt, kann sie von empfindlichen Menschen als Geruchsbelästigung empfunden werden

21

Kölner System

Ein modernes Klebeverfahren ist das sogenannte Kölner System, geeignet für Vergoldungen sowohl mit **Blattgold** als auch mit **Schlagmetall**. Ein Kölner Malermeister beauftragte vor 40 Jahren einen Diplomchemiker, ein ungiftiges Klebeverfahren auf wässriger Acrylbasis zu entwickeln. Das Ergebnis war so erfolgreich, dass es seit 1990 auf vielen bekannten Denkmälern mit sehr guten Ergebnissen angewendet wird. So ist beispielsweise die z.Zt. größte Vergoldung im Außenbereich, die „Goldelse" in Berlin mit einem modernen Klebemittel des Kölner Systems vergoldet. Das Kölner System gibt es inzwischen in unzähligen Varianten, sein Name ist geschützt. 21

Vergolden mit Kölner Produkten

Das Kölner System eignet sich für kleine und großflächige Projekte gleichermaßen und haftet auf fast allen Untergründen. Alle Kölner Produkte können gleichermaßen im Innen- wie auch im Außenbereich angewendet werden. Diese Art der Vergoldung ist einfacher umzusetzen und zeitsparender als eine Polimentvergoldung. Die Untergründe müssen aber genauso trocken, staub- und fettfrei und ebenfalls geschliffen sein. Denn nur auf einem wirklich glatten Untergrund wird ein befriedigendes Vergoldungsergebnis erzielt. 22 23

22

23

Für den Außenbereich müssen Untergründe so beschaffen sein, dass sie auch ohne Vergoldung der Witterung standhalten könnten. Die Kölner Produkte sind Grundierung und Haftmittel in einem. Man muss je nach Produkt nur zwei Schichten auftragen, um ein haftendes Anlegemittel für die Vergoldung zu produzieren. Ohne lange Wartezeit kann die getrocknete Fläche vergoldet werden. Die Goldblätter werden mit einem speziellen Tuch oder einem sauberen, flachen, feinen Synthetikpinsel angedrückt.

Klebemittel

Das Kölner System bietet verschiedene Klebe- bzw. Anlegemittel, z. B. Instacoll, Anlegemilch und Permacoll. Alle Mittel gibt es sowohl in farblos als auch eingefärbt. Die Farbtöne reichen von gelb über ocker bis zu Eisenoxid-rot. Am besten wählt man orange-gelbe Farbtöne, da diese das darüber liegende Gold schön satt und warm erscheinen lassen. Soll eine Vergoldung möglichst plastisch wirken, wählt man Rottöne für die erhöhten Bereiche und gelb für die Vertiefungen. In einer Vergolderwerkstatt testen die Mitarbeiter die unterschiedlichen Farbnuancen der Grundierungen zunächst an der Werkstattwand. 24

Rezept für eine perfekte Vergoldung

Der Vergoldermeister Dietmar E. Feldmann verrät uns sein Rezept für eine Vergoldung mit dem Kölner System, das am ehesten eine **Hochglanz Polimentvergoldung** imitiert.
Als Grundierung trägt man zunächst Kölner Fond im Farbton rot auf. 25 Dies ersetzt den Kreidegrund und das Poliment der klassischen Polimentvergoldung. Im nächsten Schritt wird farblose Instacoll-Base aufgebracht, die die anschließende Vergoldung mit Blattgold besonders hochglänzend werden lässt. 26

Mit Schlagmetall vergolden

Eine kostengünstigere, allerdings weniger edle Alternative zum Blattgold ist Schlagmetall. Schlagmetalle werden in vielen Varianten angeboten: glatt im Heftchen oder lose als Mix, geknittert als Blätter oder im Set. Auch wenn es kein echtes Edelmetall ist, so eignet sich Schlagmetall ebenso zur Verarbeitung auf den verschiedensten Untergründen, auch Holz. Da es verhältnismäßig schnell oxidiert, sollte es aber nur im Innenbereich angewandt werden. Wegen seines geringeren Preises wird es vor allem für das Vergolden größerer Flächen verwendet.

Als Anlegemittel eignen sich für Schlagmetall sowohl Kölner Permacoll als auch eine Anlegemilch, d. h. hierbei handelt es sich um eine Mixtion auf Wasserbasis.

Ölmixtionen sind nicht zu empfehlen, da sie sich wegen ihrer starken Geruchsbildung nur bedingt für Innenräume eignen. Schlagmetall ist in den beiden Varianten „lose" und „transfer" erhältlich. Das lose Schlagmetall wird wie Blattgold aus dem Heftchen entnommen und dann überlappend aufgebracht. 27 28 Am besten geschieht das mit sogenannten Vergolderhandschuhen. Die Handschuhe benötigt man, um auszuschließen, dass man Fettflecken oder Oxidationen auf dem Gold hinterlässt und damit es nicht versehentlich an der Hand haften bleibt. Ist die gesamte Fläche mit Schlagmetall vergoldet, werden abschließend die Überlappungen anpoliert. 29 30

Bei jeder Teilrestaurierung einer Vergoldung ist die Farbanpassung zwischen alt und neu etwas kniffelig! Seien Sie erfinderisch und experimentieren mit Beizen, Fingergold und Goldfarbe.

Arbeitsschritte für Schlagmetall beim Vergolden mit dem Kölner System

Alle Untergründe müssen wie üblich trocken, staub- und fettfrei sein. Wird mit dem Kölner System gearbeitet, so müssen alle flüssigen Produkte gründlich aufgerührt werden. In diesem Fall ist es auch nicht nötig, zu grundieren, denn das Kölner Produkt „Permacoll" ist füllende Grundierung und Anlegemittel in einem. Bereits

27

29

28

30

nach einer 15- bis 30-minütigen Trockenzeit kann das Schlagmetall möglichst überlappend aufgebracht und mit einem weichen Tuch oder Pinsel angedrückt werden.

Dabei haftet Schlagmetall ausschließlich an Stellen, an denen der Haftgrund aufgetragen wurde. Für das Erzielen antiker Effekte pinselt man zusätzlich mit Patina aus dem Kölner System großzügig die vergoldeten Flächen ein. Mit einem weichen Tuch kann die noch feuchte Patina bis zur gewünschten Optik wieder abgerieben werden. Wenn nach 1–2 Tagen Trockenzeit auf die mit Schlagmetall vergoldeten Flächen ein Schutzlack (z. B. Kölner Leaf Protect) aufgetragen wird, verhindert das die Oxidation des Metalls und verlängert die Haltbarkeit.

Hier fehlt ein Eck eines vergoldeten Bilderrahmens. Um dieses zu ersetzen wurde mit zweikomponentigem Silikon die Form an einem intakten Eck abgenommen. Ebenso mit einer zweikomponentigen Gipsmasse wurde ein Abguss des Eckornaments erstellt und mit einem eingestemmten Holzstück am Orginalrahmen befestigt. 31 32 33 34 35

31

32

34

33

35

Pudergold

Handelt es sich um ein sehr kleines Objekt, das vergoldet werden soll, oder ist die Fläche sehr uneben, verwendet man statt Blattgold besser Pudergold. Das sind kleine Blattgoldflöckchen, die auf eine mit einem Anlegemittel bestrichene Oberfläche gestäubt werden. 36 37

36

38

37

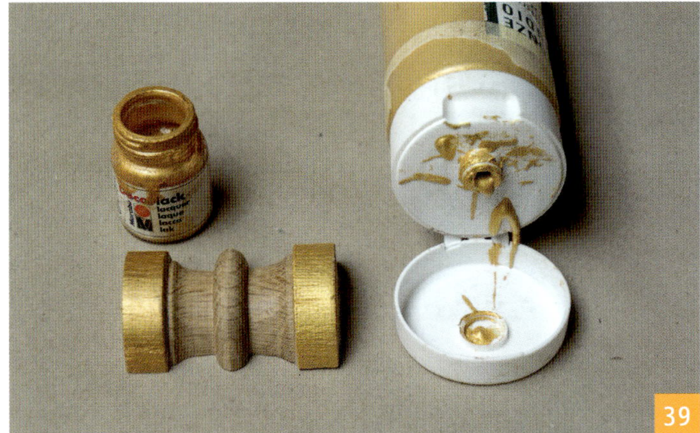

39

40

Fingergold

Fingergold sind **Goldpasten** auf Wachsbasis für die Oberflächenvergoldung. Es wird auch als **Treasure Gold** oder **Goldwachs** bezeichnet. Dabei handelt es sich um eine nicht nachdunkelnde Paste zur Vergoldung von vielen Oberflächen. Treasure Gold ist hoch konzentriert und daher äußerst ergiebig im Verbrauch. Die Paste wird mit einem weichen fusselfreien Tuch, wahlweise auch mit Pinseln oder direkt mit dem Finger aufgetragen und anschließend auf Glanz poliert. 38

Goldlack, Acrylfarben, Bronzetinktur

Die Alternative zum Aufbringen von Blatt- oder Pudergold ist die Bearbeitung der Oberfläche mit diversen **goldglänzenden Lacken** und **goldenen Acrylfarben**. Dabei sind nur speziell für den Außenbereich gekennzeichnete Goldlacke wetterfest. Auch Acrylfarben sind mit goldenen Pigmenten versetzt. Zum Auftragen verwendet man je nach Größe und Beschaffenheit der Oberfläche einen Aquarell- oder einen Borstenpinsel. Es ist wie bei allen schichtbildenden Mitteln darauf zu achten, dass die aufgetragene Schicht so gleichmäßig ist, dass der Eindruck einer geschlossenen (vergoldeten) Fläche entsteht. 39 40

Techniken kombinieren

Pragmatisches Restaurieren bedeutet, geeignete Techniken miteinander zu kombinieren. Hier wird ein ausgebrochenes Schlüsselschild mit Spachtelmasse ergänzt, mit Schlagmetall auf Permacoll belegt, mit Wasserbeize gefärbt und mit goldfarbener Acrylfarbe mattiert. 41 42 43 44

41

43

42

44

Kapitel 16

Leime und Kleber

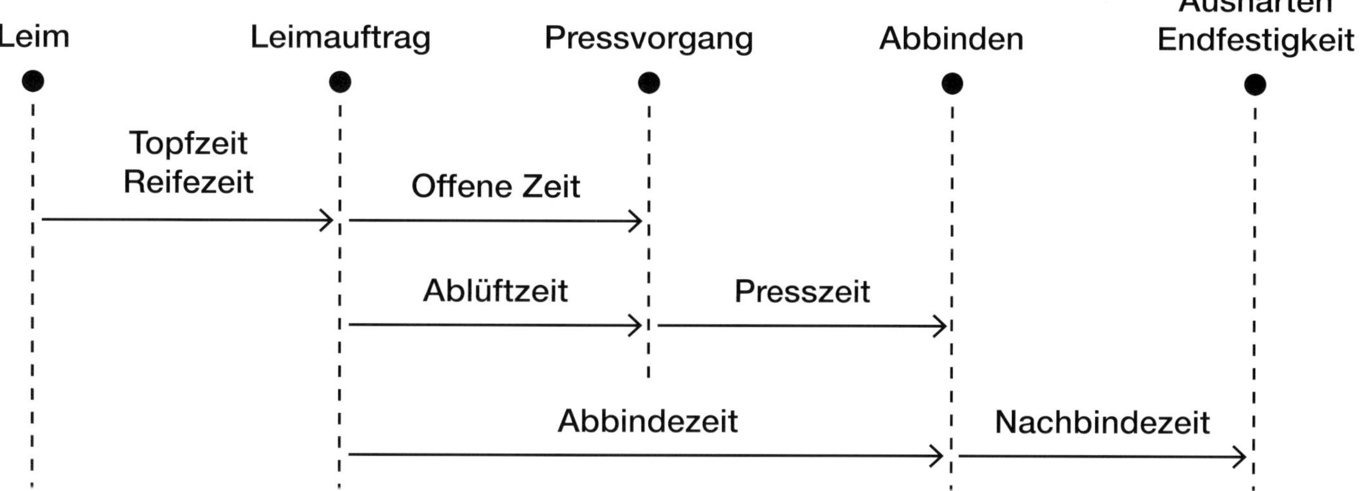

Zeitbegriffe: Bevor hier verschiedene im Holzbereich gebräuchliche Klebstoffe vorgestellt werden, sollte man die Zeitbegriffe, die mit ihrer Anwendung in Verbindung stehen, einordnen können. Diese Zeiten sind beim Arbeiten mit Leimen und Klebern zwingend einzuhalten, da sonst jedes Klebeergebnis fraglich ist. Man findet sie in den Verarbeitungshinweisen des jeweiligen Klebstoffherstellers, im Optimalfall auf den Gebinden selber und nicht nur in den technischen Merkblättern.

Reifezeit: Die vom Hersteller angegebene Zeit vom Ansetzen bis zur Gebrauchsfähigkeit eines Klebstoffs. Sie trifft nur auf pulverförmige Klebstoffe (z. B. Kaurit = Furnierleim) zu, die mit Wasser angerührt werden.

Topfzeit: Die Zeit, die ein gebrauchsfähiger Klebstoff (z. B. nach dem Mischen von zwei Komponenten) bis zum Beginn des Abbindens im Gefäß = Topf bleiben kann. Am Ende der Topfzeit wird die Mischung unbrauchbar, da sie abzubinden beginnt.

Tipps & Tricks

Es ist sinnvoll, nur so viel Klebstoff anzurühren, wie man während der genannten Topfzeit verarbeiten kann.

Offene Zeit oder Wartezeit: die Zeit nach dem Klebstoffauftrag bis zum Beginn des Abbindens, in der der Pressdruck einsetzen muss. Je nach Klebstoffsorte kann sie von einigen Minuten bis zu einer halben Stunde betragen. In dieser offenen Zeit müssen der Klebstoff aufgetragen, die Teile zusammengefügt und die Spannvorrichtungen (Zwingen, Werkbank, Gurte...) angesetzt werden.

Ablüftzeit: offene Zeit nach dem Auftragen des Klebstoffs bis zur Verdunstung des Lösungsmittels oder Wassers. Erst wenn der Klebstofffilm bereits angetrocknet ist, werden die Bauteile mit kurzem hohen Druck zusammengepresst oder -geklopft. Die Ablüftzeit ist vor allem bei Kontaktklebstoffen, aber auch bei einigen Weißleimen einzuhalten.

Presszeit: die Zeitspanne zwischen Beginn und Ende des Pressdrucks, also die Zeit, die die Spannvorrichtungen (Zwingen etc.) unter Druck am Objekt bleiben müssen. Sie endet, wenn der Leim eine gewisse Grundfestigkeit erreicht hat. Die Presszeit wird normalerweise in den Verarbeitungshinweisen bzw. Handfestigkeit angegeben. Es schadet nicht, den Pressdruck länger als empfohlen beizubehalten, hingegen kann sich die Belastbarkeit der Verbindung verschlechtern oder sogar aufheben, wenn man Spannvorrichtungen vorzeitig entfernt.

Abbindezeit: die Zeit vom Auftrag des Klebstoffs bis zum Erreichen der Festigkeit der Leimfuge und Beenden des Pressdrucks – es handelt sich also um die offene Zeit plus Presszeit.

Nachbindezeit: Oft ist bis zur Weiterverarbeitung der Werkteile noch eine Nachbindezeit erforderlich, bevor das Werkstück weiter bearbeitet werden kann. Die Klebe/Leimverbindung ist während der Abbindezeit noch nicht mechanisch voll belastbar.

Endfestigkeit: Ende des Abbindeprozesses mit Erreichen der maximalen Belastbarkeit des Leims bzw. der Leimfuge.

Klebstoffe: Leime und Kleber

Man unterscheidet bei den **Klebstoffen** zwischen **Leimen** und **Klebern**, um Holz untereinander oder mit anderen Materialien zu verbinden. Dabei ist der Vorgang des Klebens definiert als das Verbinden zweier Teile mit einem Klebstoff. Ohne diesen Verbindungsstoff, also entweder einen Leim oder einen Kleber, würden sie nicht aneinander haften. Die beiden Teile werden als Fügeteile bezeichnet, weil sie genauestens aneinandergefügt sein müssen. Das kann maschinell oder manuell mittels Hobeln geschehen. Auch klassischen Holzverbindungen sollten so genau gearbeitet sein, dass ihre zu verleimenden Flächen möglichst genau aufeinander passen.

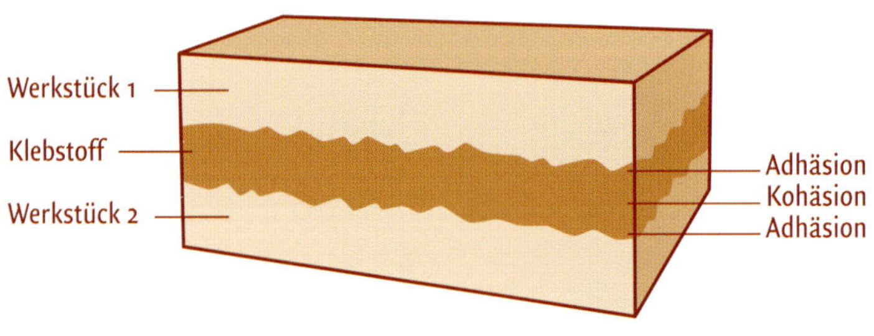

Physikalische Kräfte:

Gemäß der DIN EN 923 ist ein Klebstoff ein nichtmetallischer Werkstoff, der zwei Körper durch Oberflächenhaftung **(Adhäsion)** und innere Festigkeit **(Kohäsion)** miteinander verbindet.
Auf dem Zusammenspiel dieser beiden physikalischen Kräfte basiert jede Klebeverbindung, daher müssen sie noch deutlicher erklärt werden.

Unter **Adhäsion = Anhangskraft/Oberflächenhaftung** versteht man die Haftung der Klebschichten an den zu verbindenden Oberflächen (Holz und andere Materialien). Die Adhäsionskräfte halten die verleimten bzw. verklebten Bauteile aneinander fest.
Damit die Oberflächenhaftung in einem Klebstoff voll wirken kann, müssen die zu verbindenden Teile so genau zusammen passen, dass sie vom Klebstoff gegenseitig benetzt werden.
Längsseiten von Holzflächen müssen so gefügt, d. h. im exakten rechten Winkel plan gehobelt sein, dass sie ohne jeden Spalt aneinandergeschoben werden können. Eine gute Oberflächenvorbereitung und -reinigung sowie ausreichend Pressdruck verbessern die Benetzung mit dem Klebstoff.

 Beim Fügen zweier Langhölzer sollte kein Lichtspalt zwischen ihnen entstehen, die Adhäsionskraft des Leims verringert sich sonst.

Aber: Oberflächenhaftung existiert auch ohne Klebstoffe, wenn auch in schwächerer Form, z. B. wenn Kreide an einer Tafel haftet.

Mit der **Kohäsion = Zusammenhangskraft/Festigkeit** bezeichnet man den inneren Zusammenhalt des Klebstoffes oder Leims. Sie ist sozusagen die Verbindung, die der Klebstoff mit sich selber eingeht.
Die jeweilige Stärke der Kohäsionskräfte hat einen großen Einfluss auf die Eigenschaften von flüssigen und festen Klebstoffen. Im nicht ausgehärteten Klebstoff bestimmen sie sein Fließverhalten, eine für die Verarbeitung sehr wichtige Eigenschaft.
Fast alle Klebstoffe sind beim Auftrag flüssig, werden jedoch während des Aushärtungsprozesses fest. Erst dann halten sie mechanischen Beanspruchungen stand. Die Kohäsion wirkt folglich erst während der Aushärtung des Klebers und nimmt bei seiner Verfestigung permanent zu.

Leime:

Leime sind Klebstoffe, die zum Verkleben von Holz und Holzverbundstoffen konzipiert sind. Der je nach Sorte ein- oder beidseitig aufgetragene, mit Wasser versetzte Leim verdrängt die Luft aus den Holzporen und füllt kleine Unebenheiten in der Holzoberfläche. Wird durch Zwingen oder sonstige Spannvorrichtungen ausreichend Druck ausgeübt, wirken die Adhäsions- bzw. Anhangskräfte gleichmäßig auf der gesamten Holzoberfläche. Beim Trocknen des Leims verdunstet das Wasser, die Leimmoleküle rücken zusammen und härten aus. Die auf diese Weise entstehende Festigkeit der Verbindung bringt das gewünschte Leimergebnis.

Leime (Weiß-, Glutin- und Kaseinleime) sind in Wasser gelöste Klebstoffe, die aus tierischen, pflanzlichen oder synthetischen Grundstoffen bestehen. Manche dieser Leime härten nur durch Trocknen des Wassers, das sie beinhalten, aus.

 Bei den mit Wasser versetzten Leimen müssen beide miteinander zu verleimenden Flächen offenporig, bzw. saugend sein.

Glutinleime sind Leime tierischen Ursprungs

Leime tierischen Ursprungs zeichnen sich dadurch aus, dass sie alterungsbeständig sind und durch Erhitzen wieder lösbar werden. Im Gegensatz zu synthetischen Leimen sind sie außerdem problemlos beiz- und überlackierbar. Diese positiven Eigen-

Tipps & Tricks

Morsche Teile können mit Glutinleimen ausgegossen und dadurch verfestigt werden. 1

schaften machen sie für Reparaturen und Restaurierungen besonders geeignet.

Bis auf wenige Ausnahmen (Fisch- und Kaseinleim) müssen Glutinleime auf 50–65° C erwärmt und in dieser Temperatur gehalten werden, um überhaupt verarbeitet werden zu können. Man bezeichnet sie deswegen auch als Warmleime,

Temperaturen von über 65° C zerstören den Leim durch Zersetzung des Glutins. Zu niedrige Verarbeitungstemperaturen verringern die Leimkraft, da seine Viskosität =Zähflüssigkeit höher ist und er die Oberfläche nicht gut benetzen kann.

In der Verarbeitung sind Warmleime also nicht ganz einfach, weil der Leim außerhalb des Wasserbades rasch abkühlt, zu gelieren beginnt und seine Haftfähigkeit verliert. Voraussetzung für eine geglückte haltbare Verleimung sind daher zügiges Arbeiten und eine gleichmäßige Erwärmung der Werkstücke.

Es gibt auch gebrauchsfertig angerührte Glutinleime auf dem Markt, die nicht erhitzt werden müssen. Sie enthalten entsprechende Konservierungsstoffe, z. B. Tidebond Liquid Hide Glue (Knochenleim) oder High Tack Fish Glue (Fischleim) von DICTUM.

Knochenleim ist wohl der bekannteste der Glutinleime und wird, wie der Name sagt, durch das Auskochen von Knochen gewonnen. Er ist der meist verwendete natürliche Leim in der Möbelrestaurierung. 2

Eigenschaften: Knochenleimfugen sind reversibel, was bedeutet, dass sie mit warmem Wasser wieder gelöst werden können. Weil Knochenleim hart wie Glas aushärtet und damit Schallwellen sehr gut überträgt, wird er traditionell im Musikinstrumentenbau verarbeitet.

Die Reversibilität einer Leimverbindung gilt als Qualitätsmerkmal einer akademisch-musealen Restaurierung.

Verarbeitung: Knochenleim wird im Wasserbad auf 50–65° C erwärmt und muss auf dieser Temperatur während des Verleimens gehalten werden, um optimal abzubinden. Durch Zusatz von Wasser wird die passende Viskosität, vergleichbar mit Sirup oder flüssigem Honig, erreicht.

Wenn man an Holzverbindungen antiker Möbel gelbliche spröde Leimreste findet, handelt es sich in der Regel um Glutinleim. Diese sollten vor einer Neuverleimung restlos entfernt werden, ohne die Holzverbindungen zu beschädigen. Mit Raspeln und Stemmeisen funktioniert das besser als mit Schleifpapier, was in der Regel die Passgenauigkeit verschlechtert.

Haut- und **Hasenleime** sind heller und elastischer als Knochenleim. Sie werden in der Papierverarbeitung, insbesondere beim handwerklichen Buchbinden und der Restaurierung alter Bücher verwendet. 3

1

2

3

Eigenschaften: Haut- und Hasenleime sind sehr elastisch, auf Grund ihrer hohen Elastizität werden sie auch für das Grundieren flexibler Mal- und Kreidegründe zu verwenden. Beim Anschleifen riecht es meist wie verbranntes Haar.
Stark verdünnter Hautleim dient außerdem im Musikinstrumentenbau als Grundierung vor dem eigentlichen Lackieren.
Verarbeitung: Haut- und Hasenleim sind ebenfalls Warmleime, sie werden erst durch Erwärmen flüssig und wechseln beim Erkalten wieder zu einer gelatineartigen Konsistenz. Zum Verarbeiten müssen sie im Wasserbad auf 50–65° C gehalten werden.

Fischleim wird aus Haut und Gräten von Fischen hergestellt. 4
Eigenschaften: Fischleim ist im Gegensatz zu den anderen Glutinleimen ein Kaltleim, d. h. dass er bis zu einer Temperatur von 4° C flüssig bleibt. Er hat eine gelartige Konsistenz in einem beigen Farbton. Da er ebenfalls reversibel ist, findet er wieder mehr Verwendung bei der Restaurierung alter Möbel.
Verarbeitung: Fischleim kann kalt verarbeitet werden, was seine Anwendung besonders einfach macht. Er verklebt außer Holz und Leder auch Papier und Metall. Klebeüberschüsse sind nach dem Auftragen leicht mit warmem Wasser zu entfernen.

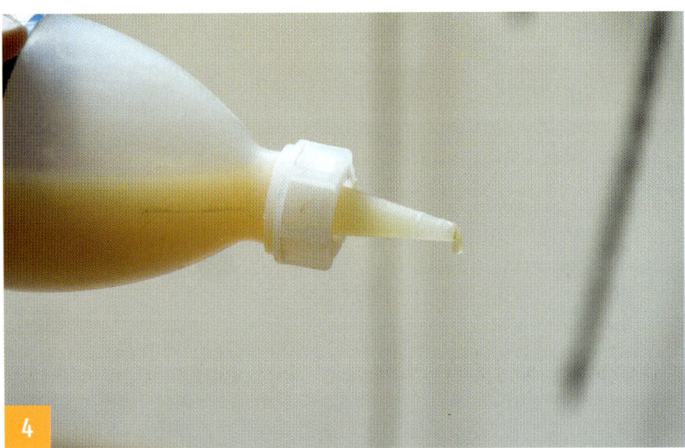
4

5

Hausenblasenleim wird aus den Schwimmblasen von Stören oder anderen Fischen produziert. Seine Herstellung ist so aufwändig, dass er teurer ist als vergleichbare tierische Leime.
Eigenschaften: Hausenblasen bestehen aus bis zu 70% aus Collagen, was dem Leim eine höheres Haftvermögen bei geringerer Viskosität als bei den anderen tierischen Leimen verleiht. Er eignet sich daher besonders für komplexe Restaurationsarbeiten.
Verarbeitung: Hausenblasen Granulat lässt man mit etwa der gleichen Menge kaltem Wasser vorquellen, um ihn anschließend schonend im Wasserbad auf 50–65° C zu erhitzen.

Kaseinleim (KC) ist ein Magermilchprodukt, das in Wasser quillt und erst durch Zusatz von Kalk wasserlöslich wird.
Eigenschaften: Kasein Leimpulver ist hygroskopisch (wasseranziehend) und muss daher gut verschlossen aufbewahrt werden. Ausgehärtete Kaseinleimfugen bleiben zähelastisch und verspröden nicht. Die elastischen Leimfugen zeigen eine geringe Feuchtigkeits- und Wasserbeständigkeit und sind darum ziemlich schimmelanfällig.
Der Kalkanteil in Kaseinleimen kann gerbstoffhaltige Hölzer (z. B. Eiche) verfärben.
Verarbeitung: handelsüblicher Kaseinleim wird in einer zähen Konsistenz angerührt, beidseitig aufgetragen und bleibt mit entsprechenden Zusätzen bis zu 8 Stunden verarbeitbar. Hoher Pressdruck erhöht die Festigkeit, ist aber nicht unbedingt notwendig.
Kaseinleime können durch Zusätze wasserbeständig gemacht werden und finden dann auch im Außenbereich Anwendung.

Weißleim ist synthetischer Dispersionsleim auf Wasserbasis. Korrekt ist der Begriff **PVAc**-Leim (**P**oly **V**inyl **A**cetat). Man kauft ihn gebrauchsfertig in Tuben, Flaschen oder Dosen. 5
Eigenschaften: PVAc-Leim lässt sich i.d.R. kalt verarbeiten, Wärme während der Trocknungsphase verkürzt jedoch die Abbindezeit. Getrocknete Leimfugen sind beständig gegen Alterung und Schimmelpilze.
Bei Temperaturen von 40° bis 70 °C werden die meisten PVAC-Leime ohne Härter wieder weich. Als Folge kann die Leimverbindung nachlassen.
Kommen PVAC-Leime im feuchten Zustand mit Eisen in Berührung können sich gerbstoffhaltige Hölzer verfärben.
Durchgeschlagenen PVAC-Leim kann man mit Aceton, Äthylacetat oder warmem Wasser auswaschen.
Anwendung: PVAC-Leime eignen sich für alle Holzverbindungen wie Dübel-, Schlitz und Zapfenverbindungen, Nut und Feder, außerdem für viele Bautischler- und Furnierarbeiten.

Spezial PVAC-Weißleime:

Durch entsprechende Zusätze mischt die Industrie spezielle Montage-, Furnier-, Fenster- und Lackleime. Lackleim beispielsweise verbindet unbehandeltes Holz mit lackierten Flächen.

Chair Doctor ist eine besonders dünnflüssige Weißleimmischung, die in lockere Stuhlverbindungen gespritzt werden kann. 6
Anwendung: Dübel- und Schlitz- und Zapfenverbindungen an Stühlen, sonstige lockere, aber nicht lösbare Holzverbindungen.
Produktbeispiel: Veritas chair doctor glue.

Beanspruchung

Man teilt **Weißleime (= PVAC-Leime)** in vier Beanspruchungsgruppen von **D1** bis **D4** ein. 7
D1: Geeignet für den Innenbereich, wobei die Holzfeuchte der zu verleimenden Teile unter 15% bleiben sollten.
Anwendung: Möbel, Innentüren, Verkleidungen.
Produktbeispiele: Ponal Fix & Fest (auffällig zäher Holzleim mit starker Anfangshaftung).

D2: Geeignet für den Innenbereich mit gelegentlicher kurzzeitiger Wasser- bzw. Kondenswassereinwirkung, wobei die Holzfeuchte maximal 18% erreichen darf.
Anwendung: Küchen Badezimmermöbel.
Produktbeispiele: Expressleime mit kurzer offener und kurzer Abbindezeit z. B. von Bindan, Ponal, Uhu etc. Klassische Weißleime mit 20-30-minütiger offener Zeit z. B. von Beko, Bindan, Leimwerk, Pattex, Ponal, Uhu etc.

D3: Geeignet für den Innenbereich und nicht bewitterten Außenbereich. Sie vertragen eine häufige kurzzeitige Wassereinwirkung oder höhere Luftfeuchte.
Anwendung: Außentüren, Fenster, Treppen, Parkett, Laminat.
Produktbeispiele: z. B. von Baufan, Beko, Leimwerk, Oktavil, Ponal, Pufas, Soudal, Uhu etc.

D4: Geeignet für den Innen- und Außenbereich, es handelt sich dabei um Leime der Kategorie D3, dem vom Hersteller Isacyanathärter für eine höhere Wasserfestigkeit beigemischt wird.
D4 Leime vertragen eine häufige und lang anhaltende Einwirkung von abfließendem Wasser bzw. Kondenswasser. Im Außenbereich dürfen sie der Witterung ausgesetzt sein mit angemessenem Oberflächenschutz (lasiert oder lackiert).
Anwendung: Möbel für Hallenbäder, Fenster, Außentüren, Treppen und Leitern im Außenbereich.
Produktbeispiele: D3 Leime plus Härter.

 Statt D4 Weißleim wird heute im Außenbereich eher duroplastischer Klebstoff wie z. B. Ponal PUR-Kleber oder andere PUR-Kleber verwendet.

 Außerhalb Deutschlands sind die **D-Belastungsklassen** weniger bekannt. Hier wird oft auf die ANSI Bezug genommen.

ANSI Type I: Wasserfest

Geeignet für den Außenbereich. Die Leimfuge widersteht ständiger Feuchtigkeitseinwirkung (Regen). Nicht geeignet für den Einsatz unter Wasser (vergleichbar D3).

ANSI Type II: Wasserbeständig

Geeignet für den Außenbereich. Die Leimfuge widersteht gelegentlicher Feuchtigkeitseinwirkung (Regen) solange sie nicht dauerhaft feucht ist (vergleichbar D2).

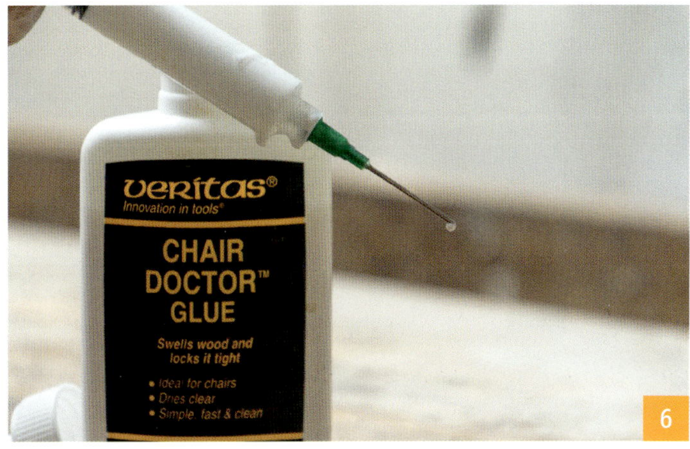

6

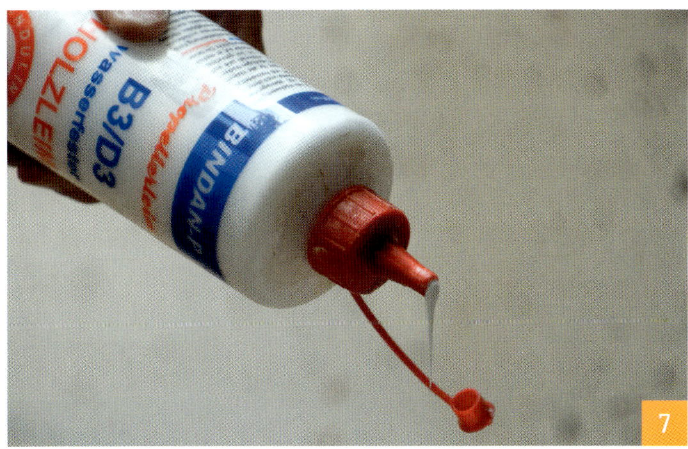

7

Checkliste: PVAC-, Weiß- und Glutinleime:

- Die zu verleimenden Hölzer müssen immer die gleiche Feuchte und Temperatur haben, die Toleranz darf max. 2% betragen, da sonst aufgrund des unterschiedlichen Quell- und Schwindverhaltens bei Ausgleich der Holzfeuchte Spannungen entstehen, die nicht nur die Leimfuge belasten, sondern auch zu Verformungen des Werkstücks führen können.
- Die Verarbeitungs- und Umgebungstemperatur sowie die angemessene Holzfeuchte müssen unbedingt berücksichtigt werden, um zu einem haltbaren Klebeergebnis zu kommen. Diese Bedingungen sind entweder auf dem Gebinde selber oder in den technischen Merkblättern zu finden. 8
- Die zu verbindenden Flächen müssen sauber, trocken und staubfrei sein und frei von lose anhaftenden Verunreinigungen wie Späne, Staub, Rost, etc.
- Alter Leim sollte so entfernt werden, dass kein Holz abgetragen wird. Die Passgenauigkeit der Verleimung wird sonst geschwächt. 9 10
- Staub muss gründlich entfernt werden, er lässt sich absaugen, abbürsten oder mit einem feuchten Lappen abwischen oder mit Staubbindetüchern oder geeigneten Lösemitteln entfernen.
- Die Kanten und/oder Fugen der zu verleimenden Fügeteilflächen müssen völlig passgenau gefügt sein, was durch maschinelles oder manuelles Hobeln erreicht wird.
- Mit Schleifen (auch mit einem rechtwinkeligen Schleifkork oder einer Schleifmaschine) lassen sich keine so ebenen Kanten und Flächen erzielen, wie sie für das Verleimen notwendig sind. Gehobelte Kanten sind exakter und damit sicherer zu verleimen.
- Holz sollte möglichst bald nach der Bearbeitung verleimt werden, damit sich die Querschnitte nicht wieder verändern. Dies ist besonders wichtig bei harz- und ölhaltigen Holzarten wie z. B. Teak, Palisander und Gummibaum (Rubberwood).
- Die Auftragsmenge sollte den Empfehlungen des Herstellers im technischen Merkblatt folgen. Ein gleichmäßiger, nicht zu dicker Leimauftrag ist die Voraussetzung für eine gute Verleimung und optimal dimensionierte Fugen. 11
- Die Leimmenge hängt von der Saugfähigkeit und Passgenauigkeit der Hölzer oder Holzwerkstücke ab und beträgt in der Regel zwischen 100 bis 250 g/m^2.

8

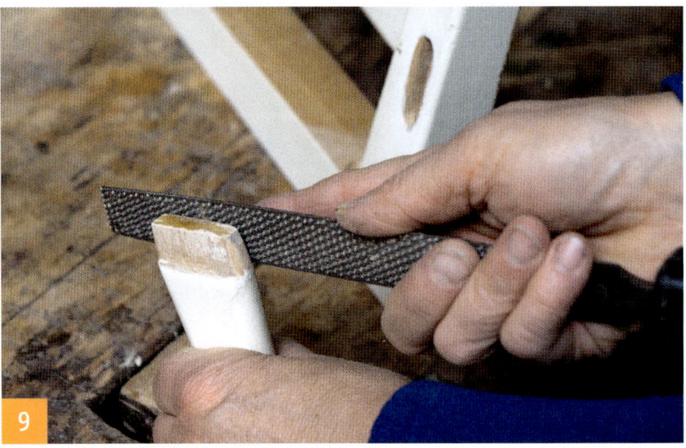
9

10

11

- Zu viel Leim beim Furnieren lässt die Fügeteilflächen verrutschen und erschwert so das Anbringen der Spannvorrichtungen. Außerdem schlägt zu viel Leim vermehrt durch und verursacht stärkere Leimflecken auf unbehandeltem Holz.
- Der Auftrag kann mit einem Pinsel, Leimspachtel (aus Kunststoff), Leimroller, Leimauftragsgerät oder maschinell erfolgen.
- Man sollte keine Auftragsgeräte aus Metall (z. B. Metallspachtel) verwenden, da sonst schwarze Flecken bei gerbsäurehaltigen Hölzern (z. B. Eiche) entstehen können.
- Vor der Verleimung ist die Holzart zu beachten. Tropenhölzer beispielsweise lassen sich nicht mit allen Klebstoffen verbinden. Ausnahmen sind professionelle Leimroller aus Aluminium. Ein Problem stellen die öligen Inhaltsstoffe tropischer Hölzer dar. Es hilft, die Fügeteiloberflächen vor dem Verkleben mit Aceton abzuwischen.
- Bei der Verarbeitung von Hartholz sowie stark saugenden Hölzern (z. B. Fichte, Tanne, Abachi) wird ein beidseitiger Leimauftrag empfohlen. Das gilt vor allem bei harz- und ölhaltigen Hölzern.
- Bei Tropenhölzern empfiehlt sich die Verarbeitung von Epoxidharzklebern statt Weißleim.
- Weißleim und Leime auf natürlicher Basis verbinden i.d.R. nur saugende Holzflächen miteinander, d. h. die Oberflächen sollten unbehandelt sein und müssen verpresst werden.
- Der für die Verleimung nötige Druck kann nur mit entsprechenden Spannvorrichtungen wie Zwingen, Hobelbank, Presse oder Zurrgurte erzielt werden. Bei Längs- oder Flächenverleimungen sind mindestens alle 10 cm Zwingen anzusetzen. 12
- Die Mindestpressdauer wird von der Holzart, dem Leim oder Klebstoff und der Presstemperatur beeinflusst. Harthölzer und harz- sowie ölhaltige Hölzer erfordern eine längere Presszeit.
- Bei größeren Gebinden Weißleim sollte der Leim vor Gebrauch aufgerührt werden.
- Die optimale Verarbeitungstemperatur von Weißleim liegt zwischen 18 und 22° C. Je nach Zusätzen kann Weißleim bis zu einer Temperatur von etwa 5° C verarbeitet werden. Wird diese Temperatur unterschritten, wird der Leim kreidig weiß und spröde, er verliert seine Festigkeit und Bindefähigkeit.
- Eine optimale Leimfuge bei Weißleim beträgt 0,2 mm im feuchten und 0,1 mm im ausgehärteten Zustand. Sie ist als ein feiner „Strich" zu erkennen. Nur wenn die zu verleimenden Teile wirklich passgenau aneinander oder aufeinander zu legen sind und mit hohem Pressdruck zusammengespannt werden, zeigt sich die getrocknete Leimfuge als jene feine Linie.
- Ausgequollene Weißleimreste sollte man, wenn überhaupt, mit möglichst wenig Wasser entfernen, da verdünnter Weißleim Flecken auf der späteren Oberflächenbehandlung (vor allem beim Beizen) hinterlässt. Besser ist es, die leicht angetrockneten Leimreste mit selbstgeschnittenen Leimkeilchen wegzuschneiden. 13

12

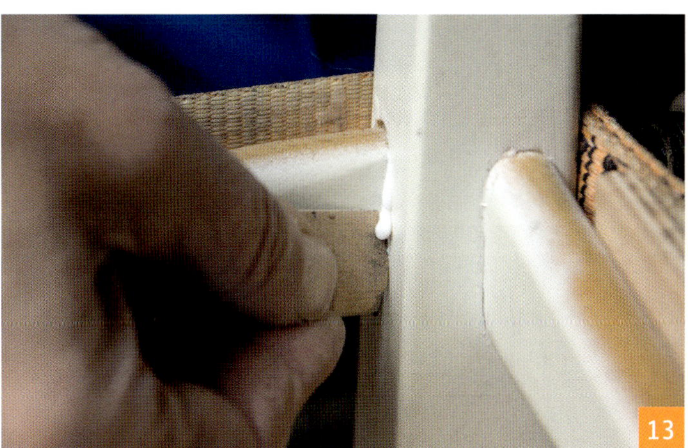
13

14

- Getrocknete Leimflecke von Weißleim sind zunächst fast unsichtbar, nehmen aber keine oder weniger Oberflächenmittel an und verursachen so unschöne Flecken, die oft erst beim Beizen, Ölen oder Lackieren sichtbar werden. 14
- Die zu verleimenden Werkstücke müssen innerhalb der offenen Zeit zusammengelegt werden. Dabei ist eine Verschmutzung der zu verleimenden Flächen auszuschließen.
- Pinsel oder sonstige Auftragsgeräte sind sofort auszuwaschen, sonst verkleben die Pinselhaare dauerhaft. Bei wasserlöslichen und wasserbasierten Leimen und Klebstoffen reicht warmes Wasser zum Auswaschen.
- Bei warm zu verarbeitenden Glutinleimen wird eine Raumtemperatur von 25° C empfohlen. Fenster und Türen geschlossen halten.

Reaktionsklebstoffe

Hier werden nur synthetische Klebstoffe vorgestellt, die für die Verklebung von Holz untereinander oder mit anderen Materialien empfohlen werden. Die Anzahl von synthetischen Klebstoffen ist unendlich groß und deren unterschiedliche Anwendungsmöglichkeiten so komplex, dass eine vollständige Auflistung aller Klebstoffarten mehr zur Verwirrung als zur Aufklärung beitragen würde.

Polyurethan-Klebstoffe: (PUR- oder PU-Kleber)

Einkomponentige PUR-Kleber sind lösungsmittelfreie Reaktionsklebstoffe auf Polyurethanbasis.
Eigenschaften: Sie erreichen unter den synthetischen Klebstoffarten die höchste Wärmefestigkeit und sind außerdem wasserfest (Beanspruchungsgruppe D4 nach EN 204). Obwohl sie selbst wasserfrei sind, benötigen PUR-Leime eine gewisse Luftfeuchtigkeit, um zu reagieren und auszuhärten.
PUR-Leime zeichnen sich sowohl durch eine gute Adhäsion und Elastizität als auch eine gewisse Spaltfüllbarkeit aus, die je nach Produkt höher oder geringer ausfällt. (siehe technische Merkblätter bzw. Produktbeschreibung).
Einkomponentige Polyurethan Klebstoffe ähneln in der Verarbeitung den Silikonklebstoffen. Auch sie bilden nach kurzer Zeit eine Haut. Insgesamt haben sie aber eine längere Aushärtungszeit, ca. 3-4 mm härten innerhalb von 24 Std. aus.
Anwendung: Einkomponentige PUR-Leime kleben Holz, Gips, Stahl, Aluminium sowie unterschiedlichen Materialkombination wie z. B. Holz/Edelstahl, Holz/Gipskarton- oder Gipsspanplatten, Holz/lackierte Oberflächen.
Auch für großflächige Verklebungen, bei denen eine hohe Wasser- und Wärmefestigkeit gefordert wird, sind sie geeignet.
Produktbeispiele: Festool Pu-Klebstoff, Soudal Holzleim Pro 40P, Illbruck Konstruktionskleber M PU014, etc.

Checkliste einkomponentige PUR-Kleber

- Sie werden nur einseitig aufgetragen, wobei eine Fügefläche möglichst saugend bzw. offenporig sein sollte. (z. B. Holz mit Metall)
- Eine passgenaue Fügung ist zwingend notwendig, d. h. die zu verklebenden Flächen müssen optimal aufeinander passen.
- Bei trockenem Holz ist es ratsam, die zu verleimenden Oberflächen unmittelbar vor dem Verleimen zu befeuchten.
- Leimreste können nicht mit Wasser, sondern müssen mit Aceton oder Nitroverdünnung entfernt werden.

Zweikomponenten-PUR-Klebstoffe 15 sind ebenfalls lösemittelfreie Reaktionsklebstoffe auf Polyurethanbasis.

Eigenschaften: zweikomponentige PUR-Kleber binden durch die chemische Reaktion beider Komponenten in mehreren Stunden ab. Es gibt Produkte, bei denen durch die Zugabe von Beschleunigern die Abbindezeit auf einige Minuten verkürzt werden kann. Zweikomponentige PUR-Kleber sind in der Regel Spachtelmassen und damit spaltüberbrückend.

Sie sind für das Kleben nicht saugender Flächen geeignet.

Im ausgehärteten Zustand sind sie mit allen spangebenden Techniken bearbeitbar: Hobeln, Sägen, Fräsen, Schleifen, Bohren.

Im ausgehärteten Zustand sind sie überstreichbar mit gängigen Lacken und Farbsystemen.

Achtung: Luftblasen sind in der ausgehärteten Klebefuge eine Schwachstelle, daher ist beim Mischen und Verarbeiten darauf zu achten, dass keine Luftblasen bleiben.

PUR-Kleber sind beim Einatmen und bei Hautkontakt wegen des enthaltenen Isocyanats allergieauslösend. PUR-Kleber sollen daher nach Herstelleranweisung nur mit Schutzausrüstung (Schutzhandschuhe und bei unzureichender Lüftung Atemschutzmaske) verarbeitet werden.

Anwendung: Es können verschiedene Materialien miteinander verklebt werden, z. B. PVC-hart, Alu und HPL, chemisch vorbehandeltes oder lackiertes Aluminium. Selbst pulverbeschichtete und eloxierte Oberflächen werden nicht angegriffen.

Produktbeispiele: Ponal Reparatur PUR Spachtel

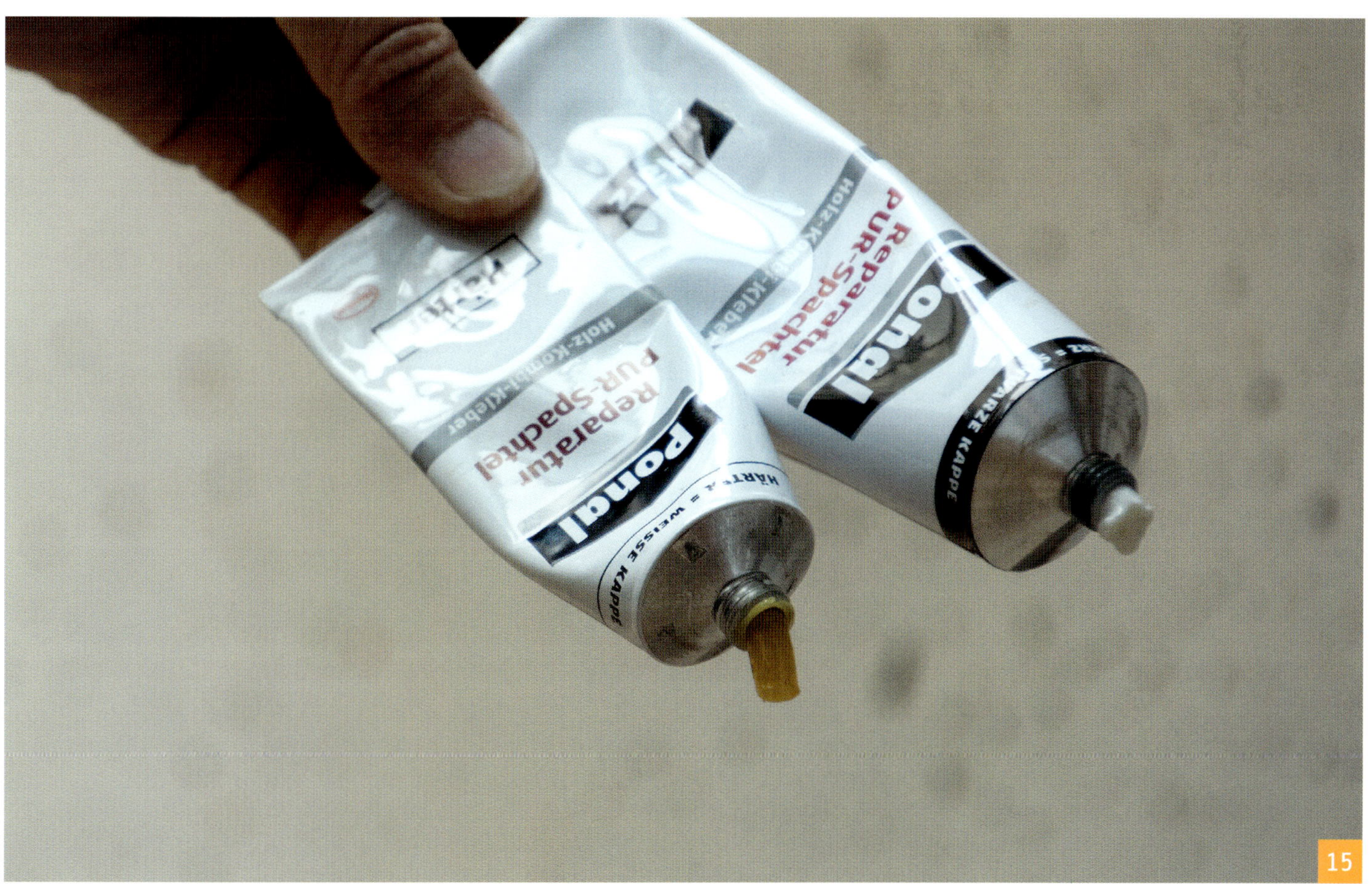

15

Checkliste zweikomponentige PUR-Kleber

- Die Verarbeitungstemperatur darf nicht unter +10 ° C liegen.
- Nur staub- und fettfreie Materialien können miteinander verklebt werden, sehr glatte Oberflächen sollte man mit Schleifpapier (P120) anschleifen. 16
- Die Holzfeuchtigkeit der Fügeteile sollte nicht über 15% und nicht unter 8% liegen.
- Kleber (Harz) und Härter werden im angegebenen Mischungsverhältnis verrührt. 17 18
- Die offene Zeit beträgt bis max. 10 Minuten.
- Sie ist wie die Presszeit abhängig von Temperatur, Holzart und -feuchte sowie der Konstruktion.
- Die Presszeit beträgt min. 45 Minuten, bei spannungsreichen Teilen besser 60 Minuten.
- PUR-Kleber kann mit einem Spachtel eingebracht oder einem PE-Leimkamm gleichmäßig flächig verteilt werden.
- Die Aushärtungsszeit ist temeraturabhängig, beträgt aber min. 6 Stunden.
- Ausgehärtete Klebstoffreste können abgeschnitten oder geschabt werden. 19
- Klebefugen können wie Holz bearbeitet werden: hobeln, sägen, fräsen, bohren, schleifen.
- Klebefugen können deckend lackiert werden. 20

16

17

19

18

20

Kontaktkleber (KPCB) 21 bestehen aus Lösungen von natürlichem oder synthetischem Kautschuk.
Sie eignen sich sowohl für saugende, als auch bereits beschichtete Oberflächen.
Kontaktkleber sind bis 2 mm spaltüberbrückend.
Durch Zusätze von Härtern und Weichmachern werden Kontaktkleber elastisch und wärmebeständig bis 130° C. Diese Elastizität verliert sich jedoch nach einigen Jahren, denn der Kleber versprödet durch Abwanderung der Weichmacher.
Eigenschaften: Kontaktklebstoffe werden häufig für das Verbinden zweier nichtsaugender Flächen oder das Verkleben von Metallfolien und Kunststoffen auf Holz verwendet.
Die mit Kontaktklebstoffen verbundenen Werkstücke weisen unmittelbar nach dem Verpressen eine gute Funktionsfestigkeit auf und können sofort weiterbearbeitet werden. Deshalb eignet sich Kontaktkleber besonders, wenn eine sofortige Festigkeit notwendig ist, wie z. B. beim Beschichten von Formteilen oder beim Kleben von Kanten an Rundungen.
Kontaktklebstoffe werden in unterschiedlichen Viskositäten produziert, je nach der gewünschten Verarbeitung: Spachtelfähiger Klebstoff beispielsweise ist auf senkrechten Flächen einsetzbar, flüssig lässt er sich pinseln oder sogar spritzen.
Verarbeitung: Das Prinzip von Kontaktklebstoffen ist, dass sie im flüssigen Zustand beidseitig aufgetragen werden. Bevor sie verpresst werden, müssen die im Klebstoff enthaltenen Lösungsmittel verdunsten, d. h. er muss ablüften. Ist dieser Vorgang abgeschlossen, verbindet man die beiden Fügeteile mit kurzem, aber möglichst hohem Druck, z. B. mit ein paar Hammerschlägen.
Die verklebten Werkstücke können sofort weiterbearbeitet werden. Allerdings ist ein Verschieben oder Korrigieren der verbundenen Flächen nun nicht mehr möglich.
Achtung: Kontaktkleber sind auf Grund ihrer organischen Lösungsmittel teilweise leicht brennbar. Bei längerem Einatmen in höherer Konzentrationen können sie gesundheitliche Schäden verursachen. Bei der Verarbeitung ist also auf ausreichende Lüftung zu achten.

21

22

Montagekleber 22 sind auf der Polymer Technologie beruhende Holzbauklebstoffe. Sie härten ohne Materialverlust aus, d. h. sie schrumpfen nicht in der Fuge. Sie bleiben flexibel und sind spaltüberbrückend, je nach Produkt von 4-20 mm. Sie sind für viele Untergründe geeignet, die nicht unbedingt saugend sein müssen, d. h. sie verkleben Holz mit Holz, aber auch Holz mit nicht saugenden Materialien wie Metall, Kunststoff, Beton und Stein. Montagekleber sind i.d.R. UV- und witterungsbeständig.
Eigenschaften: Montageverklebungen sind heute aus der Industrie und vielen Bereichen des Handwerks nicht mehr wegzudenken. Mechanische Befestigungen wie Schrauben, Nägel und Nieten werden durch sie ersetzt, weil sich mit einer Klebung zwei Aufgaben gleichzeitig lösen lassen: kleben und gleichzeitiges Abdichten bei hoher Elastizität der Verbindung.
Verarbeitung: Montagekleber können schäumend sein, d. h. sie expandieren während des Auftrags.
Produktbeispiele:
z. B. Tite Bond Construction Green Choise, Pattex, T-Rex Ponal M 532, Ponal Rapido, Rapido XXL, Statik etc.

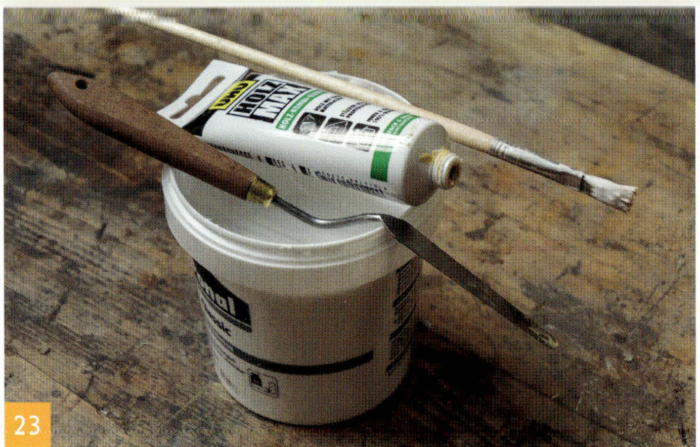
23

25

24

26

Kombination Weißleim – Montagekleber

Hier sind die Dübelverbindungen eines alten Stuhles wackelig. Zunächst sollten die Verbindungen gelöst und der alte Leim entfernt werden. 23 24 25 26
Wenn die Dübelverbindungen noch passen, sollten sie mit einem dünnflüssigen Leim mit starker Adhäsionskraft (Weißleim) verleimt werden. Die Hirnholzbereiche mit Montageklebstoff zu verbinden hält besser als mit Weißleim. Deswegen empfiehlt sich in diesem Fall eine Kombination dieser zwei Klebestoffe. 27

Epoxykleber sind zweikomponentig, bestehend aus Harz und Härter.
Eigenschaften: Epoxykleber sind sehr temperaturbeständig, von -55 bis +80° C. Im ausgehärteten Zustand sind sie sogar lebensmittelecht, daher sind sie für den Küchenbereich besser geeignet als andere synthetische Klebstoffe.

27

Checkliste Epoxykleber

- Oberflächen müssen sauber, trocken und fettfrei sein.
- Harz und Härter werden nach Anleitung gemischt. 28 29
- Die Verarbeitungszeit beträgt 5-10 Minuten, bis dahin müssen die Teile zusammengefügt sein.
- Die Aushärtungszeit beträgt 24 Stunden, solange sollte die Verbindung verpresst werden.

Cyanacrylat-Klebstoffe 30 sind Einkomponentenklebstoffe auf der Basis von Cyanacrylatsäureestern. Sie werden auch als **Sekundenkleber** bezeichnet, weil innnerhalb Sekunden handfeste Klebungen möglich sind. Die Endfestigkeit und damit eine gewisse Belastbarkeit tritt aber auch bei dieser Klebstoffklasse erst nach Stunden ein.
Eigenschaften: Die Härtung von Cyanacrylaten wird durch Luftfeuchtigkeit ausgelöst. Dabei funktioniert die vollständige Vernetzung des Klebstoffes nur bis zu einer Schichtdicke von ca. 0,2 mm. Dickere Klebefugen vermindern die Festigkeit der Verbindung.

Die schnellen **Sekundenkleber** haben leider auch einige **Nachteile:**

- Sie sind im gehärteten Zustand meist recht spröde und nur wenig flexibel.
- Die Klebschichtdicke ist auf 0,2 mm begrenzt.
- Sie besitzen nur eine begrenzte Wärmebeständigkeit.
- Auch wenn sie Wasser zur Härtung benötigen, so weisen die gehärteten Klebstoffe doch eine gewisse Empfindlichkeit gegenüber hoher Feuchtigkeit auf.

Verarbeitung: Aufgrund der schnellen Härtung werden die Cyanacrylatklebstoffe insbesondere für das Kleben von Kleinteilen bei dünnen Klebschichten z. B. im Bereich der Optik, der Mikroelektronik, der Medizin- und der Fahrzeugtechnik verwendet. Angebrochene Gebinde sind schlecht zu lagern, am besten im Kühlschrank aufbewahren).

Unter ungünstigen Bedingungen (offenporige Flächen = zu viel Sauerstoff) härten Sekundenkleber nicht ausreichend oder nur langsam aus.

Hier haben sich sog. Beschleuniger-Sprays bewährt. Sie initiieren den Aushärteprozess, der dann selbsttätig fortgesetzt wird. Entweder man besprüht eine Fügefläche mit Beschleuniger (die andere Fügefläche wird mit Sekundenkleber benetzt) oder man sprüht ihn von außen auf die geschlossene Klebefuge.
Achtung: Sekundenkleber führen bei Hautkontakt schnell zu einer Verklebung der Finger. Außerdem sind ihre Dämpfe reizend.
Der Industrieverband Klebstoffe e.V. hat ein Merkblatt „Erste Hilfe bei Unfällen mit Sekundenklebstoffen" herausgegeben.

Tipps & Tricks

Drechsler füllen mit Sekundenklebern kleine Risse in Massivhölzern, um Absplittern und Ausrisse während des Drechselns zu minimieren.

Tipps & Tricks

Tragen Sie zu ihrer eigenen Sicherheit Schutzausrüstung (Handschuhe und Schutzbrille) bei der Verarbeitung von Sekundenklebern. Und versuchen Sie nicht, Hautverklebungen gewaltsam zu lösen.

28

29

30

Danke!

Ein Buch wie dieses braucht Zeit! Mehr als zwei Jahre lang habe ich meine über Jahrzehnte gesammelte Erfahrung beim Reparieren, Renovieren und Restaurieren zusammengetragen. Unzählige wissbegierige Kursteilnehmer/innen haben mich permanent herausgefordert, meine Kenntnisse in der Behandlung von Holzoberflächen laufend zu erweitern und in eine für sie nachvollziehbare Praxis umzusetzen. **Danke!**

Dankbar bin ich auch für die praktischen und hilfreichen Tipps, die kundige Holzfachleute im Internet bereitwillig allen Nutzern zur Verfügung stellen. Speziell auf woodworker.de bekomme ich immer wieder wertvolle Informationen und erfahre auch, wo Anfänger/innen der Schuh drückt. **Danke!**

Ohne meinen Mann, Johannes Kirchlechner – Kameramann und Fotograf – hätte dieses Buch nicht entstehen können. Er hat über den gesamten Zeitraum unzählige Fotos von ebenso vielen Projekten und Arbeitsabläufen gemacht. Mit unendlicher Geduld versteht er es, meine komplexen Vorstellungen in ästhetische Fotos umzusetzen. **Danke!**

Die Fotos 33 und 34 auf Seite 17 sind mit freundlicher Genehmigung des „Haus der Berge", Berchtesgaden, gemacht worden. **Danke!**

Die detaillierten Illustrationen und frechen Piktogramme der Grafikerin Mascha Greune machen Holzwissen für jeden verständlich und verleihen dem Buch eine ganz besondere Note. **Danke!**

Folgende Firmen und versierte Fachleute haben mir immer bereitwillig Auskunft gegeben:
Helmut Krpesch von SchreibMeister,
Frank Lipfert und Werner Koppermüller von Natural Naturfarben
Heiko Pulcher von DICTUM
Der Industrieverband Klebstoffe e.V.
Stefan Greune, kundig in Sachen Epoxi
Dietmar E. Feldmann, Vergoldermeister

Ein herzliches Dankeschön an alle!

Die Autorin

Melanie Kirchlechner ist Schreinerin und Restauratorin. Sie schreibt regelmäßig für die Zeitschrift *HolzWerken* und auch ihr erstes Buch *Oberflächen behandeln* ist dort erschienen. Außerdem gibt sie regelmäßig Kurse, schwerpunktmäßig zu den Themen Oberflächen und Restaurierung.

Mehr über die Autorin, u.a. die Kurstermine, finden Sie auf ihrer Webseite: www.holz-sinn.de

Register

T

V

W

Z

Das Magazin für den Holzwerker:
HolzWerken
Wissen. Planen. Machen.
Lust auf mehr HolzWerken?
7 Ausgaben im Jahr – auch als
Kombi-Abo Print + Digital!
Lesen Sie auf 64 Seiten, was in der Werkstatt hilft – von Grundlagen bis zu fortgeschrittenem Handwerk mit Holz:
• Anleitungen und Pläne zum Bau von Möbeln und Vorrichtungen
• Werkzeug-, Maschinen- und Materialkunde
• Tipps und Tricks von erfahrenen Praktikern
• Reportagen aus den Werkstätten kreativer Holzwerker
• Veranstaltungstermine und Produktneuheiten
Jetzt bestellen!
T +49 (0)6123 9238-253
www.holzwerken.net
Schlitz, Zapfen & ihre Verwandten
Immer auf Augenhöhe
Viel besser als ihr Ruf
Alles drin
für Ihre Werkstatt!
Vincentz Network GmbH & Co. KG HolzWerken 65341 Eltville · Deutschland